VILLE DE PARIS

DIRECTION DES TRAVAUX

RECUEIL DE PIÈCES

RELATIVES AUX

CANAUX DE LA VILLE DE PARIS

TOME PREMIER

CANAUX DE L'OURCQ ET SAINT-DENIS

M. ALPHAND, Inspecteur général des Ponts et Chaussées, Directeur des Travaux de Paris

M. BUFFET, Ingénieur en chef des Ponts et Chaussées;

M. ALFRED DURAND-CLAYE, Ingénieur des Ponts et Chaussées.

PARIS

IMPRIMERIE CENTRALE DES CHEMINS DE FER

A. CHAIX ET Cⁱᵉ

RUE BERGÈRE, 20, PRÈS DU BOULEVARD MONTMARTRE

1880

VILLE DE PARIS

DIRECTION DES TRAVAUX

RECUEIL DE PIÈCES

RELATIVES AUX

CANAUX DE LA VILLE DE PARIS

CANAUX DE L'OURCQ ET SAINT-DENIS

313

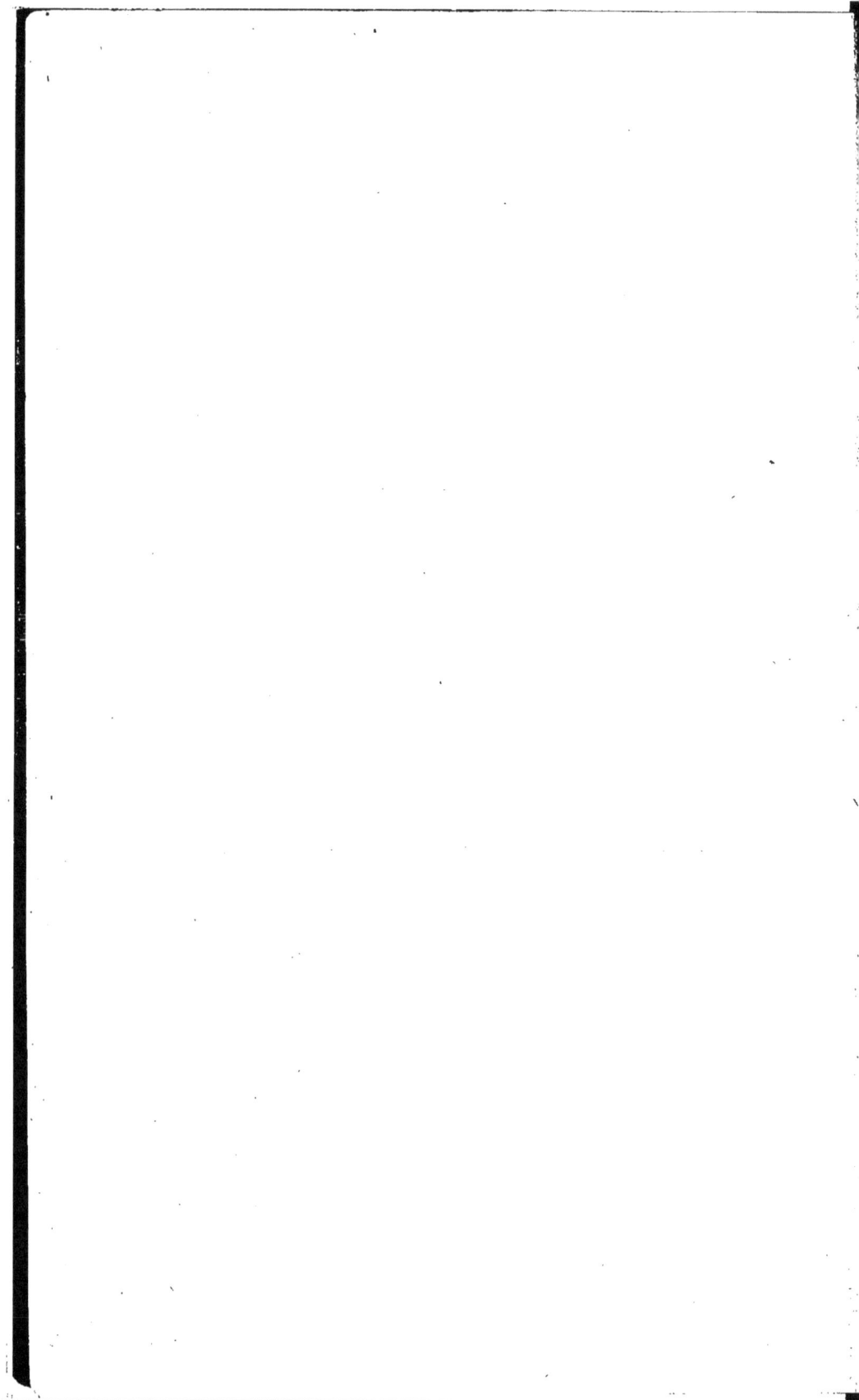

VILLE DE PARIS

DIRECTION DES TRAVAUX

RECUEIL DE PIÈCES

RELATIVES AUX

CANAUX DE LA VILLE DE PARIS

TOME PREMIER

CANAUX DE L'OURCQ ET SAINT-DENIS

M. ALPHAND, Inspecteur général des Ponts et Chaussées, Directeur des Travaux de Paris;

M. BUFFET, Ingénieur en chef des Ponts et Chaussées;

M. ALFRED DURAND-CLAYE, Ingénieur des Ponts et Chaussées.

PARIS

IMPRIMERIE CENTRALE DES CHEMINS DE FER

A. CHAIX ET Cie

RUE BERGÈRE, 20, PRÈS DU BOULEVARD MONTMARTRE

1880

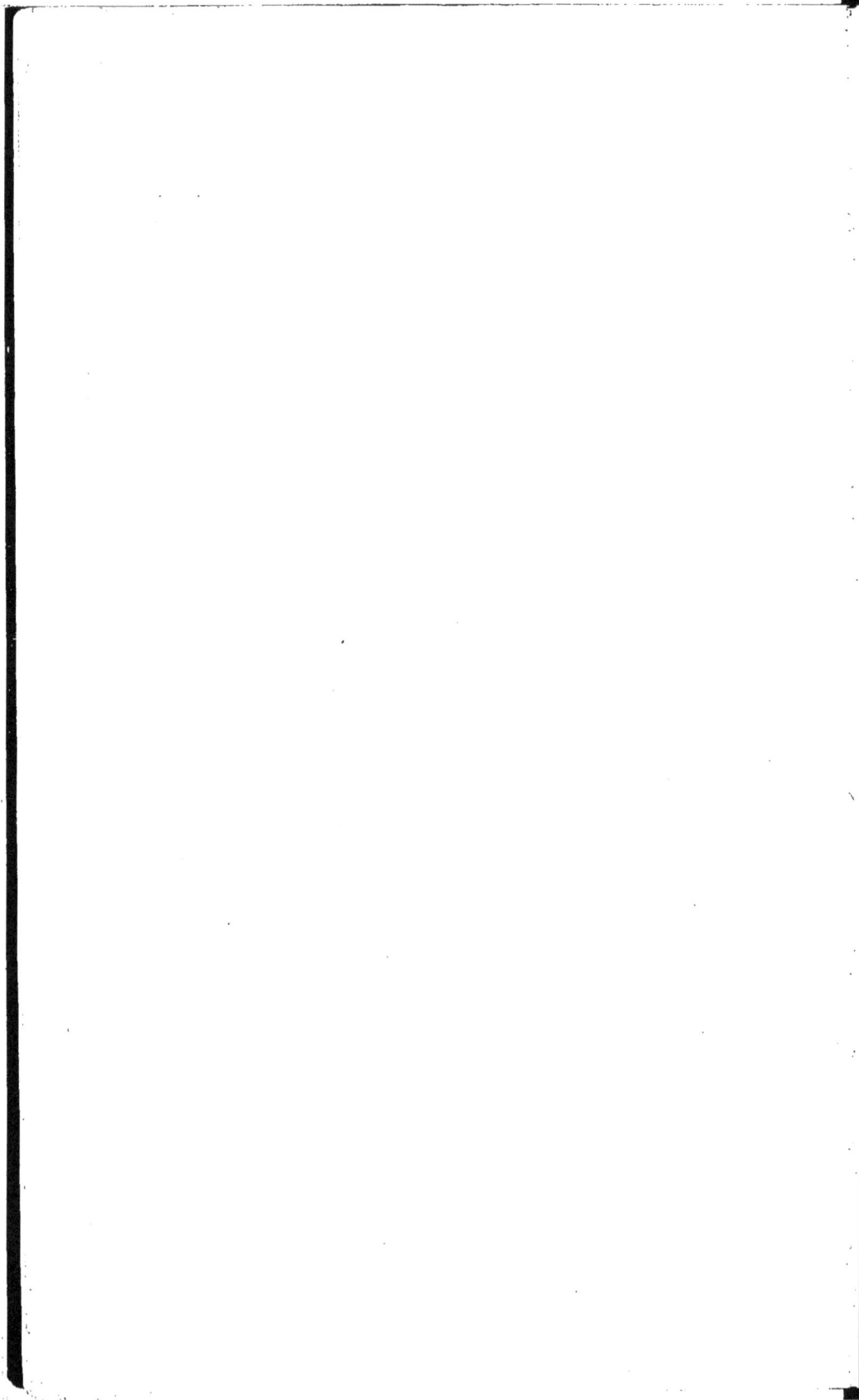

CANAUX DE L'OURCQ ET DE SAINT-DENIS

INTRODUCTION.

NOTICE HISTORIQUE ET DESCRIPTIVE.

Rivière et Canal de l'Ourcq.

Historique.

L'Ourcq prend sa source dans la forêt de Retz, un peu au-dessus de Fère-en-Tardenois. Cette petite rivière, grossie de ruisseaux issus des argiles à meulière de Brie, des marnes du gypse et des terrains inférieurs au gypse, suit une large vallée tourbeuse et tombe sur la rive droite de la Marne, au-dessous de Lizy, après un cours d'environ 87 kilomètres. Seulement flottable par sa nature, ce cours d'eau a été rendu navigable par la main de l'homme.

Les premiers travaux dont l'Ourcq ait été l'objet dans ce but furent inspirés par les besoins de l'approvisionnement de la capitale en bois de chauffage et de construction tirés de la forêt de Retz, aujourd'hui de Villers-Cotterets. Commencés en 1529 et terminés en 1636, depuis Silly-la-Poterie jusqu'à la Marne, ils consistèrent d'abord en ouvrages de canalisation, barrages et redressement du lit naturel. Après avoir été accordés temporairement aux entrepreneurs originaires, les privilèges et les péages de la navigation de l'Ourcq furent, par lettres-patentes du roi, du 15 novembre 1661, enregistrées au parlement le 2 juillet 1665, attribués à perpétuité à Monsieur, frère du Roi, Philippe de France, duc d'Orléans, de Valois et de Chartres, qui désintéressa les concessionnaires en 1665. Ce prince, en retour des avantages qui lui étaient accordés, eut la charge de perfectionner la navigation de la rivière avec le droit de diminuer ou de changer le cours des eaux. Ces droits et charges furent l'objet de plusieurs jugements des commissaires nommés par le roi pour la réformation des eaux et forêts du duché de Valois, arrêtés à Crespy les 28 janvier, 1er et 5 février 1672, actes émanant des délégués de l'autorité souveraine, et qui sont à la fois des ordonnances d'expropriation, des arrêts judiciaires et des règlements administratifs. Le roi confirma ces jugements en Conseil d'État le 16

1

novembre 1672. De nouveaux travaux furent exécutés à la fin du xviie siècle et durant le xviiie siècle, et des indemnités furent accordées aux riverains et aux usiniers par les soins et au compte de la maison d'Orléans, dans l'apanage de laquelle la rivière d'Ourcq était ainsi comprise. Toutefois, par exception, la juridiction du canal, pour tout ce qui concernait l'avantage et la liberté du commerce, fut confiée au Bureau de la ville de Paris.

La rivière d'Ourcq qui, le 7 décembre 1766, avait été réunie à l'apanage du duché de Valois comprenant la forêt de Retz, était rentrée, avec cette forêt, dans le domaine de l'État, aux termes des lois révolutionnaires de confiscation du 6 avril 1791; mais elle fut rendue au duc d'Orléans par l'ordonnance royale du 20 mai 1814.

La première idée sérieuse d'une dérivation directe des eaux de l'Ourcq vers Paris appartient à Riquet, auquel la France doit l'exécution du canal de Languedoc. Il proposa d'amener l'Ourcq à Paris au moyen d'un canal navigable qui aurait débouché au pied de l'arc de triomphe du faubourg Saint-Antoine, aujourd'hui la place du Trône. Associé avec son gendre, Jacques de Mance, l'auteur d'une des machines du pont Notre-Dame, Riquet obtint, en juillet 1676, des lettres-patentes qui lui concédaient l'entreprise. D'après ces lettres, la dérivation n'avait pas seulement pour objet l'établissement d'un canal navigable; les eaux rendues à Paris devaient servir à entretenir de nouvelles fontaines, à embellir les jardins publics, à faire marcher des usines, à laver les égouts, etc. Riquet mourut en 1680, avant d'avoir pu triompher des oppositions élevées contre ce grand projet, qui ne fut repris que plus tard.

En 1785, M. Brullée, ingénieur habile, présenta à l'Académie des sciences un mémoire relatif à la dérivation de la Beuvronne. La rigole d'amenée devait desservir un canal à point de partage descendant dans la Seine, d'un côté au bassin de l'Arsenal, de l'autre à Saint-Denis, et se prolongeant de là vers Conflans-Sainte-Honorine et Pontoise. C'est l'idée première des canaux de Saint-Martin et de Saint-Denis, dont M. Brullée est bien l'inventeur. L'eau surabondante de la dérivation devait être distribuée aux habitants de Paris.

Proposée à l'Assemblée constituante en 1790, l'entreprise fut autorisée par une loi du 30 janvier 1791; mais la pénurie des capitaux à cette époque en empêcha la réalisation.

MM. de Solages et Bossu, cessionnaires des droits de M. Brullée, les firent valoir en 1799 à l'appui d'un nouveau projet. En 1800, ils demandèrent au Premier Consul l'autorisation de prendre dans la Beuvronne, la Thérouenne et l'Ourcq un volume de 120,000 mètres cubes par 24 heures, dont la moitié serait distribuée aux habitants de Paris et l'autre alimenterait ce qu'on appelait alors le canal de Pontoise. Ces ingénieurs s'engageaient à distribuer l'eau dans Paris moyennant certaines conditions, entre autres la cession de tous les établissements hydrauliques de la Ville.

Des erreurs de nivellement reconnues dans le projet et le refus de remettre à la disposition d'une compagnie les établissements hydrauliques de la capitale, amenèrent le rejet des propositions de MM. de Solages et Bossu.

Le Gouvernement fit faire de nouvelles études à la suite desquelles, sur la proposition des Consuls, le Corps législatif rendit, le 29 floréal an X (19 mai 1802), un décret ordonnant qu'il serait ouvert un canal de dérivation de la rivière d'Ourcq, et que cette rivière serait amenée à Paris dans un bassin près de La Villette.

Les propositions de MM. de Solages et Bossu furent définitivement écartées par un arrêté du Premier Consul en date du 25 thermidor suivant (13 août 1802), spécifiant que les travaux relatifs à la dérivation de l'Ourcq seraient commencés le 1er vendémiaire an XI (23 septembre 1802) ; que les fonds nécessaires seraient prélevés sur le produit de l'octroi de Paris ; que le Préfet de la Seine serait chargé de l'administration générale des travaux, même pour la partie du canal de dérivation située hors du département de la Seine ; enfin, que les travaux seraient exécutés par les ingénieurs des Ponts et Chaussées.

Le tracé et les dimensions du nouveau canal qui devait effectuer la dérivation totale de la rivière, furent, durant trois ans, l'objet de très vives discussions au sein de l'assemblée des Ponts et Chaussées, en raison de la divergence des systèmes préconisés. Les uns comportaient une simple rigole d'adduction d'eau potable, les autres constituaient un canal de petite navigation pouvant, dans l'avenir, être relié aux canaux et rivières du nord et de l'est de la France [1].

Le 17 mars 1805, l'Empereur trancha lui-même la question, en décidant que le profil du canal de l'Ourcq serait établi de manière à donner passage à des bateaux de moyenne grandeur.

Les travaux furent dès lors poussés avec activité sur la ligne entre Paris et Claye, sous la direction de M. Girard, ingénieur en chef des Ponts et Chaussées, qui avait pris part à l'expédition d'Egypte, et qui, à son retour, le 28 fructidor an X (15 septembre 1802), avait été chargé de l'exécution des travaux.

En même temps, l'aqueduc de ceinture était entrepris le 11 août 1808, et les tuyaux de conduite étaient posés dans Paris. Le bassin de La Villette était achevé au mois d'octobre suivant ; les eaux de la Beuvronne y furent introduites le 2 décembre de la même année, et coulèrent à la fontaine des Innocents le 15 août 1809.

Pour donner une nouvelle impulsion à l'entreprise, la Ville fut autorisée, par un décret du 20 février 1810, à emprunter 7 millions.

Le 15 août 1813, la navigation s'ouvrit entre Claye et Paris.

Mais à partir de cette époque, les revers de la France paralysèrent les travaux, qui furent presque suspendus en 1814. Durant les premières années de la Restauration, l'état des finances ne permettait pas à la ville de Paris d'achever les canaux de l'Ourcq et de Saint-Denis. On songea donc à faire terminer cette grande entreprise par les soins et aux frais d'une compagnie à laquelle on abandonnerait les produits de la navigation.

[1] L'idée de mettre la Seine et les nouveaux canaux en rapport avec les canaux de la Champagne et tout le nord-est de la France, était à l'origine et est demeurée toujours dans les desseins du Gouvernement. Un projet, entre autres, a été dressé pour l'exécution d'un canal dit de Soissons, destiné à rattacher l'Ourcq supérieur à l'Aisne. Cette étude, approuvée en 1838, n'a pas reçu de commencement d'exécution.

La concession fut faite à la Compagnie Vassal et Saint-Didier.

Par le traité de concession en date du 19 avril 1818, approuvé par la loi du 20 mai 1818 et par une ordonnance royale du 10 juin suivant, la Ville accorda à la Compagnie une subvention de 7,500,000 francs pour terminer les deux canaux de l'Ourcq et de Saint-Denis, et lui abandonna les péages et les revenus territoriaux des deux lignes pendant 99 ans, à compter du 1er janvier 1823, à la condition que la Compagnie achèverait les travaux et les entretiendrait à ses frais jusqu'à l'expiration de sa concession. La Compagnie fut mise en possession des deux canaux le 1er juillet 1818, suivant un arrêté du 17 juin précédent.

Les travaux furent conduits avec énergie et habileté. L'ouverture du canal Saint-Denis eut lieu solennellement le dimanche 13 mai 1821, à l'occasion du baptême du duc de Bordeaux, et le canal de l'Ourcq fut entièrement ouvert de Mareuil à Paris, à la fin de 1822.

A ce moment, des difficultés s'étant élevées entre la Compagnie et M. le duc d'Orléans, à raison des droits de celui-ci sur la rivière d'Ourcq, une transaction intervenue le 24 avril 1824 et ratifiée par une ordonnance royale du 23 juin suivant, fit passer la rivière d'Ourcq, depuis le Port-aux-Perches jusqu'à la Marne, dans le domaine de la ville de Paris, qui en a concédé la jouissance à la Compagnie.

Les travaux imposés à la Compagnie ont été reçus définitivement le 21 juin 1839.

Selon un traité supplémentaire en date du 1er février 1841, conclu entre la Compagnie et la ville de Paris et approuvé par une ordonnance royale du 14 mai 1842, diverses améliorations ont été apportées à la ligne de navigation, entre autres par le redressement et la canalisation de la rivière ancienne, en remontant de Mareuil au Port-aux-Perches, et par l'établissement de cinq écluses sur le canal, entre la Thérouenne et la Beuvronne.

La Ville a exécuté à ses frais la dérivation du Clignon, affluent de la rive gauche de l'Ourcq, dont le produit quotidien est évalué à 30,000 mètres cubes environ en eaux moyennes. Toutefois, suivant un arrangement particulier, approuvé par un arrêté du Préfet de la Seine du 21 février 1843, la rigole de cette dérivation a été transformée en rigole de petite navigation sur 1,200 mètres de longueur, aux frais de la Compagnie.

Aujourd'hui la navigation a lieu régulièrement et exclusivement par la rivière canalisée depuis le Port-aux-Perches jusqu'à Mareuil, et par le canal depuis Mareuil jusqu'à Paris.

La vieille rivière au-dessous de Mareuil, jusqu'à son confluent dans la Marne, ne sert plus que de décharge au canal, en cas de trop-plein ou d'avarie.

La suppression de la navigation sur cette partie de l'Ourcq, posée virtuellement en principe dans la loi du 29 floréal an X, a été prononcée administrativement en 1839 et confirmée par une décision de M. le Ministre des travaux publics en date du 8 juillet 1852.

La Compagnie originaire était représentée en 1876 par les héritiers de M. Hainguerlot et par Mme de Vatry, sa sœur, lorsque par un traité, en date du 20 juin 1876, la ville de Paris a racheté, à partir du 1er janvier 1876, la concession des deux canaux de l'Ourcq et de Saint-Denis.

La dépense totale faite pour les canaux de l'Ourcq et de Saint-Denis s'élevait, avant le rachat de la concession, à un peu plus de 29 millions. La concession a été rachetée, en vertu du traité précité, moyennant 46 annuités échelonnées de 1876 à 1922 de 540,000 francs chacune.

Description.

Le canal de l'Ourcq créé, avant tout, on l'a vu, comme canal d'alimentation pour la ville de Paris et pour les canaux Saint-Denis et Saint-Martin, n'est qu'accessoirement un canal de navigation.

Il se compose de deux parties distinctes :

1° La rivière canalisée comprise entre le Port-aux-Perches et le barrage-déversoir de Mareuil, traverse les communes et les départements suivants : — Aisne : *Silly-la-Poterie* et *La Ferté-Milon* ; — Oise : *Marolles* et *Mareuil*. Elle présente une longueur de . . . . 11,191ᵐ de la cote 67ᵐ,35 au-dessus du niveau de la mer à la cote 60ᵐ,75 ;

2° Le canal proprement dit s'étend du barrage-déversoir de Mareuil à la première écluse du canal Saint-Martin, à l'extrémité aval du bassin de La Villette, et traverse les territoires ci-après : — Oise : *Mareuil, Neufchelles* et *Varinfroy* ; — Seine-et-Marne : *May, Echampeu, Lizy, Congis, Vareddes, Poincy, Meaux, Crégy, Villenoy, Iles-les-Villenoy, Vignely, Trilbardou, Charmentray, Précy, Fresne, Claye-Souilly, Messy, Villeparisis* et *Mitry-Mory* ; — Seine-et-Oise : *Tremblay, Villepinte, Sevran* et *Aulnay* ; — Seine : *Bondy, Noisy-le-Sec, Bobigny, Pantin* et *La Villette*, aujourd'hui 19ᵉ arrondissement de Paris. Cette seconde partie de la ligne navigable se développe sur une longueur de . . . . 96,723 de la cote 60ᵐ,75 à la cote 52ᵐ,00.

Longueur totale 107,914ᵐ

La pente totale à racheter sur cette longueur est de 15ᵐ,35, savoir :
Sur la rivière canalisée, de 6ᵐ,60
Sur le canal proprement dit 8ᵐ,75

Ensemble 15ᵐ,35

Cette pente est rachetée par la pente même des biefs, qui varie de 0ᵐ,0625 à 0ᵐ,12366 par kilomètre, et en outre au moyen de 10 écluses dont 5 échelonnées sur la rivière canalisée et 5 groupées dans la partie intermédiaire du canal proprement dit où la pente du lit est la plus forte. La chute des premières varie de 0ᵐ,90 à 1ᵐ,80. La chute des secondes n'est que de 0ᵐ,60 à 0ᵐ,70.

La largeur des écluses de la rivière canalisée est de 5 mètres entre les bajoyers ; leur sas présentant une longueur de 63 mètres avec largeur au plafond de 6ᵐ,90, est formé par des perrés en pierres sèches à 1 mètre de base pour 3 mètres de hauteur. Les écluses du canal proprement dit sont formées de 2 sas, accolés latéralement, de 58ᵐ,80 de longueur et de 3ᵐ,20 de largeur.

La largeur de la cunette de la rivière canalisée est de 5 mètres au plafond et de 10 mètres en moyenne à la ligne de flottaison. On peut admettre, comme moyenne, les mêmes dimensions pour la cunette du canal proprement dit, par suite des éboulements et des déformations qui ont modifié peu à peu les profils types d'exécution.

Il existe 74 ponts sur cette voie navigable, savoir :

> 61 ponts fixes ;
> 9 ponts mobiles à bascule ;
> 1 pont tournant ;
> 1 pont levant ;
> 2 passerelles.
> _____
> 74

La hauteur minimum des ponts fixes au-dessus du plan d'eau est aujourd'hui de 3ᵐ,50 ; cette hauteur pour les 5 ponts fixes existant dans Paris est de 5ᵐ,20.

La largeur du chemin de halage, ainsi que celle du contre-halage, est en moyenne de 3 mètres.

Le chemin de halage a une chaussée empierrée de 2 mètres de largeur depuis Lizy jusqu'à Paris, sur une longueur de 76 kilomètres environ. Le reste, sans être empierré, est ferme et en bon état. Le chemin de contre-halage n'est praticable que dans l'intérieur de Paris.

Les deux rives du canal sont bordées de plantations sur toute leur longueur.

Le tirant d'eau normal de la rivière canalisée, aussi bien que celui du canal proprement dit, est de 1ᵐ,40 ; dans l'intérieur de Paris, depuis la gare circulaire, à l'origine du canal Saint-Denis, le tirant est de 2 mètres comme celui des canaux Saint-Denis et Saint-Martin.

La plupart des bateaux descendent au fil de l'eau.

La remonte se fait par chevaux.

Depuis la gare circulaire jusqu'à l'entrée du canal Saint-Martin, les bateaux sont remorqués par un toueur à vapeur sur chaîne noyée ; le toueur appartenait jusqu'à l'époque actuelle (1879), à un entrepreneur particulier, et la chaîne à la Compagnie jusqu'en 1876, et à la ville de Paris depuis cette époque.

Alimentation.

Le canal de l'Ourcq prend toutes les eaux de la rivière durant la plus grande partie de l'année. En temps de grandes eaux, l'excédent est déversé dans l'ancienne rivière à Mareuil, où est l'origine du canal proprement dit.

Le canal reçoit en outre dans son parcours les eaux de la Collinance, les eaux du Clignon qu'y amène une dérivation de 3,000 mètres environ de longueur, les eaux de la Gergogne, de la Thérouenne, de la roche de Crégy, et de la Beuvronne.

Les jaugeages faits pendant les basses eaux de 1804, une des années les plus humides, il est vrai, du commencement de ce siècle, ont donné, pour produits de la rivière d'Ourcq et des affluents du canal, les chiffres suivants :

Rivière d'Ourcq, à Mareuil	138,000	mètres	cubes
La Collinance	11,500	—	
Le Clignon	23,000	—	
La Gergogne	20,100	—	
La Thérouenne	11,500	—	
La fontaine de Crégy	300	—	
La Beuvronne	18,800	—	
Ensemble	223,200	mètres	cubes,

soit 175,000 mètres cubes, en tenant compte des pertes par évaporation et infiltration.

Les derniers jaugeages faits, en 1859, à l'écluse de Fresne, en amont de la Beuvronne, à un moment où les eaux étaient plutôt basses, ont accusé un débit de . . . . 135,000 mètres cubes environ par 24 heures, auquel il y a lieu d'a-
jouter le débit de la Beuvronne, trouvé de . . 7,700 —
pour avoir le total des arrivages d'eau au bassin

de La Villette, qui étaient donc de . . . . . 142,700 mètres cubes ou de 125,000 mètres cubes seulement, en tenant compte des pertes.

Aucune prise d'eau n'est autorisée sur le parcours du canal.

Pour accroître l'alimentation du canal de l'Ourcq, non pas tant au point de vue de ce canal lui-même qu'au point de vue des besoins de la capitale et de la navigation des canaux Saint-Denis et Saint-Martin qu'il est appelé à satisfaire, la ville de Paris a demandé et obtenu, par deux décrets du 11 avril 1866, la concession de deux prises d'eau à faire dans la Marne : l'une au barrage d'Isles-les-Meldeuses, dont la chute lui sert à refouler dans le canal de l'Ourcq jusqu'à concurrence de 45,000 mètres cubes d'eau par 24 heures; l'autre à Trilbardou, où elle obtient un résultat semblable à l'aide de la chute d'eau dont elle est propriétaire en ce point.

L'eau du canal est plus chargée de sels terreux mais moins limoneuse que celle de la Seine. Elle marque d'ordinaire 31° à l'hydrotimètre, tandis que celle de la Seine n'accuse que 20° environ.

Fréquentation.

Comme ligne de navigation, le canal n'admet en principe que des bateaux spéciaux, dits flûtes d'Ourcq, de 3 mètres de largeur *maximum* sur 28 mètres de longueur. (Règlement du 1er novembre 1840). Toutefois, quelques constructeurs en ont établi un certain nombre dont la largeur est de 3m,10. Ces bateaux, qui franchissent facilement les écluses, sont tolérés.

Les transports n'existent à peu près qu'à la descente: ils se composent principalement de bois provenant de la forêt de Villers-Cotterets, de matériaux de construction (pierres de taille et moellons) de la vallée de l'Ourcq, et de plâtre venant de Villeparisis, Vaujours, Livry, Noisy-le-Sec et Romainville. Ils se sont élevés en 1865 à 20,000 tonnes environ à la remonte et à 423,000 tonnes à la descente, et en 1877 à 65,000 tonnes à la remonte et à 564,000 tonnes à la descente. Ce mouvement est représenté en 1865 par un nombre de 17,400 bateaux environ, et en 1877 par un nombre de 20,500 bateaux dont moitié en remonte, moitié en descente.

La charge moyenne de chaque bateau est de 40 à 50 tonnes ; ce dernier chiffre représentant la charge *maximum*.

La durée des voyages depuis Mareuil est de dix à quinze jours, sur lesquels quatre sont pris par la descente de Mareuil à Paris et autant par la remonte ; le reste s'applique au chargement, au déchargement et au stationnement.

Canal Saint-Denis.

Description.

Le canal Saint-Denis, comme le canal de l'Ourcq, construit, en vertu de la loi du 29 floréal an X, par la ville de Paris, a été commencé en décembre 1811, concédé, comme il a été expliqué précédemment, par le traité du 19 avril 1818, et ouvert le 13 mai 1821.

Renfermé dans le département de la Seine, sur les communes de La Villette (actuellement 19e arrondissement de Paris), Aubervilliers et Saint-Denis, ce canal a une longueur totale de 6,647m,50 depuis la gare circulaire, à La Villette, jusqu'à son embouchure en Seine [1].

La pente totale à racheter sur ce parcours est de 28m,59. Cette pente est rachetée par douze écluses, dont quatre écluses doubles et quatre simples ; la chute d'une écluse simple varie de 2m,30 à 2m,50. Ces écluses ont une largeur de 7m,80 entre les pilastres des chambres des portes ; leur sas présente une longueur utile de 42 mètres.

---

[1] L'étiage actuel, le barrage de Bezons abaissé, est de 22m,29. — Le tirant d'eau de 2m,00 sur le busc aval de la 12e écluse est donné par la retenue du barrage de Bezons fixée à la cote 23m,73 à la crête du barrage. — Les plus hautes eaux navigables sont cotées 26m,80. Les dernières fortes crues ont atteint, le 1er mars 1872, 28m,21 et le 17 mars 1876, 28m,61.

La largeur de la cuvette du canal au plafond est de 15 mètres et de 25 mètres en moyenne à la hauteur de la ligne de flottaison. Le tirant d'eau normal est de 2 mètres.

Les ponts fixes présentent une hauteur *minimum* de 5^m,20 sous clef au-dessus du plan d'eau normal; ils sont au nombre de 11.

Il existe en outre 2 ponts mobiles et 1 passerelle.

La largeur du chemin de halage est de 6 mètres environ, sur lesquels 3 mètres sont empierrés sur toute la longueur du canal. Ce chemin se réduit à 2 mètres sous quelques ponts.

Le contre-halage, qui présente la même largeur, n'est empierré sur aucun point; il est complètement interrompu à la rencontre de certains ponts.

Les deux rives du canal sont bordées de plantations sur presque toute leur longueur à partir des fortifications de Paris.

La traction des bateaux se fait à l'aide de bœufs et de chevaux. La navigation compte, en outre, un certain nombre de bateaux à vapeur, à roues et à hélice.

Alimentation.

Le canal Saint-Denis est alimenté, en temps ordinaire, par la moitié du surplus des eaux amenées au bassin de La Villette par le canal de l'Ourcq, après le prélèvement de 105,000 mètres au maximum, fait sur ces arrivages pour l'alimentation de la ville de Paris, en vertu du traité de concession; et, en temps de pénurie d'eau, jusqu'à concurrence d'un volume de 28,800 mètres cubes au maximum, dont le complément sera prélevé sur les prises d'eau d'Isles-les-Meldeuses et de Trilbardou, en vertu des deux décrets de concession du 11 avril 1866. On peut fixer à 33,000 mètres cubes par 24 heures la quantité d'eau qui assurerait pleinement le service régulier de la navigation sur ce canal, y compris les pertes normales du canal, et celles des portes d'écluses. Les eaux sont introduites directement par la première écluse.

Il n'y a aucune prise d'eau autorisée sur le canal. Toutefois, les chutes d'eau des écluses étaient autrefois louées à l'industrie, mais aujourd'hui l'usine des 3e et 4e écluses est la seule qui soit encore régulièrement autorisée à se servir de l'eau.

Fréquentation.

Le mouvement de la navigation sur le canal Saint-Denis en 1866 a été de 980,000 tonnes environ, dont 814,000 tonnes à la remonte et 166,000 tonnes à la descente. En 1877, il a été de 1,135,000 tonnes, dont

863,000 tonnes à la remonte et 272,000 tonnes à la descente. Les transports de charbon entrent dans les chiffres totaux pour un tiers environ. On y remarque, en outre, en 1866, 130,000 tonnes de matériaux de construction et 90,000 tonnes de bois, soit à brûler, soit à ouvrer, et en 1877, 250,000 tonnes de matériaux de construction et 66,000 tonnes de bois. Ce tonnage a d'ailleurs été représenté en 1866 par un mouvement total de 7,800 bateaux environ et en 1877 par un mouvement de 7,100 bateaux, tant en remonte qu'en descente; chargés ou vides, dont les principales espèces sont :

Les bateaux porteurs à vapeur, soit à hélice, soit à roues, dont le tonnage varie de 80 à 200 tonnes ;

Les chalands et besognes, dont le tonnage varie de 250 à 400 tonnes;

Les péniches de l'Oise et des canaux du Nord, de 200 à 280 tonnes.

Le taux du fret ne comprend que les droits de navigation et les frais de traction.

Les droits de navigation se perçoivent par tonne et par écluse, et varient de 0 fr. 04 à 0 fr. 07, suivant la nature des marchandises. Toutefois, les marchandises allant de la Basse-Seine ou de l'Oise à la Haute-Seine ne payent qu'un forfait de 30 centimes par tonne pour le parcours entier du canal.

Les frais de traction varient de 18 francs pour une péniche à charge, à 42 francs pour les chalands et besognes.

La durée du parcours entier du canal est en moyenne de 10 à 12 heures.

Un projet a été présenté les 24 juin et 29 novembre 1879, pour donner au canal Saint-Denis et au bassin de La Villette un tirant d'eau de $3^m,20$, et mettre ainsi le grand port parisien en état de profiter des travaux qui s'exécuteront sur la Basse-Seine.

PREMIÈRE PARTIE

ACTES ET TRAITÉS CONSTITUTIFS

CHAPITRE PREMIER

Création des Canaux.

I. — *Loi qui autorise l'ouverture d'un canal de dérivation de la rivière d'Ourcq.*

29 floréal an X (19 mai 1802).

Au Nom du Peuple Français,

BONAPARTE, Premier Consul de la République,

Proclame loi de la République le décret suivant, rendu par le Corps législatif le 29 floréal an X, conformément à la proposition faite par le Gouvernement le 27 du même mois, communiquée au Tribunat le même jour.

DÉCRET.

Article premier. — Il sera ouvert un canal de dérivation de la rivière d'Ourcq ; elle sera amenée à Paris à un bassin près de La Villette.

Art. 2. — Il sera ouvert un canal de dérivation qui partira de la Seine au-dessous du bastion de l'Arsenal, se rendra dans les bassins de partage de La Villette et continuera par Saint-Denis, la vallée de Montmorency, et aboutira à la rivière d'Oise, près Pontoise.

Art. 3. — Les terrains appartenant à des particuliers et nécessaires à la construction seront acquis de gré à gré ou à dire d'expert.

Collationné à l'original, par nous, Président et Secrétaires du Corps législatif, à Paris, le 29 floréal an X de la République Française. Signé, etc.

Soit la présente loi, revêtue du Sceau de l'État, insérée au *Bulletin des Lois*, inscrite dans les registres des autorités judiciaires et administratives, et le Ministre de la Justice chargé d'en surveiller la publication, à Paris, le 9 prairial an X de la République.

Signé : BONAPARTE,
Premier Consul.

Contresigné : *Le Secrétaire d'État :*

Signé : HUGUES-B. MARET,

Et scellé du sceau de l'État.

Vu :

Le Ministre de la Justice,

Signé : ABRIAL.

II. — *Arrêté des Consuls, relatif aux travaux de dérivation de la rivière d'Ourcq.*

Paris, le 25 thermidor an X (13 août 1802).

LES CONSULS DE LA RÉPUBLIQUE,

Sur le rapport du Ministre de l'Intérieur, arrêtent :

ARTICLE PREMIER. — Les travaux relatifs à la dérivation de la rivière d'Ourcq, ordonnés par la loi du 29 floréal an X, seront commencés le 1er vendémiaire an XI, et dirigés de manière que les eaux soient arrivées à La Villette à la fin de l'an XIII.

ART. 2. — Les fonds nécessaires à l'exécution de la dérivation de l'Ourcq seront prélevés sur les produits de l'octroi établi aux entrées de la ville de Paris.

ART. 3. — A compter du présent arrêté, il sera perçu aux entrées de Paris un droit additionnel sur les vins de un franc vingt centimes par hectolitre ; cette perception cessera au dernier jour complémentaire de l'an XXI.

ART. 4. — Les produits de ce droit additionnel seront uniquement affectés au payement des dépenses occasionnées par les travaux de la dérivation de la rivière d'Ourcq, jusqu'au bassin qui sera pratiqué à La Villette, à ceux de la distribution de ses eaux, et à ceux de la construction des différentes fontaines et réservoirs qui seront jugés nécessaires.

ART. 5. — Le Préfet du département de la Seine est chargé de l'administration générale des travaux, même pour la partie du canal de dérivation, qui seront situés hors du département de la Seine.

ART. 6. — Le Préfet remettra chaque année au Conseil général du département un compte particulier des produits du droit additionnel sur les vins et des dépenses auxquelles ces produits auront été employés. Ce compte, après avoir été arrêté, sera soumis au Ministre de l'Intérieur.

ART. 7. — Les travaux seront exécutés par les Ingénieurs des Ponts et Chaussées, d'après les plans et devis ci-joints.

ART. 8. — Le Ministre de l'Intérieur est chargé de l'exécution du présent arrêté qui sera annexé au *Bulletin des Lois.*

Le Premier Consul,
Signé : BONAPARTE.

Par le Premier Consul :
Le Secrétaire d'État,
Signé : HUGUES-B. MARET.

III. — *Décret sur l'administration des Eaux de Paris.*

Au palais de Saint-Cloud, le 4 septembre 1807.

NAPOLÉON, Empereur des Français, etc.,

Sur le rapport de notre Ministre de l'Intérieur, notre Conseil d'État entendu, nous avons décrété et décrétons ce qui suit :

Article premier. — Les eaux des pompes à feu de Chaillot et du Gros-Caillou, celles des pompes hydrauliques de Notre-Dame et de la Samaritaine, des Prés-Saint-Gervais, Rungis et Arcueil, et celles du canal de l'Ourcq, seront réunies en une seule administration.

Art. 2. — Cette administration sera exercée par le Préfet de la Seine, sous la surveillance du Conseiller d'État, Directeur général des Ponts et Chaussées, et l'autorité du Ministre de l'Intérieur.

Art. 3. — Tous les travaux dépendant de cette administration seront projetés, proposés, autorisés et exécutés dans les formes usitées pour les travaux des Ponts et Chaussées. La comptabilité des travaux sera aussi exécutée dans les mêmes formes.

Art. 4. — A cet effet, il sera établi, sous le titre de *Directeur des Ponts et Chaussées*, un Ingénieur en chef qui aura la direction générale, tant des travaux du canal de l'Ourcq que de ceux relatifs, soit à la distribution des eaux de ce canal, soit à celle des eaux des pompes à feu, et autres mentionnées en l'article 1er du présent décret.

Art. 5. — L'Ingénieur-Directeur aura sous ses ordres immédiats deux Ingénieurs en chef et des Ingénieurs ordinaires qui seront chargés, savoir :

L'un des Ingénieurs en chef, de tous les travaux du canal de l'Ourcq, depuis la prise d'eau jusqu'au bassin de La Villette ;

L'autre, de tous les travaux relatifs à la distribution, tant des eaux de ce canal que de toutes les autres, dans l'intérieur de Paris.

Un Ingénieur ordinaire sera chargé de la conduite et du travail des pompes à vapeur, depuis la prise d'eau dans la Seine jusqu'à la sortie des bassins. Il sera établi le nombre nécessaire de conducteurs, piqueurs et agents de service.

Art. 6. — Pour une première fois, les agents en chef de l'Administration actuelle des Eaux de Paris pourront nous être présentés pour être par nous nommés Ingénieurs des Ponts et Chaussées, et ce par exception aux règlements subsistants, auxquels il sera dérogé à cet effet.

Art. 7. — Toutes les dépenses relatives à l'administration des Eaux de Paris seront à la charge de cette ville.

Ces dépenses seront proposées pour chaque année, dans un budget particulier qui sera joint au budget général de la commune.

Art. 8. — Avant le 1er décembre prochain, l'Ingénieur-Directeur présentera un projet général de distribution dans l'intérieur de Paris, tant des eaux à provenir du canal, que de toutes autres déjà existantes.

Art. 9. — Ce projet indiquera généralement les points de placement des fontaines, conduites et regards à établir dans les divers quartiers de

Paris, et spécialement le devis des établissements de ce genre à former dans les quartiers de Saint–Denis et des Halles, et qui devront s'y commencer dès l'année prochaine.

ART. 10. — Ces divers projets seront soumis à notre Ministre de l'Intérieur et les projets généraux arrêtés par nous.

ART. 11. — Les dispositions de notre décret du 16 prairial an XI, contraires à l'exécution des présentes, sont rapportées.

ART. 12. — Notre Ministre de l'Intérieur est chargé de l'exécution du présent décret.

Signé : NAPOLÉON.

Par l'Empereur :

Le Ministre Secrétaire d'État,
Signé : HUGUES-B. MARET.

IV. — *Loi qui autorise la ville de Paris à emprunter sept millions.*

22 mars 1810,

NAPOLÉON, par la grâce de Dieu et les constitutions, EMPEREUR DES FRANÇAIS, ROI D'ITALIE, PROTECTEUR DE LA CONFÉDÉRATION DU RHIN, etc., etc., etc., à tous présents et à venir, salut :

Le Corps législatif a rendu, le 12 mars 1810, le décret suivant, conformément à la proposition faite au nom de l'Empereur et Roi, et après avoir entendu les orateurs du Conseil d'État et le Président de la Commission d'administration intérieure :

DÉCRET.

ARTICLE PREMIER. — La ville de Paris est autorisée à faire un emprunt de sept millions de francs destinés au payement des indemnités des maisons et terrains nécessaires au canal de l'Ourcq et à la distribution de ses eaux dans Paris.

ART. 2. — Les conditions générales de l'emprunt, le taux de l'intérêt et les époques et moyens de remboursement seront fixés par un règlement d'administration publique.

Collationné à l'original, par nous Président et Secrétaires du Corps législatif.

Paris le 12 mars 1810.

Signé : Le comte DE MONTESQUIOU, *Président ;* PAYMAURIN, GRELLET, PLASSCHAER, DEBORQUE, *Secrétaires.*

Mandons et ordonnons que les présentes, revêtues des sceaux de l'État, insérées au *Bulletin des Lois*, soient adressées aux cours, aux tribunaux et aux autorités administratives, pour qu'ils les inscrivent dans leurs registres, les observent et les fassent observer ; et notre Grand-Juge, Ministre de la Justice, est chargé d'en surveiller la publication.

Donné en notre Palais, à Compiègne, le 22 mars de l'an 1810.

Signé :NAPOLÉON.

Vu par nous, Archichancelier de l'Empire,
Signé : CAMBACÉRÈS.

Par l'Empereur :

Le Ministre d'État,
Signé : HUGUES-B., duc DE BASSANO.

CHAPITRE II

Concession des Canaux.

I. — *Traité de concession.*

1º TEXTE DU TRAITÉ.

19 avril 1818.

Entre M. *Gilbert-Joseph-Gaspard*, comte *Chabrol de Volvic*, Conseiller d'État, Préfet du département de la Seine, agissant pour la ville de Paris, d'une part ;

Et MM. *Antoine*, comte *de Saint-Didier*, demeurant à Paris, rue du Faubourg-Saint-Honoré, nº 114 ;

Et *Jacques-Claude-Roman Vassal*, banquier à Paris, y demeurant, rue du Faubourg-Poissonnière, nº 2 ;

Agissant tant en leurs noms personnels que pour la Compagnie qu'ils se proposent de former pour raison du traité ci-après ;

Tous deux, d'autre part ;

Il a été convenu ce qui suit :

ARTICLE PREMIER. — La Compagnie s'engage à exécuter à ses frais, risques et périls, et au profit de la ville de Paris, d'ici au 1er janvier 1823, tous les travaux et ouvrages d'art nécessaires pour la confection du canal de Saint-Denis, ordonné par la loi du 29 floréal an X.

Elle sera tenue de se conformer, dans l'exécution des ouvrages, aux plans et projets généraux qui ont été approuvés.

Elle exécutera tous les travaux d'art qui sont indiqués dans le tableau nº 1er, extrait du rapport fait, le 1er mars 1816, par une commission spéciale d'Ingénieurs des Ponts et Chaussées.

ART. 2 — Tous les terrains compris sur les plans approuvés pour être occupés par le canal de Saint-Denis et ses chemins de halage, seront mis à la disposition de la Compagnie par la Ville et à ses frais, savoir : ceux déjà acquis sur la première réquisition de la Compagnie, et ceux restant à acquérir à mesure des besoins de ses travaux.

Les indemnités à payer pour occupation temporaire ou détérioration de terrains et pour tous dommages causés par l'effet des travaux, seront à la charge de la Compagnie.

ART. 3. — Pour indemniser la Compagnie des dépenses qu'elle s'engage à faire par les deux articles précédents, et sous la condition qu'elle en remplira toutes les obligations, la ville de Paris lui concède la jouissance dudit canal pendant l'espace de quatre-vingt-dix-neuf ans, à partir du 1er janvier 1823.

La Compagnie jouira exclusivement des droits de navigation et de stationnement qui seront établis sur le canal de Saint-Denis et le bassin de La Villette, depuis le port de La Briche à Saint-Denis, jusques et y compris ledit bassin.

La Compagnie percevra ces droits de navigation et de stationnement à son profit, conformément au tarif ci-annexé n° 2.

Elle jouira également du cours d'eau de ce canal, et en disposera à son profit pour l'entretien des usines qu'elle pourra établir, aux conditions stipulées dans les articles suivants.

La Compagnie sera tenue d'entretenir, à ses frais, pendant tout le temps de sa concession, ledit canal de Saint-Denis, et d'y faire toutes les réparations et améliorations, de quelque nature qu'elles soient.

ART. 4. — Sur le volume d'eau qui sera amené au bassin de La Villette, la ville de Paris se réserve en jouissance jusqu'à concurrence de quatre mille pouces, qu'elle pourra prendre au fur et à mesure de ses besoins et dans toutes les saisons de l'année, pour les employer au service des fontaines publiques et de toute autre espèce de distributions dans l'intérieur de Paris.

Tout le surplus de ces eaux restera à la disposition de la Compagnie pour alimenter la navigation et les usines du canal de Saint-Denis ; et ce, jusqu'à la confection du canal de Saint-Martin, pour lequel il est réservé par la ville de Paris moitié de ce surplus.

Cependant si, à cette dernière époque, le volume d'eau qui restera après le prélèvement des quatre mille pouces réservés par la Ville, ne s'élevait pas à quinze cents pouces d'eau pour chacun des deux canaux, celui de Saint-Denis aura droit au quart du volume total des eaux amenées audit bassin.

L'effet de cette dernière disposition ne pourra être réclamé par la Compagnie, lorsqu'il aura été prouvé que le canal aura fourni sept mille pouces en temps d'étiage d'une année commune.

ART. 5. — La Compagnie devra affecter au moins six cents pouces desdites eaux qui resteront à sa disposition pour la navigation du canal de Saint-Denis : l'excédant de ces six cents pouces d'eau pourra seul être employé au cours d'eau des usines.

ART. 6. — L'Administration s'engage à continuer après l'expiration de la concession le service des cours d'eau qui auront été établis pour l'entretien des usines, à la condition que les propriétaires de ces usines payeront à la ville de Paris, pour la jouissance desdits cours d'eau, un prix de location qui sera fixé alors à l'amiable ou par une expertise contradictoire, expertise qui sera renouvelée à chaque période de vingt-cinq ans.

Art. 7. — Il est entendu que les bâtiments des usines, les magasins et toutes dépendances établis sur des terrains autres que ceux qui seront achetés par la ville de Paris, resteront à perpétuité la propriété de la Compagnie ou de ses ayants droit.

Art. 8. — La Compagnie aura seule le droit d'établir, sur les rives dudit canal, des gares et ports de décharge pour l'entrepôt des marchandises de toute nature.

Art. 9. — La Compagnie exploitera à son profit les plantations du canal de Saint-Denis, conformément aux règlements qui régissent la coupe des arbres du domaine public ; elle remplacera tous ceux qui auront péri ou qu'elle aura coupés, et elle ne pourra plus en abattre après la quatre-vingtième année de sa concession.

Art. 10. — En considération des conditions qui précèdent, et pour en assurer l'exécution, la Compagnie s'engage à terminer, à ses risques et périls, tous les ouvrages restant à faire pour l'achèvement du canal de dérivation de l'Ourcq, depuis la prise d'eau à Mareuil, jusques et y compris le bassin de La Villette, moyennant la somme de sept millions cinq cent mille francs à titre de forfait ; laquelle somme sera payée dans les termes et de la manière indiqués dans les art. 13, 16 et 17 du présent traité.

La Compagnie sera tenue d'exécuter tous les travaux et ouvrages d'art indiqués dans le tableau n° 3, extrait du rapport de la Commission des Ponts et Chaussées.

Elle devra se conformer, dans l'exécution des travaux, au plan qui a été approuvé, n° 5.

Art. 11. — Les terrains à acquérir pour l'achèvement du canal de l'Ourcq, et les indemnités de dépossession seulement, seront payés par la ville de Paris.

Les indemnités pour occupation temporaire ou détérioration de terrains et pour tous dommages causés par l'effet des travaux, seront à la charge de la Compagnie.

Art. 12. — Les travaux à faire pour l'achèvement du canal de l'Ourcq seront commencés, au plus tard, au 1er janvier 1819, et devront être exécutés d'ici au 1er janvier 1823.

Ces travaux seront divisés en quatre sections, savoir :

La première comprendra les travaux à faire depuis Claye jusqu'à Paris, et depuis la prise d'eau de la Thérouenne jusqu'aux carrières de Poincy ;

La deuxième, depuis les carrières de Poincy jusqu'à Charmentray ;

La troisième, depuis Charmentray jusqu'à Claye, et depuis la Thérouenne jusqu'au village de Vernelle ;

La quatrième, depuis Vernelle jusqu'à la prise de la rivière d'Ourcq.

Art. 13. — La somme de sept millions cinq cent mille francs, convenue pour le prix de ces travaux, sera aussi divisée en quatre portions égales,

2

qui seront respectivement et successivement applicables, d'année en année, à chacune des sections ci-dessus.

Ces portions seront elles-mêmes subdivisées chacune en quatre payements égaux, exigibles de trois mois en trois mois, et dont le premier sera effectué à l'époque où le quart des travaux de la première section sera exécuté.

Les trois premiers payements de chaque section auront lieu, à titre de délivrance acompte, dans le cours de l'année correspondante à l'exécution des travaux, après qu'il aura été constaté que l'avancement de ces travaux est dans une proportion suffisante.

Quant au dernier payement pour solde d'une section, il ne sera fait qu'après la réception des travaux de cette section et lorsque les eaux y auront été introduites.

Néanmoins, si les travaux compris dans l'une des sections n'étaient pas entièrement achevés à l'époque de la réception, on admettra, en compensation des ouvrages restant à y faire, les travaux équivalents qui auraient été exécutés par anticipation sur l'une des autres sections.

Art. 14. — La Compagnie s'engage à entretenir à ses frais le canal de l'Ourcq, depuis Mareuil jusques et y compris le bassin de La Villette, à compter du jour où elle commencera ses travaux et jusqu'à l'expiration de la concession ci-après.

Cet entretien comprend toutes les réparations et les améliorations, de quelque nature qu'elles soient.

Art. 15. — Pour raison des obligations que contracte la Compagnie par l'article précédent, la ville de Paris lui cède la jouissance pendant quatre-vingt-dix-neuf ans, à dater du 1er janvier 1823, des droits de navigation à établir sur le canal de l'Ourcq et de tous autres produits en dépendant.

La Compagnie se conformera, pour l'exploitation et l'entretien des arbres, à ce qui a été prescrit, relativement à ceux du canal de Saint-Denis, par l'article 9 du présent traité.

Les droits de navigation du canal de l'Ourcq seront perçus au profit de la Compagnie, conformément au tarif ci-joint, no 4.

Art. 16. — Les sept millions cinq cent mille francs, prix convenu pour les travaux du canal de l'Ourcq, seront payés, savoir :

Cinq cent mille francs en argent,

Et sept millions en bons de la Ville, qui, à cet effet, seront déposés à la Caisse municipale, pour être mis successivement en émission au fur et à mesure de l'exigibilité des payements.

Ces bons ne pourront, sous aucun prétexte, être appliqués à un autre emploi, et porteront la mention de leur affectation spéciale, conformément à l'article suivant ; ils produiront des intérêts sur le pied de sept et demi pour cent, payables de trimestre en trimestre, mais à partir seulement des époques successives de leur émission.

Art. 17. — L'amortissement de ces bons commencera, à dater de l'année 1823, et s'opérera, conformément au tableau no 6, au moyen d'un fonds annuel qui sera pris, par privilège, sur les produits spéciaux du droit additionnel à l'octroi, destiné pour la confection du canal de l'Ourcq, lequel droit sera exclusivement affecté à cet objet, jusqu'à l'acquittement total desdits bons en capital et intérêts.

Conditions générales.

Art. 18. — Après l'achèvement du canal de l'Ourcq et du canal de Saint-Denis, il sera dressé un état descriptif des ponts, aqueducs, écluses et autres ouvrages d'art établis actuellement ou qui devront l'être, conformément aux conditions du présent traité et aux tableaux n°s 1 et 3.

Cet état, dûment arrêté, en double expédition, sera ajouté aux annexes du présent traité, pour servir au récolement qui sera fait, conformément à l'article suivant, lorsque la ville de Paris rentrera en jouissance desdits canaux.

Art. 19. — A l'époque de l'expiration de sa concession, la Compagnie sera obligée de remettre à la ville de Paris, en bon état d'entretien, les canaux de Saint-Denis, de l'Ourcq et le bassin de La Villette, les ouvrages d'art qui seront indiqués dans l'état descriptif dont il est parlé dans l'article précédent, les quais, chemins de halage, ports, gares, talus, plantations et toutes dépendances de ces canaux.

La ville de Paris rentrera immédiatement dans la jouissance des droits de navigation, de stationnement, de location des cours d'eau employés aux usines, enfin de tous les droits quelconques qui se trouveront alors établis et dont la perception lui sera rendue.

Art. 20. — Faute par la Compagnie d'exécuter les travaux et les diverses obligations par elle contractées dans le présent traité, elle encourra la déchéance ; et, dans ce cas, tous les ouvrages construits ou en exécution, les approvisionnements, matériaux et équipages, ainsi que le cautionnement ci-après stipulé, ou la portion qui resterait encore en dépôt, deviendront la propriété de la ville de Paris, sans qu'il y ait lieu à aucun recours de la part de la Compagnie, ni de celle des intéressés, privilégiés et autres ayants droit.

La présente stipulation n'est pas applicable au cas où la cause de l'interruption ou de la non-confection des travaux proviendrait de force majeure.

Art. 21. — La Compagnie s'oblige à fournir un cautionnement de la valeur d'un million en immeubles, ou de cinquante mille francs de rentes de la Ville, pour garantie de l'exécution des travaux qui font l'objet du présent traité.

Le dépôt de ce cautionnement devra être effectué avant la confection des coupons de l'emprunt.

Il ne pourra être rendu qu'après que la Compagnie aura exécuté, sur le canal de Saint-Denis, des travaux qui s'élèveront à une somme égale. et progressivement.

Art. 22. — Il y aura, auprès de l'Administration de la Préfecture de la Seine, un Commissaire spécial pris parmi les Inspecteurs généraux des Ponts et Chaussées.

Ce Commissaire sera chargé de donner son avis à M. le Préfet sur toutes les demandes et propositions de la Compagnie tendant à l'exécution la plus prompte de toutes les dispositions du présent traité, comme aussi de suivre et de surveiller l'exécution des travaux des deux canaux, et particulièrement de constater l'avancement de ceux du canal de l'Ourcq aux époques des payements.

La Compagnie ne pourra faire aucune modification aux projets approuvés, tant en ce qui concerne le tracé des canaux, que l'exécution des travaux et ouvrages d'art, sans en avoir référé au Préfet du département de la Seine, et sans en avoir obtenu préalablement l'autorisation formelle.

ART. 23. — La Compagnie s'engage à présenter, dans le délai d'une année, à partir de ce jour, une soumission accompagnée d'un projet pour la confection du canal de Saint-Martin, à l'effet de passer, après examen, et s'il y a lieu, un nouveau traité pour cet objet.

ART. 24. — Attendu la nature du présent traité, il ne pourra recevoir d'exécution qu'après qu'il aura été soumis à la délibération du Conseil municipal de la ville de Paris, et à la sanction législative dans la session actuelle des Chambres.

Fait double à Paris, en l'hôtel de la Préfecture, le 19 avril 1818.

Signé : le comte Antoine de Saint-Didier, R. Vassal, le comte Chabrol.

Enregistré à Paris, le 29 juillet 1818, folio 170 v°, c. 3 et suivantes. Reçu deux francs vingt centimes, y compris le double droit et le décime par franc.

Il n'a été perçu que le droit fixe, conformément à l'article 3 de la loi du 20 mai dernier, insérée au *Bulletin des Lois* sous le n° 219. Signé : *Pacalin*.

2° ARTICLES ADDITIONNELS

Entre M. *Gilbert-Joseph-Gaspard*, comte *Chabrol de Volvic*, Conseiller d'État, Préfet du département de la Seine, agissant pour la ville de Paris, d'une part ;

Et MM. *Antoine*, comte *de Saint-Didier*, demeurant à Paris, rue du Faubourg-Saint-Honoré, n° 114 ;

Et *Jacques-Claude-Roman Vassal*, banquier à Paris, y demeurant, rue du Faubourg-Poissonnière, n° 2 ;

Agissant tant en leurs noms personnels que pour la Compagnie qu'ils se proposent de former pour raison du traité ci-après ;

Tous deux, d'autre part ;

A été convenu ce qui suit par addition aux articles du traité concernant l'entreprise du canal de l'Ourcq ;

ARTICLE PREMIER. — La Compagnie s'engage à avancer à la ville de Paris, jusqu'à concurrence de quatre à cinq cent mille francs, les sommes dont l'Administration pourra avoir besoin par urgence, pour le payement des acquisitions de terrains qui doivent être faites, conformément audit traité, pour l'achèvement des canaux de Saint-Denis et de l'Ourcq.

L'intérêt de ces avances, payable par trimestres, est fixé à sept et demi pour cent par an, et elles seront remboursables en numéraire, soit pendant le cours des travaux, soit à partir du 1ᵉʳ janvier 1823, suivant le mode d'amortissement réglé pour l'emprunt de sept millions.

ART. 2. — La ville de Paris aura le droit de faire effectuer, librement et sans rétribution, par la navigation du canal de l'Ourcq, tous les transports qu'exigera le service de la voirie située dans la forêt de Bondy; comme aussi d'établir, à ses frais, sur l'un des chemins de halage de ce canal, une chaussée d'empierrement et une gare pour ces mêmes transports, dans le cas où cette mesure serait adoptée.

Fait double à Paris, le 19 avril 1818.

Signé : le comte Antoine de Saint-Didier, R. Vassal et Chabrol.

Enregistré à Paris, le 29 juillet 1818, folio 171, v°, c. 19 et suivantes. Reçu deux francs vingt centimes, y compris le double droit et le décime par franc. Signé : *Pacalin.*

3° ANNEXES

Annexe n° 1.

Indication sommaire des ouvrages restant à faire pour l'achèvement du canal Saint-Denis à la date du 19 avril 1818.

Annexe n° 2.

Maximum du tarif des droits de navigation et de stationnement à établir sur le canal de Saint-Denis.

(Le tonnage est adopté pour la fixation du droit.)

Par tonneau et par écluse, savoir :

1° Les pailles et autres fourrages, les engrais, le sable, les moellons, le plâtre, la pierre à chaux seront assujettis à un droit qui ne pourra excéder cinq centimes, ci.............................., **0** fr. 05

2° Le bois à brûler, la pierre de taille, le grès ou pavé (sept centimes et demi), ci............................... 0   075

3° Le charbon de terre, le charbon de bois, le bois de charpente, les lattes, les échalas, et généralement tous les bois ouvrés, la chaux vive, la tuile, la brique (dix centimes), ci.... 0   10

4° Le sel, la farine, le blé et autres grains et toute espèce de fruit, ardoises, fonte de fer (quinze centimes), ci............. 0   15

5° Le vin, l'eau-de-vie, le vinaigre, les épiceries, et généralement toutes les marchandises non portées dans les articles précédents (vingt centimes), ci............................. 0   20

6° Le maximum du droit de stationnement est fixé à quatre centimes par mètre superficiel et par jour (quatre centimes), ci. 0   04

Annexe n° 2, arrêtée conformément au traité de cejourd'hui 19 avril 1818.

Signé : le comte ANTOINE DE SAINT-DIDIER, R. VASSAL, CHABROL.

Enregistré à Paris, le 29 juillet 1818, folio 172, r°, c. 1ᵉ. Reçu un franc dix centimes, y compris le 10ᵉ. Signé : *Pacalin.*

Annexe n° 3.

Indication sommaire des ouvrages restant à faire pour l'achèvement du canal de l'Ourq à la date du 19 avril 1818.

Annexe n° 4.

Maximum du tarif des droits de navigation à établir sur le canal de l'Ourcq.

Par tonneau et par distance de cinq kilomètres :

1° Les pailles, fourrages, engrais, sable, moellons, plâtre, pierre à plâtre, pierre à chaux seront assujettis à un droit qui ne pourra excéder dix centimes, ci.. 0 fr. 10

2° Le bois à brûler, pierre de taille, grès ou pavé (vingt centimes), ci.. 0 20

3° Le charbon de terre, le charbon de bois, les lattes, échalas, bois ouvré, chaux vive, tuiles, briques, etc. (vingt-cinq centimes), ci.. 0 25

4° La farine, le blé, le vin, les fruits, légumes secs ou verts, le sel ou les épiceries, et généralement toutes les marchandises non portées dans les articles précédents (cinquante centimes), ci.. 0 50

Annexe n° 4, arrêtée conformément au traité de cejourd'hui 19 avril 1818.

Signé : le comte ANTOINE DE SAINT-DIDIER, R. VASSAL, CHABROL.

Enregistré à Paris, le 29 juillet 1818, folio 172, r°, c. 3. Reçu un franc dix centimes, y compris le 10ᵉ. Signé : *Pacalin.*

II. — *Articles supplémentaires.*

13 mai 1818.

Entre **M.** *Gilbert-Joseph-Gaspard*, comte *Chabrol de Volvic*, Conseiller d'État, Préfet du département de la Seine, agissant pour la ville de Paris, d'une part;

Et **MM.** *Antoine*, comte de *Saint-Didier*, demeurant à Paris, rue du Faubourg-Saint-Honoré, n° 114;

Et *Jacques-Claude-Roman Vassal*, banquier à Paris, y demeurant, rue du Faubourg-Poissonnière, n° 2 ;

Agissant tant en leurs noms personnels que pour la Compagnie qu'ils se proposent de former pour l'exécution du traité ci-après énoncé ;

Tous deux, d'autre part ;

A été convenu ce qui suit par addition aux clauses du traité concernant l'entreprise du canal de l'Ourcq :

ARTICLE PREMIER. — La ville de Paris aura la faculté d'interdire ou de supprimer la navigation du canal de l'Ourcq, dans le cas où elle le jugera convenable.

ART. 2. — Cette suppression n'aura lieu qu'à la condition expresse que la navigation du canal de l'Ourcq sera interdite absolument et ne pourra être exploitée, pendant la durée de la jouissance accordée à la Compagnie, ni par l'Administration, ni par d'autres intéressés quelconques.

ART. 3. — Pour indemniser la Compagnie, dans le cas où la suppression de ladite navigation serait ordonnée, la ville de Paris s'engage à lui payer une somme de 60,000 fr. par année (montant du produit présumé de cette navigation, d'après l'évaluation de la Commission des Ponts et Chaussées) pendant toute la durée de la concession, à partir du 1er janvier 1823, à la condition que la Compagnie restera chargée de l'entretien du canal, ainsi qu'il est stipulé par le traité.

ART. 4. — L'Administration se réserve aussi la faculté de prendre les eaux destinées à la distribution dans Paris au-dessus du point de l'embranchement du canal Saint-Denis.

Fait double à Paris, le 13 mai 1818.

Approuvé l'écriture :

Signé : le comte ANTOINE DE SAINT-DIDIER, R. VASSAL, CHABROL.

Enregistré à Paris, le 29 juillet 1818, folio 171, v°, c. 4 et suivantes. Reçu deux francs vingt centimes, y compris le double droit et le décime par franc. Signé : *Pacalin.*

III. — *Loi qui autorise la ville de Paris à emprunter sept millions pour l'achèvement du canal de l'Ourcq.*

20 mai 1818.

LOUIS, par la grâce de Dieu, ROI DE FRANCE ET DE NAVARRE, à tous présents et à venir, SALUT.

Nous avons proposé, les Chambres ont adopté, NOUS AVONS ORDONNÉ ET ORDONNONS CE QUI SUIT :

ARTICLE PREMIER. — La ville de Paris est autorisée à emprunter une somme de sept millions pour l'achèvement du canal de l'Ourcq.

En conséquence, elle pourra créer pour sept millions de bons de la ville de Paris, à l'effet d'acquitter, par l'émission de ces bons et par une somme de cinq cent mille francs en argent, le prix desdits travaux, con—

formément à l'art. 16 du traité conclu, le 19 avril 1818, entre le Préfet de la Seine, agissant au nom de la ville de Paris, d'une part, et les sieurs comte de *Saint-Didier* et *Vassal*, d'autre part.

Le droit additionnel d'un franc vingt-cinq centimes par hectolitre de vin continuera d'être perçu aux entrées de Paris, jusqu'à l'entier amortissement de sept millions de bons de la Ville, dont la création est autorisée par la présente disposition.

Art. 2. — Est pareillement autorisée la perception :

1° Des droits de navigation concédés, par l'art. 15 du traité, auxdits sieurs comte *de Saint-Didier* et *Vassal*, sur le canal de l'Ourcq, pour en jouir pendant quatre-vingt-dix-neuf ans, à dater du 1er janvier 1823 ;

2° Des droits de navigation et de stationnement aussi à eux concédés, par l'art. 3 du même traité, pour quatre-vingt-dix-neuf ans, à partir de la même époque, sur le canal de Saint-Denis et le bassin de La Villette.

Art. 3. — Il ne sera perçu qu'un droit fixe d'un franc pour l'enregistrement, soit du traité, soit de l'acte de cautionnement à fournir par les sieurs comte de *Saint-Didier* et *Vassal*, en exécution de l'art. 21.

Art. 4. — Le traité ci-dessus mentionné, et les tarifs des droits de navigation et de stationnement, demeureront annexés à la présente loi.

La présente loi, discutée, délibérée et adoptée par la Chambre des Pairs et par celle des Députés, et sanctionnée par nous cejourd'hui, sera exécutée comme loi de l'État ; voulons, en conséquence, qu'elle soit gardée et observée dans tout notre royaume, terres et pays de notre obéissance.

Si donnons en mandement à nos Cours et Tribunaux, Préfets, Corps administratifs, et tous autres, que les présentes ils gardent et maintiennent, fassent garder, observer et maintenir, et, pour les rendre plus notoires à tous nos sujets, ils les fassent publier et enregistrer partout où besoin sera : car tel est notre plaisir ; et afin que ce soit chose ferme et stable à toujours, nous y avons fait mettre notre sceau.

Donné à Paris, le 20 mai de l'an de grâce 1818, et de notre règne le vingt-troisième.

Signé : LOUIS.

Par le Roi :

Le Ministre Secrétaire d'État au département de l'Intérieur,

Signé : Lainé.

Vu et scellé du grand sceau :

Le Garde des Sceaux de France, Ministre Secrétaire d'État au département de la Justice,

Signé : Pasquier.

IV. — *Ordonnance royale approbative du traité.*

10 juin 1818.

LOUIS, par la grâce de Dieu, Roi de France et de Navarre,
A tous ceux qui ces présentes verront, Salut.
Vu le traité conclu le 19 avril 1818 entre le Préfet de la Seine, agissant au nom de la ville de Paris, d'une part ; et les sieurs comte de *Saint-*

Didier et *Vassal*, d'autre part; ledit traité portant concession, pour quatre-vingt-dix-neuf ans, du canal de Saint-Denis et du canal de l'Ourcq, aux charges, clauses et conditions qui y sont énoncées;

La délibération en date du 24 du même mois, par laquelle le Conseil municipal de Paris approuve ledit traité;

Les articles supplémentaires au traité, par lesquels la ville de Paris se réserve la faculté : 1° d'interdire toute navigation sur le canal de l'Ourcq, sauf à elle à payer à la Compagnie une somme de 60,000 fr. par année, et à la condition que la Compagnie restera chargée de l'entretien du canal; 2° d'y prendre les eaux destinées à la distribution dans Paris, au-dessus du point de l'embranchement du canal de Saint-Denis;

Vu aussi la loi du 20 mai dernier, qui autorise la ville de Paris à emprunter une somme de 7,000,000 fr. pour concourir à l'achèvement du canal de l'Ourcq, conformément à l'art. 16 dudit traité ci-dessus mentionné;

Sur le rapport de notre Ministre Secrétaire d'État de l'Intérieur;

Nous avons ordonné et ordonnons ce qui suit :

Article premier. — Le traité passé le 19 avril 1818, entre le Préfet de la Seine, agissant au nom de la ville de Paris, d'une part; et les sieurs comte de *Saint-Didier* et *Vassal*, d'autre part; et les articles supplémentaires souscrits le 13 mai même année, sont approuvés; en conséquence, toutes les clauses et conditions portées audit traité et aux articles supplémentaires ci-dessus énoncés, recevront leur pleine et entière exécution.

Art. 2. — Un Inspecteur général des Ponts et Chaussées, nommé par notre Ministre Secrétaire d'État de l'Intérieur, sur la proposition de notre Directeur général des Ponts et Chaussées et des Mines, sera chargé de surveiller l'exécution des travaux du canal de l'Ourcq et du canal Saint-Denis. Il vérifiera si, dans l'exécution des ouvrages, la Compagnie se conforme exactement aux plans et projets approuvés, ainsi qu'elle y est obligée par les art. 1er et 10 du traité.

Art. 3. — L'Inspecteur général adressera, au moins deux fois par mois, au Préfet de la Seine, un rapport sur les progrès et sur l'exécution des travaux, et fera connaître si les diverses conditions du traité sont observées. Il avertira de tous les vices de construction que sa surveillance lui fera découvrir, fera les propositions qu'il croira les plus utiles pour y remédier. Le Préfet adressera à notre Directeur général des Ponts et Chaussées et des Mines le double des rapports de l'Inspecteur général, et l'informera des mesures qu'il aura prises, dans l'intérêt de la ville de Paris, pour assurer l'entière exécution du traité.

Art. 4. — L'Inspecteur général constatera spécialement l'avancement des travaux du canal de l'Ourcq, avant la délivrance de chacun des trois payements d'acompte qui seront faits à la Compagnie, ainsi qu'il est dit à l'article 13 dudit traité.

Le Préfet n'autorisera aucun payement qu'après s'être assuré, par le certificat de l'Inspecteur général, que les travaux sont avancés dans une proportion suffisante.

Art. 5. — La réception des travaux de chaque section, qui doit avoir lieu annuellement, conformément au 4e paragraphe de l'art. 13, se fera par le Préfet et par le Président du Conseil municipal que nous commettons à cet effet, en présence de l'Inspecteur général et d'un délégué de la Compagnie, qui pourront insérer au procès-verbal de réception tels dires et observations qu'ils jugeront convenables. Le procès-verbal sera adressé par le Préfet à notre Directeur général des Ponts et Chaussées et des Mines. Le payement pour solde des travaux de chaque section ne pourra avoir lieu qu'en vertu de son autorisation.

ART. 6. — Dans le cas où la Compagnie formerait, comme elle y est autorisée par l'art. 22 du traité, des demandes tendantes à faire modifier les projets approuvés, soit relativement au tracé et aux dimensions des canaux, soit relativement aux travaux et ouvrages d'art, au choix et à l'emploi des matériaux, ces demandes seront communiquées par le Préfet à l'Inspecteur général, qui fera son rapport ; elles seront ensuite soumises à la délibération du Conseil municipal, et adressées, avec l'avis du Préfet, à notre Directeur général, qui consultera le Conseil des Ponts et Chaussées, et proposera à notre Ministre Secrétaire d'Etat de l'Intérieur d'autoriser, s'il y a lieu, les modifications demandées.

ART. 7. — Un Ingénieur ordinaire sera placé par notre Directeur général, sous les ordres de l'Inspecteur général, pour le seconder dans sa mission.

Outre les appointements et frais fixes de l'Inspecteur général et de l'Ingénieur ordinaire, qui continueront à être payés sur les fonds du Personnel des Ponts et Chaussées, il leur sera alloué, sur le budget de la ville de Paris, un supplément pour frais extraordinaires de bureau et de voyage, dont le montant sera fixé par notre Ministre Secrétaire d'État de l'Intérieur, sur la proposition du Directeur général des Ponts et Chaussées, qui prendra l'avis du Préfet de la Seine.

ART. 8. — Notre Ministre Secrétaire d'État au département de l'Intérieur est chargé de l'exécution de la présente ordonnance.

Donné en notre château des Tuileries, le 10 juin, l'an de grâce 1818, et de notre règne le vingt-quatrième.

Signé : LOUIS.

Par le Roi :
Le Ministre Secrétaire d'État au département de l'Intérieur,
Signé : LAINÉ.

V. — Ordonnance royale sur la vente des terrains inutiles aux canaux.

30 janvier 1822.

LOUIS, par la grâce de Dieu, ROI DE FRANCE ET DE NAVARRE, à tous présents et à venir, SALUT.

Sur le rapport de notre Ministre Secrétaire d'État au département de l'Intérieur ;

Notre Conseil d'État entendu ;

Nous avons ordonné et ordonnons ce qui suit :

Article premier. — Le Préfet du département de la Seine est autorisé à vendre, au nom de notre bonne ville de Paris, les terrains inutiles à la construction des canaux de l'Ourcq et de Saint-Denis, ainsi qu'à celle de l'aqueduc de ceinture, suivant les modes indiqués dans la délibération du Conseil municipal en date du 15 octobre 1821, lesquels consistent, savoir :

1° A rétrocéder à l'amiable aux anciens propriétaires, qui en ont fait ou feraient la demande, les portions de terrains inutiles aux canaux et à l'aqueduc de ceinture, et ce, au même prix auquel la Ville en a fait l'acquisition ;

2° A vendre aux propriétaires riverains, aux prix de l'estimation contradictoire qui en sera faite d'après les formes voulues, les portions de terrains qui seraient à leur convenance ou qui seraient nécessaires pour l'exploitation, l'agrandissement ou la communication de leurs propriétés ;

3° Et à vendre aux enchères publiques tous les terrains qui n'auraient pu être aliénés par l'une ou l'autre des voies indiquées au paragraphe ci-dessus.

Art. 2. — Notre Ministre Secrétaire d'État au département de l'Intérieur est chargé de l'exécution de la présente ordonnance.

Donné en notre château des Tuileries, le 30 janvier de l'an de grâce 1822, et de notre règne le vingt-septième.

Signé : LOUIS.

Par le Roi :
Le Ministre Secrétaire d'État au département de l'Intérieur,

Signé : Corbière.

CHAPITRE III.

Acquisition, par la ville de Paris, des droits du duc d'Orléans sur la rivière d'Ourcq.

I. — *Délibération du Conseil municipal de Paris.*

11 avril 1824.

Vu le mémoire adressé au Conseil par M. le Préfet, le 10 novembre 1823, par lequel, en rappelant les efforts précédemment tentés pour parvenir à un arrangement avec Son Altesse Sérénissime, il annonce l'intervention officieuse de Son Exc. le Ministre de l'Intérieur, à l'effet de renouer de nouvelles négociations sur des bases différentes ;

Vu les deux lettres écrites à ce sujet par Son Excellence à M. le Préfet, les 5 octobre et 4 novembre 1823 ;

Vu les lois des 20 mai 1818 et 5 août 1821, qui exemptent du droit proportionnel d'enregistrement non-seulement les actes de concession faits pour la confection des canaux de l'Ourcq, de Saint-Denis et de Saint-Martin, mais aussi les annexes de ces actes ;

Le Conseil, après avoir entendu le rapport de sa Commission, et avoir mûrement délibéré tant sur les bases des deux traités ci-dessus transcrits que sur tous les articles de détail qu'ils contiennent ;

Prenant en considération les faits rappelés dans le rapport, et adoptant les motifs qui s'y trouvent développés, notamment sur l'utilité de la réunion, dans les mêmes mains, de la propriété et jouissance de la rivière d'Ourcq et du nouveau canal ;

Et attendu que l'opération dont il s'agit est la suite nécessaire des actes de concession mentionnés aux deux lois susdatées ; qu'elle en forme le complément, et qu'elle doit y être assimilée quant à l'enregistrement,

Délibère ce qui suit :

ARTICLE PREMIER. — Les deux traités projetés l'un avec S. A. S. Mᵍʳ le duc d'Orléans, et l'autre avec la Compagnie des canaux, seront réalisés tels qu'ils viennent d'être transcrits.

La rente à créer en faveur de Mᵍʳ le duc d'Orléans est fixée à trente mille francs.

En conséquence, M. le Préfet est autorisé à souscrire ces traités au nom de la ville de Paris, en portant ladite rente à cette somme de trente mille francs, au capital, au denier vingt, de six cent mille francs.

ART. 2. — Sa Majesté sera suppliée de reconnaître les deux traités projetés comme des *annexes* de ceux mentionnés dans les lois des 20 mai 1818 et 5 août 1821, et d'ordonner que, comme tels, ils ne doivent être soumis qu'au droit fixe de un franc pour enregistrement.

ART. 3. — M. le Préfet est invité à faire auprès de S. Ex. le Ministre de l'Intérieur les diligences nécessaires pour obtenir de Sa Majesté, et par une même ordonnance, son approbation définitive aux deux traités projetés, et la disposition réclamée pour l'enregistrement par l'article précédent.

Signé au registre : BELLART, Président ; MONTAMANT, Secrétaire.

Pour extrait conforme :

Le Maître des Requêtes, Secrétaire général de la Préfecture,

Signé : WALCKENAER.

II. — *Transaction amiable entre Mᵍʳ le duc d'Orléans et la ville de Paris, relativement à la rivière d'Ourcq.*

1° TRANSACTION

S. A. S. Mᵍʳ le duc d'Orléans, premier Prince du Sang, autorisé à l'effet des présentes par ordonnance du Roi du 10 décembre 1823, insérée au *Bulletin des Lois*, n° 644 ;

Stipulant par le ministère de MM. *Amy*, Président à la Cour royale de

Paris ; *Borel de Bretizel*, Conseiller à la Cour de Cassation, Membre de la Chambre des Députés ; *Dupin* aîné et *Tripier*, Avocats, Membres du Conseil de Son Altesse Sérénissime, assistés de M. *Badouix*, Directeur de ses domaines, lesquels agissent en vertu d'un pouvoir spécial donné le 11 de ce mois par sa dite Altesse Sérénissime, et qui est demeuré annexé en minute aux présentes sous le numéro 1, d'une part ;

Et M. le comte de Chabrol, Conseiller d'État, Préfet du département de la Seine, stipulant pour la ville de Paris, conformément à l'avis du Conseil général du département de la Seine, exerçant les fonctions de Conseil municipal de cette ville, consigné dans sa délibération du 11 avril 1824, dont extrait dûment certifié est demeuré annexé aux présentes sous le n° 2, et sous la réserve de l'autorisation du Roi, d'autre part ;

Voulant éteindre pour le passé et prévenir pour la suite toutes discussions qui ont pu et pourraient s'élever relativement à la rivière d'Ourcq et à la dérivation ordonnée par la loi du 29 floréal an X ;

Ont arrêté les articles suivants à titre de transaction amiable et définitive sur procès nés et à naître :

ARTICLE PREMIER. — Son Altesse Sérénissime vend, cède et transporte, avec la simple garantie de ses faits et promesses, à la ville de Paris, ce qui est accepté par M. le Préfet,

Tous les droits et actions, sans exception ni réserve, que Son Altesse Sérénissime peut avoir, à quelque titre que ce soit, sur le lit de la rivière d'Ourcq, sur ses eaux, son littoral et droit de halage, sa navigation et ses dépendances, tant dans la partie inférieure, depuis la prise d'eau du nouveau canal de Mareuil jusqu'à la Marne, que dans la partie supérieure à la prise d'eau, en remontant jusqu'au Port-aux-Perches.

Il est entendu que les rus de flottage qui descendent de la forêt de Villers-Cotterets jusqu'à la rivière d'Ourcq, ne sont pas compris dans ladite cession ; sous la condition néanmoins que, dans aucun cas, les eaux de ces rus ne pourront être détournées qu'à la charge de les rendre dans la rivière d'Ourcq au point où elles y arrivent aujourd'hui. Ne sont pas compris également dans ladite cession le canal et port de tirage du ru de Savières sur la rive gauche de l'Ourcq ni la faculté d'établir les barrages ou arrêts d'usage en amont de l'emplacement de l'ancienne grille de fer pour la retenue des bois flottés dans ce canal et leur dépôt sur le port, le tout étant une dépendance de la forêt de Villers-Cotterets, et n'ayant jamais fait partie de l'administration du canal de l'Ourcq.

Dans cette cession sont comprises toutes les portions de terrain, maisons d'éclusiers et autres bâtiments dont Son Altesse Sérénissime est et peut être propriétaire sur les bords de la rivière d'Ourcq, telles qu'elles sont détaillées en l'état joint au présent traité sous le n° 3, ensemble les droits de péage, de navigation, de pêche et autres, ainsi que tous les ouvrages d'art, pertuis, ponts et autres objets existant sur le cours de la rivière ou qui se trouveront en magasin, étant observé, à l'égard de la maison occupée à Lizy par le sieur *Moussier*, régisseur du canal, qu'il a fait dans ladite maison et dépendances, des constructions et plantations qu'il pourrait avoir le droit d'enlever dans le cas où la ville de Paris ne jugerait pas à propos de les conserver en l'indemnisant ; étant observé encore que, par transaction entre Son Altesse Sérénissime et M. de *Frenilly*, il lui a été accordé un droit de pêche gratuit devant sa propriété pour neuf ans, à compter du 1ᵉʳ janvier 1824, et enfin, que le mail de la Ferté-Milon sera la propriété de la ville de Paris comme elle l'était de Son Altesse Sérénissime, mais à la charge de laisser ledit mail, comme par le passé, à l'usage de promenade publique.

La ville de Paris prendra tous les objets ainsi cédés dans l'état où ils se trouvent, à la charge par elle de remplir, du jour de son entrée en jouissance, toutes les obligations et charges connues et inconnues, de quelque nature qu'elles soient, auxquelles Son Altesse Sérénissime peut être soumise, à cause de ladite rivière, soit envers l'État, soit envers des particuliers, notamment envers les propriétaires d'usines, à raison de chômage, de diminution de volume des eaux ou de leur suppression totale, ou envers les riverains, à cause des bornages et prises d'eau, de terrains pour chemins de halage ou pour dommages quelconques résultant des mêmes causes, sans que la présente obligation puisse conférer à qui que ce soit aucun droit que ceux résultant de titres, sauf à la ville de Paris à s'en défendre ainsi qu'elle avisera, à ses risques, périls et fortune, de manière que Son Altesse Sérénissime ne soit jamais inquiétée ni recherchée pour l'avenir.

En conséquence, la ville de Paris est et demeure, à compter du jour de l'approbation royale des présentes, subrogée tant activement que passivement à Son Altesse Sérénissime pour tout ce qui concerne les objets ci-dessus cédés.

Il est néanmoins bien expliqué que l'engagement qui vient d'être contracté par la ville de Paris ne s'applique qu'aux obligations essentiellement inhérentes à la propriété et possession des objets présentement cédés, et non aux dettes, hypothèques ou privilèges dont tout ou partie de ces objets pourrait être grevé.

Art. 2. — Pour assurer le transport des bois de la forêt de Villers-Cotterets appartenant à Son Altesse Sérénissime, la ville de Paris s'oblige à prendre des mesures telles, que la navigation, depuis le Port-aux-Perches jusqu'à Paris, soit toujours praticable par la voie actuelle ou par le nouveau canal, sauf les interruptions qui pourront avoir lieu aux époques habituelles du chômage de la navigation sur l'Ourcq.

Art. 3. — Afin d'offrir, de plus, à Son Altesse Sérénissime une garantie contre l'augmentation des frais de transport des bois dont il s'agit par le nouveau canal, le tarif des droits annexé à la loi du 20 mars 1818 sera modifié, à l'égard de ces mêmes bois seulement, de manière que les droits de navigation réunis aux autres frais de toute nature n'excèdent pas le coût du transport par l'Ourcq et la Marne.

Dans ce but, une expertise dressée contradictoirement a déjà fixé le prix actuel du transport des bois de diverses espèces, tous frais et droits compris, depuis le Port-aux-Perches jusqu'à la barrière de Paris; cette pièce demeure annexée au présent traité sous le nº 4, à l'effet de servir à l'exécution des dispositions suivantes.

Un an après que la navigation aura été établie sur le nouveau canal, de manière à conduire les bois de la forêt de Villers-Cotterets à Paris, il sera dressé une autre estimation pour constater les frais de nature autres que les droits de navigation, que coûtera, par la nouvelle voie, depuis le Port-aux-Perches jusques et y compris le bassin de La Villette, le transport des bois de chacune de ces espèces indiquées dans l'expertise ci-jointe.

Le montant de ces frais pour l'unité de chaque espèce, déduit des prix portés dans cette expertise, déterminera la quotité des droits de navigation, et formera la fixation définitive du tarif spécial pour les bois de la forêt de Villers-Cotterets.

L'estimation à faire des frais par la nouvelle navigation sera arrêtée à l'amiable, s'il est possible, sinon par deux experts choisis contradictoirement par Son Altesse Sérénissime et par La Ville. En cas de dissentiment, ces experts nommeront un tiers qui, sans être astreint à prendre entièrement l'avis de l'un des deux premiers, devra néanmoins se renfermer dans la limite de la différence existant entre les deux avis. A défaut de nomination de l'un des experts ou d'un tiers expert dans la quinzaine de la demande qui sera faite par la partie la plus diligente, le Ministre de l'Intérieur sera prié de pourvoir au choix.

Art. 4. — Cette fixation, ainsi opérée, ne pourra être modifiée qu'à l'expiration de chaque période de vingt-cinq années, et dans le cas seulement où il résulterait du prix moyen des bois pendant cette période de vingt-cinq années, que la valeur vénale de cette marchandise aura éprouvé, en plus ou en moins, une variation du cinquième au moins depuis la dernière fixation.

Dans ce cas, les prix portés au tarif spécial seront augmentés ou diminués proportionnellement aux changements survenus dans ladite valeur vénale des bois.

Art. 5. — Quel que soit le résultat des diverses opérations dont il vient d'être parlé, il est bien entendu que les bois de la forêt de Villers-Cotterets ne pourront, dans aucun cas, être assujettis à un droit plus fort que les autres marchandises du même genre.

Il est pareillement entendu que le flottage des trains de bois continuera d'avoir lieu, soit sur le nouveau canal, soit sur l'ancien, mais sans pouvoir excéder le *maximum* des trains qu'il était d'usage de flotter chaque année; lequel *maximum* est réglé par la moyenne des cinq plus fortes années sur les dix dernières qui ont précédé la présente, ainsi qu'il résulte de l'état annexé aux présentes sous le n° 5.

Sans néanmoins que de cette dernière clause il puisse résulter aucune obligation ni action contre Son Altesse Sérénissime, soit de la part de la ville de Paris, soit de la part du commerce; lesquels, en cas de difficultés, seront tenus de s'entendre entre eux, ou d'y faire statuer par l'autorité compétente.

De quelque manière que les bois soient amenés, en trains ou en bateaux, au bassin de la Villette, il est expressément convenu que lesdits trains ou bateaux pourront stationner dans ledit bassin, sans être assujettis à aucun droit pendant les quinze premiers jours qui suivront celui de leur arrivée.

Art. 6. — Tant que la navigation sur la partie inférieure de la rivière d'Ourcq, depuis la prise d'eau à Mareuil, continuera de subsister, les droits de navigation sur cette partie ne pourront être modifiés à l'égard des bois de la forêt de Villers-Cotterets, si ce n'est aux époques et dans les proportions déterminées par l'article 4.

Art. 7. — Si, avant la fixation du tarif spécial mentionné article 3, la navigation, sur la partie inférieure de la rivière d'Ourcq, se trouvait interrompue, les droits de navigation à acquitter pour le transport des bois de la forêt de Villers-Cotterets, depuis le Port-aux-Perches jusques et y compris le bassin de La Villette, seront perçus, pendant cette interruption et en attendant ledit tarif définitif, d'après le tarif provisoire ci-annexé sous le n° 6.

Art. 8. — Enfin et indépendamment des conditions résultant des articles précédents, ladite cession est faite à titre de forfait, moyennant une rente annuelle et perpétuelle de trente mille francs exempte de retenue, que M. le Préfet crée et constitue au profit de Son Altesse Sérénissime sur la ville de Paris.

Cette rente sera divisée en soixante coupons de cinq cents francs de rente chacun, au porteur, et négociables sur la place.

Les arrérages commenceront à courir du jour de l'entrée en jouissance par la ville de Paris, et ils seront servis par la Caisse municipale, de six mois en six mois.

Dans la quinzaine après l'approbation royale du présent traité, la ville de Paris sera mise en possession des objets ci-dessus cédés, et les coupons de ladite rente seront remis à Son Altesse Sérénissime, qui en donnera quittance, Son Altesse Sérénissime s'obligeant à justifier, dans les six mois qui suivront cette remise, de la pleine et entière exécution des dispositions prescrites par l'ordonnance royale du 10 décembre 1823.

En ce qui touche le remboursement de ladite rente, il aura lieu, ou pour le tout ou pour partie, au choix de la ville de Paris, sur le pied du denier vingt, aux époques qu'elle jugera à propos.

A cet effet, il suffira d'un avertissement donné trois mois d'avance aux porteurs par l'un des journaux d'annonces de Paris. A défaut par les porteurs de satisfaire à cet avertissement, la ville de Paris est autorisée à se libérer par le dépôt à la Caisse des consignations, et sans aucune formalité judiciaire.

Art. 9. — Au moyen du présent traité, toutes procédures et instances qui peuvent exister entre Son Altesse Sérénissime et la ville de Paris, sont définitivement éteintes, et les dépens faits de part et d'autre jusqu'à ce jour demeurent compensés. Toutes consignations qui auraient pu être faites au nom de la ville de Paris, pour prix de terrains compris dans la cession ci-dessus, seront retirées par elle.

Art. 10. — Après l'approbation royale donnée au présent traité, remise sera faite à M. le Préfet des divers titres et plans qui peuvent être en la possession de Son Altesse Sérénissime concernant les objets ci-dessus cédés.

Art. 11 et dernier. — Le présent traité ne recevra son exécution qu'après l'approbation de Sa Majesté.

Fait double à Paris, le 24 avril 1824.

Signé : Borel de Brétizel, Tripier, Amy, Badouix, A.-M.-J.-J. Dupin et le comte de Chabrol.

Nous, Conseiller d'État, Préfet de la Seine,

Vu l'ordonnance royale en date du 23 juin, portant approbation du traité ci-dessus et des autres parts, passé le vingt-quatre avril mil huit cent vingt-quatre, entre les fondés de pouvoirs de S. A. S. Mgr le duc d'Orléans et nous, Préfet, stipulant pour et au nom de la ville de Paris,

Avons arrêté :

Le traité ci-dessus relaté sera exécuté selon sa forme et teneur, et sera soumis à la formalité de l'enregistrement.

Fait à Paris, le 10 juillet 1824.

Signé : CHABROL.

Enregistré à Paris, bureau des actes administratifs, le 12 juillet 1824, f° 81, r°, c° 8 et suivantes, reçu un franc dix centimes, y compris le décime. Signé : PACALIN.

———

2° ANNEXES

Expertise pour déterminer les prix actuels du transport, par bateaux et par trains, des bois de la forêt de Villers-Cotterets, depuis le Port-aux-Perches jusqu'à Paris, par les rivières d'Ourcq et de la Marne.

Rapport des experts nommés par Son Altesse Sérénissime et par la ville de Paris.

Nous, *Jacques-Auguste Filleau*, ancien négociant, demeurant à Paris, rue Neuve–Saint–Augustin, n° 20, nommé expert pour la ville de Paris, suivant la lettre de M. le Préfet de la Seine, en date du 3 février présent mois,

Et *Alexandre Houdaille*, membre de la Légion d'honneur, marchand de bois, demeurant à Paris, rue Bourbon, n° 73, expert nommé par S. A. S. Mgr le duc *d'Orléans*, suivant la lettre de M. *de Broval*, Secrétaire des commandements de Son Altesse Sérénissime, en date du 3 dudit mois ;

Après communication respective des pouvoirs à nous conférés par les lettres ci-dessus relatées.

Nous étant réunis, en ce jour 4 février 1824, dans le cabinet de M. *Filleau*, l'un de nous, avons ouvert de suite la conférence sur l'objet de la mission qui nous a été confiée.

« Il s'agit de déterminer quel est le prix actuel du transport des diffé-
» rentes espèces de bois provenant de la forêt de Villers-Cotterets par les
» rivières d'Ourcq et de la Marne, soit que ce transport s'opère par ba-
» teaux, soit qu'il s'opère par trains flottés.

» Ces frais doivent comprendre tout ce qui est payé par les marchands
» de bois, tant pour le chargement que pour le transport et les droits de
» navigation, soit sur l'Ourcq, soit sur la Marne, depuis le Port-aux-
» Perches, lieu de l'embarquement, jusqu'au port où le bois est déchargé
» à Paris. »

En nous renfermant dans le cadre tracé par ces instructions, nous divi-serons notre travail en deux parties, savoir :

3

PREMIÈRE PARTIE. — *Bois transportés par bateaux;*

DEUXIÈME PARTIE. — *Bois transportés par trains flottés.*

Chaque partie sera composée des cinq articles ci-après :

Bois dur à brûler. . . . . . . ⎫
Bois blanc *idem* . . . . ⎬ par décastère.

Bois ouvrés. . ⎧ de hêtre. . . . ⎫ par cent de sciage.
　　　　　　 ⎨ bois blanc . . ⎬

Étaux . . . . par quantité de treize toises.

Mais, attendu que nous n'avons que des notions générales sur ces divers objets et que nous devons présenter des calculs positifs et précis sur chaque article, nous sommes convenus de nous ajourner à samedi prochain, 7 du présent mois, onze heures du matin, afin de nous procurer, dans l'intervalle, chacun de notre côté, tous les renseignements qui nous paraîtront nécessaires, et avons signé.

Signé : FILLEAU et ALEXANDRE HOUDAILLE.

Et ledit jour 7 février, onze heures du matin, réunis au même lieu ainsi que nous en étions convenus, M. *Houdaille* a dit que, d'après les renseignements qu'il avait recueillis, il paraît que les prix de transport dont il s'agit pouvaient s'établir ainsi qu'il suit :

PREMIÈRE PARTIE.

Par bateaux . . ⎧ Bois dur. . . . . 36 fr. par décastère.
　　　　　　　 ⎪ Bois blanc. . . . . . . 29 　—
　　　　　　　 ⎨ Bois ouvré, hêtre. . . . 10 　par cent de sciage.
　　　　　　　 ⎪ Bois blanc. . . . . . . 10 　—
　　　　　　　 ⎩ Étaux. . . . . 32 　pour treize toises.

DEUXIÈME PARTIE.

Par trains flottés. ⎧ Bois dur. . . . . 24 　par décastère.
　　　　　　　　　 ⎪ Bois blanc. . . . . . . 18 　—
　　　　　　　　　 ⎨ Bois ouvrés, hêtre . . . 13 　par cent de sciage.
　　　　　　　　　 ⎪ Bois blanc. . . . . . . 7 　—
　　　　　　　　　 ⎩ Étaux, néant : cette espèce de bois ne vient point par trains.

Sur quoi M. *Filleau* a produit à son tour les notes et les renseignements qu'il s'était procurés tant à Paris que dans les environs, et jusqu'à Lizy par correspondance, et dont voici le résumé :

M. *Ledoux*, entrepreneur marinier à Mary, a communiqué ses comptes, desquels il résulte qu'il lui a été payé, pour le transport des bois durs par bateaux, du Port-aux-Perches à Paris, depuis le prix de trente-six francs jusqu'à celui de trente-neuf francs par décastère, selon la situation des eaux de l'Ourcq et de la Marne ; il a déclaré en même temps que le prix qui est maintenant de trente-six francs dans les eaux ordinaires et jusqu'à trente-neuf francs dans les basses eaux, avait été plus élevé avant que de nouveaux entrepreneurs eussent établi la concurrence existant actuellement.

MM. *Alaine* père et fils ont délivré un certificat constatant que leur prix ordinaire, pour le transport qu'ils entreprennent des bois durs par bateaux, depuis le Port-aux-Perches jusqu'à Paris, est de trente-six francs par décastère, non compris les frais de lâchage et de démontage sous les ponts, lesquels frais sont à la charge de MM. les marchands de bois ; ce qui a été confirmé par plusieurs d'entre eux, ainsi que par des préposés au passage des ponts et à la navigation.

D'autres renseignements ont porté les prix de transport jusqu'à quarante-deux francs, mais, à la vérité, dans des cas extraordinaires.

Ramenant toutes ces données à un terme moyen, et considérant que les rivières d'Ourcq et de la Marne, que M. *Filleau* déclare avoir explorées dans plusieurs saisons, ont des temps de basses eaux ou de peu de hauteur d'eau assez renouvelés ou prolongés pour qu'il en soit fait compte dans le calcul général de la dépense de la navigation, M. *Filleau* pense qu'un prix moyen pour les bois durs par bateaux doit être évalué au moins à trente-sept francs par décastère.

Quant aux bois blancs, bien qu'ils aient été portés à trente-deux francs dans le travail fait par M. l'ingénieur *Maury*, certifié par M. le Directeur des domaines de S. A. S. Mgr le duc *d'Orléans*, M. *Filleau* est d'avis qu'il doit être établi à trente francs, parce que c'est le terme moyen des données qu'il s'est procurées.

Pour les autres espèces de bois, c'est-à-dire les bois ouvrés transportés par bateaux, et les étaux, les différences sont si peu sensibles, qu'elles ne pourront devenir l'objet d'un dissentiment, si nous parvenons à nous accorder sur les autres points.

Il en serait de même des bois flottés par trains, si nous n'avions pas deux différences sur les bois à brûler, les bois durs et les bois blancs.

Les renseignements appuyés de sous-détails produits par M. *Filleau* portent les frais de transport des bois durs à vingt-six francs, et ceux des bois blancs à dix-neuf francs.

Ces différences étant trop importantes pour les faire disparaître sans une parfaite conviction de la vérité des faits, et désirant parvenir à nous mettre d'accord, soit par de nouvelles informations, soit en réfléchissant de nouveau aux divers objets qui nous divisent, nous nous ajournons à jeudi prochain, 12 du présent mois, pour reprendre la discussion, et avons signé.

Signé : Filleau et Alexandre Houdaille.

Et ledit jour 12 février, à midi, réunis au même lieu, nous avons remis de nouveau en délibération les articles sur lesquels nous étions divisés d'opinion.

Après diverses observations de part et d'autre, nous avons reconnu :

Qu'il devenait inutile de prolonger les enquêtes auxquelles nous nous étions livrés de nouveau dans l'espoir d'en obtenir plus de lumières ; que la divergence que nous avons remarquée dans un grand nombre de renseignements, quel qu'en soit le motif, nous avertit de nous garder également des extrêmes opposés, et qu'en nous approchant d'un juste milieu, nous serons plus sûrs d'avoir trouvé la vérité, seul intérêt et seul but que nous ayons en vue.

En conséquence de ces considérations et des calculs que nous avons faits de nouveau pour rectifier ou pour compenser de faibles différences, les seules que nous trouvions encore maintenant, puisque nous venons de nous mettre d'accord sur les plus importantes.

Nous avons définitivement fixé, d'un commun accord, les prix de transport dont il s'agit, tels qu'ils vont être portés dans l'état récapitulatif ci-après :

ÉTAT des bois de la forêt de Villers-Cotterets dont nous avons déterminé les frais de transport du Port-aux-Perches à Paris, pour les rivières d'Ourcq et de la Marne.

PREMIÈRE PARTIE.

BOIS TRANSPORTÉS PAR BATEAUX.

Bois à brûler, par décastère, trente-sept francs, ci . . . Fr.	37	»
Bois blanc, — trente francs, ci	30	»
Bois ouvrés { de hêtre, par cent de sciage, vingt francs, ci.	20	»
{ bois blanc, — dix francs, ci. .	10	»
Étaux, par treize toises, trente-deux francs, ci	32	»

DEUXIÈME PARTIE.

BOIS TRANSPORTÉS PAR TRAINS FLOTTÉS.

Bois dur à brûler, par décastère, vingt-cinq francs, ci . Fr.	25	»
Bois blanc, — dix-huit francs, ci	18	»
Bois ouvrés { de hêtre, par cent de sciage, treize francs, ci .	13	»
{ bois blanc, — sept francs, ci . .	7	»

Étaux. Cette sorte de bois venant ordinairement par bateaux, nous n'établirons aucun prix par trains.

Dans les prix ci-dessus ne sont pas compris les frais de descente et de remonte depuis la limite de l'octroi, lesquels frais, variables suivant les distances, sont à la charge des marchands de bois, et non des entrepreneurs de transports.

Fait et clos le présent procès-verbal, à Paris, le 12 février 1824, chez M. *Filleau*, l'un de nous, et avons signé. Signé : *Filleau, Alexandre Houdaille.*

Vu pour être annexé au traité de ce jour, 24 avril 1824, sous le n° 4.

Signé : le comte DE CHABROL, BOREL DE BRÉTIZEL, AMY, TRIPIER, A.-M.-J.-J. DUPIN et BADOUIX.

Enregistré à Paris, bureau des actes administratifs, le 12 juillet 1824, f° 51, r°, c. 4 Reçu deux francs vingt centimes, y compris le décime. Signé : *Pacatin.*

TARIF provisoire des droits de navigation pour le transport des bois de la forêt de Villers-Cotterets, depuis le Port-aux-Perches jusques et y compris le bassin de La Villette, formant l'annexe n° 6, indiqué par l'article 7 du Traité du 24 avril 1824.

BOIS TRANSPORTÉS PAR BATEAUX.

Bois à brûler, par décastère, huit francs, ci . . . . Fr.   8 »

Bois blanc,   —   six francs cinquante cent. . . .   6 50

Bois ouvrés { de hêtre, par cent de sciage, 4 francs 30 cent.. .   4 30
{ blanc,   —   2 francs 15 cent. . .   2 15

Étaux, par treize toises, sept francs, ci.. . . . .   7 »

BOIS TRANSPORTÉS PAR TRAINS FLOTTÉS.

Bois dur à brûler, par décastère, cinq francs cinquante cent., ci. .   5 50

Bois blanc,   —   quatre francs, ci. . . . . . .   4 »

Bois ouvrés { de hêtre, par cent de sciage, trois francs. . . .   3 »
{ blanc.   —   1 franc 50 cent . .   1 50

Signé : le comte DE CHABROL, BOREL DE BRÉTIZEL, AMY, TRIPIER. BADOUIX, A.-M.-J.-J. DUPIN.

Enregistré à Paris, bureau des actes administratifs, le 12 juillet 1824, folio 81. r°, c. 7. Reçu un franc dix centimes, y compris le décime. Signé : *Pacalin.*

III. — *Traité de subrogation de la Compagnie concessionnaire à la ville de Paris, relativement à la rivière d'Ourcq.*

Entre le Conseiller d'État, Préfet du département de la Seine, agissant pour la ville de Paris, d'une part ;

Et MM. *Vassal* et *Hainguerlot,* agissant pour la Compagnie des canaux de Paris, en vertu d'une délibération en date du 10 avril 1824, dont copie est annexée aux présentes sous le n° 1ᵉʳ, et, en outre, en leurs noms personnels comme se portant forts l'un et l'autre solidairement pour ladite Compagnie, d'autre part ;

Il a été exposé et convenu ce qui suit :

Par traité passé, le 19 avril 1818, entre le Préfet de la Seine, agissant au nom de la ville de Paris, et MM. les membres composant la Compagnie des canaux de Paris, ledit traité approuvé par ordonnance du Roi en date du 10 juin 1818, annexé à la loi du 20 mai de la même année, il a été fait concession, à ladite Compagnie, de la jouissance et des produits des canaux de l'Ourcq et de Saint-Denis pour quatre-vingt-dix-neuf années, à la charge par ladite Compagnie d'exécuter, à ses risques et périls, tous les travaux qui restaient à faire pour l'entier achèvement de ces canaux, et pour la dérivation de la rivière d'Ourcq, conformément à la loi du 29 floréal an X, et ce, dans le délai de quatre années, qui a expiré le 31 décembre 1822; et à la condition, entre autres, que toutes les propriétés nécessaires à l'exécution desdits canaux seraient acquises aux frais de adite Ville par l'Administration municipale, et livrées à ladite Compagnie dans le même délai de quatre années, au fur et à mesure de l'avancement des travaux.

Des contestations s'étant élevées, dès le 20 avril 1822, entre S. A. S. Mgr le duc d'*Orléans* et la ville de Paris, relativement à la dérivation des eaux de la rivière d'Ourcq et à l'occupation des terrains situés aux abords de la prise d'eau dudit canal, et Son Altesse Sérénissime s'étant opposée judiciairement à la continuation desdits travaux sur ce point, la Compagnie s'est vue forcée de suspendre son entreprise pendant la durée de ce procès.

Dans cet état de choses, la Compagnie a, par divers actes, formé contre la ville de Paris des demandes d'indemnités considérables, pour cause de retard, trouble, non-jouissance, difficultés et préjudices de toute nature que ce procès étranger à ses engagements lui a occasionnés au moment où son entreprise allait être achevée.

Par le traité de transaction amiable arrêté aujourd'hui entre S. A. S. Mgr le duc d'*Orléans* et M. le Préfet de la Seine, agissant au nom de la ville de Paris, duquel traité ladite Compagnie a pleine et entière connaissance, et dont une copie est annexée à chacun des doubles du présent, sous le nº 2, toutes contestations nées ou à naître entre Son Altesse Séré-nissime et la ville de Paris, relativement à la dérivation de la rivière d'Ourcq, se trouvent définitivement éteintes ou prévenues pour toujours.

Les parties présentement contractantes, voulant pareillement éteindre pour le passé et prévenir pour la suite toutes contestations et discussions nées ou à naître entre elles, à cause des retards et préjudices de toute nature qu'a pu ou pourrait éprouver l'entreprise des canaux de l'Ourcq et de Sai... Denis par l'effet dudit procès,

Ont arrêté les articles suivants à titre de transaction amiable et définitive.

ARTICLE PREMIER. — La ville de Paris subroge activement et passive-ment la Compagnie des canaux de l'Ourcq et de Saint-Denis, à titre d'em-phytéose, pour le temps ci-après exprimé, dans tous ses droits et actions, obligations et charges généralement quelconques sur la rivière d'Ourcq et ses dépendances, tels que le tout a été cédé et transporté à ladite Ville par S. A. S. Mgr le duc d'*Orléans*, en vertu du traité de transaction susénoncé en date de ce jour, et sans autres exceptions ni réserves que celles qui vont être stipulées dans les articles suivants.

ART. 2. — La navigation de la rivière d'Ourcq est et demeure divisée en deux parties distinctes, savoir : la *partie supérieure* au pertuis de Mareuil, et la *partie inférieure* à ce pertuis.

ART. 3. — Les charges imposées à la ville de Paris par ledit traité seront obligatoires pour la Compagnie en tout ce qui concerne la *partie supérieure* de l'Ourcq ; elles le seront également en ce qui concerne la *partie inférieure*, sauf toutefois les indemnités auxquelles pourraient légalement prétendre les propriétaires des usines et autres sur cette *partie inférieure*, depuis et compris le moulin de Mareuil, par suite de la déri-vation des eaux dans le nouveau canal, lesquelles indemnités continue-ront d'être à la charge de la ville de Paris.

ART. 4. — La Compagnie sera rigoureusement tenue de se conformer, dans la jouissance de la navigation de la rivière d'Ourcq, à la plus complète exécution des traités du 19 avril 1821, concernant les canaux de l'Ourcq, de Saint-Denis et de Saint-Martin, de manière à satisfaire complètement, dans l'esprit de ces traités, aux besoins de ces canaux et à la distribution des eaux de l'Ourcq dans Paris.

ART. 5. — La jouissance de la navigation sur la rivière d'Ourcq est abandonnée à la Compagnie pour toute la durée de la concession du canal de l'Ourcq, suivant le traité du 19 avril 1818.

Et néanmoins, à l'égard de la *partie inférieure*, cette jouissance cessera, ainsi que les charges qui s'y rattachent, avant l'expiration de ladite concession, lorsque sur la demande de la Compagnie, il aura été reconnu administrativement que le service est suffisamment assuré sur le nouveau canal.

Il est entendu qu'en cas d'utilité de la dérivation du Clignon, soit dans l'intérêt de la navigation, soit dans celui de la distribution des eaux dans Paris, cette dérivation pourra avoir lieu. Les frais en seront supportés par celle des parties qui aura provoqué la mesure.

ART. 6. — A l'époque où la navigation de la rivière d'Ourcq sera supprimée sur la *partie inférieure* au pertuis de Mareuil, la ville de Paris rentrera immédiatement en possession et jouissance de cette *partie inférieure* de la rivière, des ouvrages d'art, bâtiments, terrains et autres dépendances qui s'y rattachent, pour, par la Ville, disposer à son gré de cette *partie inférieure*, sous la condition de ne pouvoir y établir une navigation en concurrence avec celle de la dérivation de l'Ourcq, et sans que la Compagnie puisse répéter ni indemnité, ni remboursement de dépenses, à raison des travaux qu'elle aura pu y faire pour y maintenir et entretenir transitoirement la navigation.

ART. 7. — Pendant la durée de sa jouissance sur la *partie inférieure*, la Compagnie ne sera tenue d'y faire que des travaux de conservation et d'entretien qu'elle exécutera à ses frais. Si cependant elle jugeait utile à ses intérêts d'entreprendre des reconstructions ou d'apporter des changements au système actuel de cette partie de la navigation, elle pourrait le faire à ses frais, risques et périls, mais sans aucun recours contre la ville de Paris ; et toutefois, elle devra préalablement soumettre ses projets à l'Administration dans les formes prescrites pour le canal de l'Ourcq par le traité du 19 avril 1818.

ART. 8. — Quant à la *partie supérieure* de la rivière d'Ourcq, la Compagnie demeure chargée, pendant toute la durée de sa concession, d'entretenir la navigation en bon état et à ses frais ; elle sera tenue d'y faire toujours à ses frais, toutes les grosses réparations, reconstructions e, améliorations, de quelque nature qu'elles soient.

ART. 9. — La Compagnie est obligée de se conformer, pour l'entretien, soit de la *partie supérieure*, soit de la *partie inférieure*, pendant sa jouissance, aux mêmes obligations prescrites par le traité du 19 avril 1818.

ART. 10. — Si dans son intérêt ou dans ses vues d'amélioration, la Compagnie voulait modifier, en tout ou en partie, le système actuel de la navigation dans la *partie supérieure* de la rivière, elle ne pourra l'entreprendre qu'après avoir soumis ses projets à l'approbation de l'Administration municipale, dans les formes prescrites par ledit traité du 19 avril 1818.

ART. 11. — S'il était ultérieurement reconnu par l'Administration de la ville de Paris qu'il y eût utilité pour elle de former, dans la *partie supérieure* de l'Ourcq ou des ses affluents, des bassins, réservoirs, étangs ou retenues capables de contenir et de conserver les eaux surabondantes en certaines saisons, afin de ne les écouler que lors des temps de sécheresse, et d'entretenir ainsi, pendant l'étiage, un cours d'eau suffisant tant pour les besoins de la navigation que pour le service de la distribution dans la Capitale, M. le Préfet réserve à la ville de Paris le droit de faire à ses frais les dépenses et travaux y relatifs, de manière toutefois que lesdits travaux ne puissent porter obstacle à la navigation.

ART. 12. — A l'époque où la Compagnie sera mise en jouissance de la navigation de la rivière d'Ourcq, il sera dressé contradictoirement, par deux Commissaires de la ville de Paris et deux Commissaires de la Compagnie, en présence de M. l'Inspecteur général des Ponts et Chaussées, chargé de la surveillance du canal de l'Ourcq, un procès-verbal descriptif et détaillé, constatant l'état actuel de la rivière, et des ouvrages d'art et bâtiments qui en dépendent, avec un plan cadastral de toutes les propriétés principales et accessoires de la navigation. Ce procès-verbal sera divisé en deux parties : la première, pour la *portion supérieure* au pertuis de Mareuil ; et la seconde, pour la *portion inférieure*. Il sera dûment arrêté en double expédition, et sera annexé au présent traité, pour servir à faire le récolement et à constater les objets dont la ville de Paris aura le droit d'exiger la remise aux époques successives où elle rentrera en possession et jouissance desdites deux parties de navigation concédées.

ART. 13. — A l'expiration de la jouissance concédée à la Compagnie pour la *partie supérieure* de la navigation, ladite Compagnie sera obligée de remettre à la ville de Paris cette *partie supérieure* en bon état d'entretien, avec tous les ouvrages d'art et autres dépendances qui seront indiqués dans le procès-verbal descriptif, ainsi que tous autres ouvrages qui auraient été faits subséquemment. La ville de Paris rentrera alors en jouissance de tous les droits de navigation et de pêche, ainsi que de tous les revenus généralement quelconques qui pourraient appartenir à cette partie de la navigation.

ART. 14. — Attendu que la navigation de la rivière d'Ourcq n'est pas actuellement en bon état, et qu'il est nécessaire d'y faire une première dépense de grosses réparations et reconstructions pour la rétablir dans un état convenable, la ville de Paris s'engage à payer à la Compagnie, pour l'exécution desdits travaux, dans le délai de deux années, à titre de forfait et sauf justification d'emploi, une somme qui ne pourra excéder quatre-vingt mille francs, dont cinquante mille francs seront applicables à la *partie supérieure*, et trente mille francs à la *partie inférieure*.

ART. 15. — Pour dédommager la Compagnie des travaux imprévus qu'elle aura déjà faits et de ceux qu'elle devra faire pour la prise d'eau, conformément au projet approuvé les 19 mars et 7 juin 1822, elle sera dispensée, à titre de compensation, de faire les travaux indiqués par le traité du 19 avril 1818 pour augmenter la base des anciens talus d'escarpement dans les tranchées du canal de l'Ourcq, sauf à elle à pourvoir, à ses frais et risques, à la conservation desdits talus, et sous la renonciation expresse de tout recours en indemnité pour raison de ces travaux imprévus.

ART. 16. — La ville de Paris abandonne à la Compagnie, pour toute la durée de sa concession, la jouissance du terrain situé en avant du bassin de La Villette, en face de la rotonde, et délimité sur le plan ci-joint, n° 3, pour servir aux déchargements de toute nature, et particulièrement au débardage des bois provenant de la rivière d'Ourcq, et faciliter ainsi leur entrée dans Paris par les deux barrières de Pantin et de La Villette, à la charge de ne pouvoir empiler des bois ni faire des chantiers sur cette partie du terrain.

L'embranchement du canal de prise d'eau, pour la distribution dans Paris, est également mis à la disposition de la Compagnie pour les déchargements des marchandises, sous la réserve de tous les droits et actions de la Ville sur ce canal pour le service de la distribution des eaux, et à la condition d'en faire retour à la Ville lorsqu'il sera jugé nécessaire d'y établir des filtres pour la clarification et la dépuration des eaux de l'Ourcq à distribuer dans Paris.

La Compagnie sera chargée, à ses frais, de l'entretien et des réparations de ce canal d'embranchement pendant tout le temps qu'il restera à sa disposition, et elle sera obligée de le remettre à la ville de Paris en bon état.

ART. 17. — Au moyen des conventions et concessions ci-dessus, la Compagnie de l'Ourcq et de Saint-Denis renonce entièrement, dès à présent et pour toujours, à toutes demandes et répétitions d'indemnités, à toutes actions en dommages-intérêts et à tous droits et prétentions généralement quelconques, tant pour raison des pertes, souffrances, non-jouissances et préjudices de toute nature qu'elle a pu éprouver par l'effet de la contestation avec S. A. S. Mgr le duc d'Orléans, que pour les faux frais et dépenses extraordinaires qu'elle a supportés ou qu'elle supportera, ainsi que pour toute espèce de dommages qui pourront résulter ultérieurement des retards qu'a éprouvés l'introduction des eaux dans le nouveau canal, et notamment pour toutes dégradations et avaries, de quelque nature qu'elles soient, survenues ou à survenir dans les travaux dudit canal, et dont la cause pourrait être attribuée à ces retards ou aux difficultés qu'a entraînées la contestation dont il s'agit.

ART. 18. — En considération de ces retards ainsi que des avances que la Compagnie a faites et sera tenue de faire, aux termes des articles qui précèdent, la ville de Paris payera, immédiatement après l'approbation des présentes, la somme de quatre cent mille francs acompte sur le dernier seizième du prix convenu par le traité du 19 avril 1818 pour les travaux du canal de l'Ourcq, avec les intérêts, depuis le 1er janvier 1823 seulement pour la portion payable en bons montant à deux cent trente mille francs, sans attendre la réception définitive de ces travaux, dérogeant, en ce point seulement, aux dispositions des art. 13 et 16 dudit traité du 19 avril et de l'ordonnance royale du 10 juin 1818, sauf réception ultérieure des travaux des canaux de l'Ourcq et de Saint-Denis.

ART. 19 ET DERNIER. — Par suite de toutes les dispositions qui précèdent, toutes instances, procédures, réclamations et répétitions, de quelque nature qu'elles soient, sont éteintes entre la Ville et la Compagnie des canaux, et les frais restent compensés.

Fait double à Paris, le 24 avril 1824 [1].

Signé : CHABROL, HAINGUERLOT et VASSAL.

IV. — *Ordonnance royale approbative de la transaction.*

23 juin 1824.

LOUIS, par la grâce de Dieu, ROI DE FRANCE ET DE NAVARRE, à tous ceux qui ces présentes verront, SALUT.

Vu : 1° Les lettres-patentes du mois de novembre 1661, et celles rendues le 7 décembre 1766, relatives à la rivière d'Ourcq ;

2° Nos ordonnances des 20 mai, 17 septembre et 7 octobre 1814 ;

3° Les lois des 29 floréal an X, 20 mai 1818 et 5 août 1821 ;

4° L'ordonnance par nous rendue le 10 décembre 1823 ;

5° La délibération du Conseil municipal de la ville de Paris, du 11 avril dernier ;

6° L'avis de notre Conseiller d'État, Préfet du département de la Seine, du 1er mai suivant ;

Ensemble l'avis de notre Ministre Secrétaire d'État des Finances, du 9 du présent mois, et l'acte du Gouvernement du 21 février 1808 ;

Sur le rapport de notre Ministre Secrétaire d'État au département de l'Intérieur ;

Notre Conseil d'État entendu ;

NOUS AVONS ORDONNÉ ET ORDONNONS CE QUI SUIT :

ARTICLE PREMIER. — L'acquisition faite par notre Conseiller d'État, Préfet de la Seine, au nom de notre bonne ville de Paris, de notre cher et bien amé neveu le duc *d'Orléans*, de tous les droits et actions qui lui appartiennent, à quelque titre et sous quelque dénomination que ce soit, sans exception ni réserve, sur le lit de la rivière d'Ourcq, sur ses eaux, son littoral et droit de halage, sur sa navigation et sur ses dépendances, tant dans la partie inférieure depuis la prise d'eau du canal à Mareuil, que dans la partie supérieure à la prise d'eau, usqu'au Port-aux-

---

[1] Ce traité a été rendu exécutoire par l'arrêté suivant :

Vu l'ordonnance en date du 23 juin, portant approbation du traité ci-dessus et des autres parts, passé le 24 avril 1824, entre la Compagnie des canaux et nous, Préfet, stipulant pour nous et au nom de la ville de Paris.

    Avons arrêté :

Le traité ci-dessus relaté sera exécuté selon sa forme et teneur, et sera soumis à la formalité de l'enregistrement.

Fait à Paris, le 10 juillet 1824.

Signé: CHABROL.

Enregistré à Paris, au bureau des actes administratifs, le 12 juillet 1824, f° 81, v°, c^es 6 et suivantes. Reçu un franc dix centimes, y compris le décime.
Signé : *Pacalin.*

Perches, est confirmée, à la charge par les parties contractantes de se conformer, chacune en ce qui la concerne, tant pour le prix que pour es clauseets conditions de la vente, aux dispositions et réserves stipulées au projet de concession arrêté le 4 avril dernier par les commissaires nommés à cet effet, et agréé tant par notre cher et bien aimé neveu que par le Conseil municipal, suivant et par délibération du 11 dudit mois.

ART. 2. — La subrogation temporaire et limitée consentie par notre Conseiller d'Etat, Préfet du département de la Seine, au nom de notre bonne ville de Paris, en faveur de la Compagnie des canaux de l'Ourcq et de Saint-Denis, stipulant et acceptant par les sieurs *Vassal* et *Hainguerlot*, délégués par elle à cet effet, par délibération du 10 avril dernier, dans tous les droits et actions résultant pour la Ville de l'acquisition approuvée par l'article précédent, est également confirmée sous les clauses, charges, conditions et réserves énoncées en l'acte souscrit entre les parties contractantes le 11 dudit mois d'avril.

ART. 3. — Copie de l'acte de vente et de l'acte de subrogation mentionnés aux deux articles qui précèdent, ainsi que l'expertise et le tarif provisoire énoncés aux art. 3 et 7 de l'acte de vente, resteront annexés à notre présente ordonnance.

Ces actes seront considérés comme accessoires et additionnels aux traités mentionnés dans les lois des 20 mai 1818 et 5 août 1821, et ne seront soumis, comme tels, qu'au droit fixe d'un franc d'enregistrement.

ART. 4. — Nous nous réservons de statuer ultérieurement, d'après les travaux du nouveau canal, et eu égard aux intérêts du commerce, sur l'époque où l'ancienne navigation pourra être supprimée.

ART. 5. — Les dispositions de l'art. 2 de notre ordonnance du 10 décembre dernier, en ce qui concerne le remplacement dans l'apanage de la branche d'*Orléans*, du prix de l'ancien canal de l'Ourcq, par des immeubles d'égale valeur, seront, au surplus, exécutées dans le plus bref délai, sous l'autorité et la surveillance de notre Ministre des Finances.

ART. 6. — Nos Ministres Secrétaires d'État de l'Intérieur et des Finances sont, chacun en ce qui le concerne, chargés de l'exécution de la présente ordonnance, qui sera insérée au *Bulletins des Lois*.

Donné en notre château de Saint-Cloud, le 23 juin, l'an de grâce 1824, et de notre règne le trentième.

Signé : LOUIS.

Par le Roi :

Le Ministre Secrétaire d'État au département de l'Intérieur,

Signé : CORBIÈRE.

CHAPITRE IV

Conventions additionnelles au Traité de concession des canaux de l'Ourcq et de Saint-Denis.

I. — *Conventions additionnelles.*

1ᵉʳ février 1841.

ENTRE LES SOUSSIGNÉS :

M. Claude-Philibert Barthelot, comte de Rambuteau, Pair de France, Préfet de la Seine, agissant pour la ville de Paris, d'une part ;

Et M. Pierre-Laurent Hainguerlot, agissant tant en son nom personnel, qu'au nom et comme se portant fort de la Compagnie des canaux de l'Ourcq et de Saint-Denis, par laquelle il s'oblige de faire ratifier les présentes, d'autre part ;

Il a été arrêté les conventions suivantes, par addition aux traités de concession des canaux ci-dessus désignés :

ARTICLE PREMIER.

Travaux.

La Compagnie s'engage à exécuter à ses risques et périls, moyennant la subvention et dans les délais ci-après déterminés, les travaux dont la désignation suit, lorsqu'ils auront été approuvés, avec le présent traité par le Conseil municipal et l'autorité supérieure, savoir :

1° La canalisation de la rivière d'Ourcq, entre Mareuil et le Port-aux-Perches, conformément au projet dressé par l'Inspecteur des canaux de Paris le 22 décembre 1838, et aux modifications indiquées dans les rapports des Ingénieurs du Service municipal, en date des 25 avril, 27 juin 1839 et 29 janvier 1841 ;

2° L'établissement de cinq écluses à sas dans la partie du canal de l'Ourcq comprise entre la Thérouenne et la Beuvronne, conformément au système n° 1 du projet dressé aussi par l'Inspecteur des canaux de Paris le 10 mars 1839, et joint aux rapports des mêmes Ingénieurs du Service municipal, en date des 25 juillet, 12 août 1839 et 29 janvier 1841 ;

3° Les rigoles, barrages et aqueducs nécessaires pour le déversement éventuel des eaux de la Reneuse et du Mory, conformément au projet dressé par MM. les Ingénieurs du Service municipal le 10 octobre 1834, et aux additions indiquées par la Compagnie dans une note de son Ingénieur, en date du 20 janvier 1840, approuvée par l'Ingénieur en chef du Service municipal le 29 janvier 1841 ;

4° Le déversoir de Pantin, ainsi que sa rigole de fuite et ses dépendances, conformément au projet dressé par l'Inspecteur des canaux de

Paris, le 31 décembre 1833, et joint au rapport de l'Ingénieur en chef Directeur du Service municipal, en date du 11 mars 1834, et aux additions indiquées par la Compagnie dans un devis détaillé, en date du 20 janvier 1840, approuvé par l'Ingénieur en chef du Service municipal le 29 janvier 1841 ;

5° La dérivation du Clignon, pour en amener les eaux dans le canal de l'Ourcq, conformément au projet dressé par l'Inspecteur des canaux de Paris le 15 juillet 1839, et approuvé par l'Ingénieur en chef du Service municipal le 29 janvier 1841.

Art. 2.

Acquisitions et indemnités.

La Ville sera chargée intégralement des acquisitions de terrains, des indemnités de dépossession et de détériorations d'usines nécessitées par l'exécution des travaux.

Elle mettra, aussitôt qu'elle pourra, la Compagnie en possession des terrains que ces travaux devront occuper définitivement.

Elle acquerra de la Compagnie le moulin de Grand-Pré, sur la rivière du Clignon, avec toutes ses dépendances et la prisée qui en fait partie, moyennant le prix principal de 32,417 fr. 47 c., et aux charges, clauses et conditions exprimées dans le procès-verbal d'expertise dressé par MM. Bouquet et Vuigner, en date au commencement du 20 juin 1838, clos les 9, 10 et 12 juillet suivants.

Les intérêts du prix courront à compter du jour de l'approbation du présent traité par l'Autorité supérieure.

Art. 3.

Délai d'exécution des travaux.

Les travaux mentionnés en l'article premier seront exécutés dans le délai de deux ans, à partir de l'approbation du présent traité, sauf le cas de retards dans la mise en possession, par la Ville, des terrains nécessaires à ces ouvrages. Dans ce cas, la prolongation du délai d'exécution n'excédera pas un an, à partir de la prise en possession des dernières parcelles de terrain.

Art. 4.

Subvention, exécution, entretien.

La ville de Paris payera à la Compagnie, à titre de concours et de remboursement, pour l'exécution de ces travaux, et à forfait, la somme de 540,500 francs, savoir :

Neuf dixièmes pendant l'exécution des travaux, au fur et à mesure de leur avancement et de l'approvisionnement à pied d'œuvre des matériaux nécessaires à cette exécution, et le dixième restant, aussitôt après la réception contradictoire, qui aura lieu immédiatement après l'achèvement des travaux.

Il est observé pour ordre que cette somme a été calculée à raison d'une subvention de moitié dans les travaux ci-après, savoir :

1° La canalisation de la rivière d'Ourcq, entre Mareuil et le Port-aux-

Perches, dont le devis s'élève à 240,000 francs, ci. . Fr.   240,000 »

2° L'établissement de cinq écluses dans la partie du canal de l'Ourcq comprise entre la Thérouenne et la Beuvronne, dont le devis s'élève à . . . .   240,000 »

3° Les rigoles, barrages et aqueducs nécessaires pour le déversement éventuel des eaux de la Reneuse et du Mory, dont le devis s'élève à. . . . .   50.000 »

4° Le déversoir de Pantin, ainsi que sa rigole de fuite et ses dépendances, dont le devis s'élève à . . . . . .   90,000 ›

Total des devis . . . . . Fr.   620,000 »

Dont moitié est de . . . . Fr.   310,000 »

Et du payement des travaux de la dérivation du Clignon, dont le devis s'élève à 160,000 francs, qui sont intégralement à la charge de la Ville de Paris. . . . .   160,000 »

A ces évaluations, les parties sont convenues d'ajouter, pour honoraires des projets, frais de direction, intérêts d'argent, faux frais, supplément pour dépenses imprévues et à raison des charges d'entretien ci–après stipulées, le montant des trois vingtièmes des évaluations ci-dessus . . . .   70,500 »

Total égal. . . . . . . Fr.   540,500 »

Au moyen de quoi, la ville de Paris n'aura à payer que la somme de 540,500 francs à la Compagnie, qui demeurera chargée de l'exécution desdits travaux à ses risques et périls, mais sous la surveillance des Ingénieurs de l'Administration, et sans que pour raison de cette exécution, la Ville puisse être inquiétée ni recherchée, à quelque titre et pour quelque cause que ce soit.

Pendant tout le temps qui restera à courir de sa concession, la Compagnie sera tenue d'entretenir à ses frais tous ces ouvrages, comme dépendances du canal de l'Ourcq.

Cet entretien sera fait suivant les règles de l'art et conformément aux conditions stipulées au traité primitif de concession.

La Compagnie sera aussi chargée de la réparation de toutes les avaries qui surviendraient à ces ouvrages, et des indemnités auxquelles elles donneraient lieu.

Art. 5.

Eaux du Clignon. — Réduction sur le volume des eaux introduites dans le canal. Déversement de la Beuvronne, etc.

La Compagnie sera chargée, à ses frais, de la manœuvre des réservoirs et déversoirs de la dérivation du Clignon; mais, à toutes les époques de l'année, et sauf le cas d'avarie, la ville de Paris prélèvera sur le produit des eaux arrivant à la gare circulaire ou à La Villette, et par addition à la quantité qu'elle a droit d'y prendre, aux termes du traité de concession, le volume des eaux que pourra produire ce nouvel affluent : ce volume n'aura de limite que celle résultant du maximum d'élévation des eaux imposé pour la conservation du canal de l'Ourcq et de la rigole de dérivation du Clignon.

La Compagnie consent à ce qu'il ne soit fait aucune déduction pour évaporations et infiltrations sur le volume des eaux du Clignon introduit dans le canal de l'Ourcq, en considération de ce que les frais de la dérivation des eaux du Clignon sont supportés en totalité par la ville de Paris, et de ce que les eaux de ce nouvel affluent serviront à entretenir, dans la partie supérieure du canal de l'Ourcq, une hauteur d'eau plus constante, en augmentant le volume des eaux introduites pendant l'étiage. Il est observé à cette occasion que les réductions à faire sur les eaux de l'Ourcq et des autres affluents, pour évaporations et infiltrations, auront lieu conformément au rapport de la Commission de 1816, qui fixe la limite maximum que ces pertes puissent atteindre à la proportion de quinze cent soixante-quinze pouces sur huit mille cinq cent dix pouces, ainsi que les parties le reconnaissent.

La ville de Paris aura la faculté de faire déverser temporairement, à son gré, en totalité ou en partie, aux époques de l'année qu'elle déterminera, les eaux de la Reneuse, du Mory et de la Beuvronne. Ces déversements auront lieu par les soins de la Compagnie ; et, dans ce cas, il lui sera tenu compte, sur le volume des eaux du Clignon, de la totalité des eaux déversées des trois affluents ci-dessus.

ART. 6.

Usines.

La Compagnie aura la faculté d'établir, sur les chutes des nouvelles écluses à former sur la rivière et le canal de l'Ourcq, des usines hydrauliques, à la condition de reverser dans les biefs inférieurs, par écoulement continu et constant, la totalité des eaux qui seraient prises dans les biefs supérieurs, et, en outre, aux autres conditions stipulées dans le traité de concession pour les usines du canal Saint-Denis.

ART. 7.

Conduite ou aqueduc pour le service de la voirie de Bondy.

L'Administration municipale aura la faculté d'établir à ses frais, risques et périls, sous la berge droite du canal de l'Ourcq, soit une conduite, soit un aqueduc, pour l'écoulement des eaux vannes de la voirie de Bondy ou d'autres eaux d'assainissement, et de pratiquer, sur cette conduite ou cet aqueduc, les saignées qu'elle jugera convenable. Cet ouvrage sera combiné de manière à conserver le déversoir de Bondy, au moins comme déversoir de superficie.

L'entretien de la rigole ou de l'aqueduc, et la réparation de toutes les dégradations et dommages qu'il occasionnerait, seront supportés par la ville de Paris.

L'Administration municipale se réserve la faculté de verser dans cette rigole ou cet aqueduc, et à toutes les époques de l'année, la quantité d'eau qu'elle jugera nécessaire pour mêler aux eaux vannes ou en faciliter l'écoulement. Le volume d'eau ainsi déversé viendra en déduction de celui que la Ville a droit de prendre à La Villette, aux termes du traité de concession des stipulations additionnelles et du présent acte.

Art. 8.

Rigole de Pantin.

La ville de Paris se réserve la faculté de jeter dans la rigole de fuite du déversoir de Pantin les eaux provenant de la conduite ou de l'aqueduc mentionné en l'art. 7.

Dans le cas où, pour l'exercice de cette faculté, la Ville serait obligée d'apporter des modifications au projet ci-dessus visé dudit déversoir et de sa rigole de fuite, soit avant, soit après son exécution, il serait dressé, par l'Ingénieur en chef du Service municipal, et par l'Ingénieur de la Compagnie, et par un tiers choisi par eux, en cas de désaccord, une série de prix pour les travaux supplémentaires à exécuter par suite de ces modifications. La Ville payerait à la Compagnie, en sus de la somme de 540,500 francs fixée en l'art. 3, la dépense excédant le chiffre de 90,000 francs.

Au moyen de ce payement, la Compagnie exécuterait ces nouveaux ouvrages et demeurerait chargée de leur entretien, sans indemnité.

Il est bien entendu que la rigole de fuite devrait, dans le cas de ces modifications, être disposée de telle sorte que, s'il survenait des avaries aux digues de Pantin, elle eût le même effet que la rigole du projet ci-dessus visé.

Art. 9.

Excédant des eaux.

Après que la Compagnie aura pourvu à tous les services de la Ville, des canaux et des usines, conformément au traité de concession et au présent acte, et de manière à ne pouvoir être inquiétée ni recherchée par aucune partie intéressée, les eaux excédant tous ses besoins, et qu'elle devrait déverser par les ventelles des écluses, le seront, sur la demande de l'Administration, et dans les proportions qu'elle indiquera, par la conduite ou l'aqueduc de la voirie de Bondy, par la rigole de Pantin et dans les égouts avoisinant le bassin de La Villette.

La Compagnie aura la faculté de déverser des eaux, non-seulement par la rigole de Pantin, mais encore dans ceux des égouts avoisinant le bassin de La Villette, où la Ville fera elle-même des déversements, pourvu que ces égouts ne soient pas en réparation. Elle devra donner à l'Administration les avis nécessaires pour prévenir des accidents.

Tous ces déversements auront lieu par les soins de la Compagnie, sans qu'elle puisse être recherchée pour les dégradations qu'ils occasionneraient dans ces ouvrages, et sans qu'elle ait à entrer dans les dépenses des travaux à faire pour opérer ces déversements sur d'autres points que le déversoir de Pantin.

Art. 10.

Chemin de fer de Paris à Meaux.

La ville de Paris consent à l'exécution d'un chemin de fer sur la berge droite du canal de l'Ourcq, aux conditions suivantes.

Ce chemin deviendra, gratuitement et libre de toutes dettes et charges, la propriété de la ville de Paris, à l'expiration de la jouissance concédée à la Compagnie par le traité du 19 avril 1818. Cette acquisition gratuite comprendra toutes les augmentations que ce chemin de fer aurait pu recevoir pendant la durée de cette jouissance dans toutes les parties latérales au canal, ainsi que les redressements exécutés sur les diverses parties de son parcours, les gares, embarcadères, leurs emplacements, et en général tous les objets immobiliers servant à son exploitation ; ainsi que les embranchements sur la voirie de Bondy et sur le port d'embarquement, et tous les accessoires de ce service spécial.

A cet effet, toutes les acquisitions de terrains relatives à ce chemin de fer, ainsi qu'au chemin spécial ci-après mentionné, seront faites par le concessionnaire, en pleine propriété, au nom et au profit de la ville de Paris, sous l'acceptation du Préfet de la Seine, après que le payement des prix aura été assuré par ledit concessionnaire.

L'Administration municipale réserve, pour elle et les vidangeurs de la ville de Paris, la faculté de faire transporter par ce chemin toutes les matières qui seront apportées à l'embarcadère de La Villette, sans que la Ville puisse être tenue de diriger vers cet embarcadère toutes les matières provenant de la ville de Paris.

Dans ce cas, l'entrepreneur sera tenu d'établir à ses frais le pont, les embranchements, embarcadères et ouvrages accessoires, conformément au projet dressé par MM. les Ingénieurs du Service municipal, le 24 mai 1837, et il sera tenu de fournir tous les wagons nécessaires pour recevoir les récipients établis suivant les modèles approuvés par l'Administration, ainsi que les locomotives et tous les accessoires et agrès nécessaires.

Le prix de ce transport est fixé, pour toute la durée de la concession, à 1 fr. 25 c. par mètre cube de matière transportée, quelles que soient les variations qui puissent survenir dans les prix de la main-d'œuvre, du combustible et des autres objets servant à ce transport.

Ce prix est stipulé à raison d'une vitesse de vingt-cinq kilomètres à l'heure, et pour la distance totale jusqu'à la voirie de Bondy. Il représente à forfait les frais de chargement, de transport, de versement des matières dans les bassins, de lavage et de retour immédiat des récipients ; enfin, tous les frais quelconques relatifs au mouvement de ces matières, y compris le droit de circulation sur le chemin de fer consacré au service général, le salaire des agents employés au service des wagons spéciaux et au mouvement des matières, les dépenses d'entretien des embranchements particuliers, des ports d'embarquement et de leurs accessoires, des wagons, locomotives et de tous leurs agrès.

Le concessionnaire demeurera chargé d'assurer chaque jour le service

4

ci-dessus spécifié, à peine de tous dommages-intérêts, sauf le cas de force majeure.

Pour faciliter le compte des sommes qui lui seront dues pour ce service, les récipients devront porter l'indication de leur contenance, après qu'elle aura été reconnue contradictoirement ; ces récipients seront toujours réputés pleins.

Les mesures d'exécution de ces chargements, transports, versements, lavages et retour, ainsi que de tous les détails du service, seront déterminées par des règlements de l'Administration. Le concessionnaire sera tenu de s'y conformer, sans augmentation du prix ci-dessus stipulé.

Le concessionnaire devra faire toutes les dispositions nécessaires pour qu'aucune portion des eaux pluviales de la berge affectée à l'établissement du chemin de fer, entre la gare circulaire et la voirie de Bondy, ne puisse s'écouler dans le canal. Cette condition a pour but d'empêcher qu'aucune matière liquide ou solide qui tomberait sur la berge s'introduisît dans le canal et portât atteinte à la pureté des eaux.

Le concessionnaire devra également pourvoir à ce qu'il ne soit rien fait, dans tout le surplus du parcours du chemin de fer, qui puisse altérer la pureté des eaux.

Le chemin devra être constamment entretenu en bon état. Cet entretien et la remise à la ville de Paris dudit chemin et de ses accessoires ci-dessus spécifiés, seront régis par les mêmes conditions que l'entretien et la remise à la Ville du canal de l'Ourcq.

L'Administration municipale pourra renoncer quand bon lui semblera à la faculté qu'elle a réservée pour elle et les vidangeurs de Paris, de transporter des matières à la voirie de Bondy. Dans ce cas elle devra payer sur estimation, au concessionnaire, la valeur, à cette époque, des travaux exécutés par lui pour l'embranchement de la voirie de Bondy et des ports d'embarquement, ainsi que des wagons spéciaux qui seraient affectés au service, dans leur état au moment de la suppression ; les parties auront égard, dans cette estimation, au temps restant à courir de la concession.

Si, dans deux années, à compter de l'approbation du présent traité par le Conseil municipal, la portion de chemin de fer entre la gare circulaire et la voirie de Bondy n'était pas établie, l'Administration municipale aurait droit de faire pour le compte de la ville de Paris, et sans indemnité envers la Compagnie, soit cette portion de chemin de fer, soit la chaussée d'empierrement qu'aux termes de ses conventions avec la Compagnie elle avait la faculté de construire ; elle pourrait aussi concéder ce droit à un tiers, en donnant, à conditions égales, la préférence à la Compagnie.

Dans le cas où le Gouvernement n'approuverait pas le projet d'établissement du chemin de fer consenti par la ville de Paris, l'Administration municipale pourrait, immédiatement après le refus d'approbation, user du droit à elle réservé par le précédent paragraphe. Mais la partie du chemin de fer qu'elle construirait sur la berge du canal devrait être exécutée conformément au projet qui vient d'être approuvé par le Conseil général des Ponts et Chaussées.

Toutefois, si le Gouvernement donnait plus tard son approbation au chemin de fer consenti par la Ville, la Compagnie aurait le droit de réclamer pour elle ou pour un concessionnaire, l'exécution du présent article, en remboursant à la ville de Paris, et sans intérêts, les dépenses qu'elle aurait faites en vertu de la faculté ci-dessus stipulée, et sans rien répéter contre la Ville pour l'usage qu'elle aurait fait dudit chemin, qui serait remis avec son matériel en bon état d'entretien par l'Administration municipale.

Art. 11.

Canal de Soissons.

La ville de Paris consent à l'exécution du canal de Soissons, conformément au projet approuvé par les délibérations du Conseil général des Ponts et Chaussées, en date du 31 août 1838, et sauf les modifications résultant des conditions ci-après stipulées.

Ce consentement est donné dans la limite des droits concédés à la Ville par l'ordonnance du 23 juin 1824, et des actes annexés à cette ordonnance, et sous la condition expresse que l'existence, l'alimentation et le service de ce canal, n'apporteront aucune réduction au volume des eaux auquel la ville de Paris a droit, d'après le traité de concession et le présent acte. A cet effet, le concessionnaire ne pourra prendre, soit pour l'alimentation du versant de l'Aisne, soit pour remplir les réservoirs de Moranbeuf, aucune partie des eaux de la Savière, que dans le cas où la ville de Paris recevra au bassin de La Villette le volume ci-dessus mentionné.

Les eaux de ces réservoirs ne pourront jamais être déversées dans le bief de partage ni dans le lit de la Savière ; elles seront réservées exclusivement pour l'alimentation du versant de l'Aisne.

Le fief de partage sera rendu étanche et disposé de manière qu'aucune partie des eaux de la Savière ne puisse, par infiltration ou autrement, descendre dans le même versant de l'Aisne.

La ville de Paris contribuera jusqu'à concurrence de 200,000 fr. dans la subvention nécessaire pour l'exécution du canal. Cette somme sera payée, sans intérêt, immédiatement après la réception du canal.

Art. 12.

Magasins.

Pour satisfaire aux demandes de la Compagnie, relatives aux alignements des masses de magasins à construire sur les deux rives du bassin de La Villette, et sur les terres-pleins entre ce bassin et le pont tournant, l'Administration municipale consent à ce que ces bâtiments soient établis conformément au plan ci-annexé, dressé par l'Inspecteur des canaux de Paris, le 28 janvier 1841, et approuvé par l'Ingénieur en chef du Service municipal, le 29 janvier 1841.

Sur les deux rives du susdit bassin, chacune des masses de magasins pourra avoir, soit une largeur de 23 mètres, soit une largeur de 15 mètres ; la Compagnie aura la faculté de couvrir, dans ce dernier cas, l'intervalle qui restera libre entre les bâtiments et le mur du quai.

Dans l'une ou l'autre de ces dispositions, le franc-bord de 8 mètres réservé sur les deux rives du bassin de La Villette, pour le dépôt et le mouvement des marchandises, restera affecté à ce service public. Néanmoins, il pourra y être établi deux lignes de poteaux montants, l'une à 1 mètre en arrière du parement extérieur du mur du bassin, l'autre à 4^m,50 cent. de ce même parement. Ces poteaux montants devront être établis de manière à laisser une hauteur de 5 mètres au moins entre le sol et la toiture ou les planchers qu'ils supporteront.

Les fondations de la galerie souterraine que la ville de Paris doit faire construire sur la rive droite du bassin de La Villette, pour reporter à la gare circulaire la prise des eaux de l'Ourcq, conformément au traité supplémentaire du 13 mars 1818, seront établis dans la longeur de ce bassin, de manière à pouvoir supporter le mur et le rang de poteaux limitant latéralement la seconde travée du franc-bord.

La Ville supportera, indépendamment de la dépense de 285,000 fr., à laquelle est évaluée la construction de l'aqueduc, depuis la gare circulaire jusqu'au regard de la prise d'eau, l'excédant de 12,000 fr. qui résultera du surcroît de dimension à donner à la fondation, ainsi qu'il est indiqué sur ledit plan. La construction de l'aqueduc devra être terminée dans le délai de deux années, à compter de l'approbation du présent traité par le Conseil municipal.

Au fur et à mesure de l'exécution des magasins, la Compagnie sera tenue de reconstruire à ses frais la voûte de l'aqueduc, en l'exhaussant d'un mètre au moins. Cet exhaussement aura lieu, non-seulement au droit des masses de magasins, mais aussi vis-à-vis les intervalles de 20 mètres réservés entre ces masses pour le service public, intervalles sur lesquels les magasins n'auront pas d'issue, et qui seront fermés, la nuit, par des clôtures établies aux frais de la Compagnie.

Il est bien entendu que les bâtiments des usines, les magasins et toutes dépendances établis aux abords des canaux de l'Ourcq et de Saint-Denis et du bassin de La Villette, sur les terrains appartenant à la ville de Paris, deviendront sa propriété à l'expiration de la concession. Toutefois l'inventaire et l'état descriptif de ces constructions seront dressés vingt ans avant cette expiration. A partir de cette époque, la Compagnie devra entretenir ces bâtiments en bon état, et elle ne pourra y faire de modifications qu'avec l'autorisation de l'Administration municipale.

Art. 13.

Conditions générales.

Le présent arrêté est subordonné au vote du Conseil municipal de Paris et à la sanction de l'Autorité supérieure ; néanmoins le refus d'approbation par le Gouvernement, de l'un des projets auxquels il s'applique, ou son refus de concours, ne porteraient aucune atteinte aux autres stipulations qui conserveraient tout leur effet.

Nonobstant la clause de forfait stipulée art. 4 ci-dessus, il serait fait déduction, sur la somme de 540,000 fr., de la portion de ladite somme applicable aux projets qui ne seraient pas approuvés par l'Autorité supérieure.

ART. 14 ET DERNIER.

Partage de frais.

Les frais de toute espèce auxquels le présent traité pourra donner lieu seront supportés, par moitié, entre la ville de Paris et la Compagnie.

Fait double à Paris, le 1er février 1841.

Signé, avec approbation de l'écriture :

Cte DE RAMBUTEAU et HAINGUERLOT.

Enregistré à Paris, le 7 juillet 1842, f° 187, v°, cases 4 et 5. Reçu 1 franc fixe et 10 centimes pour le décime. Signé : VALLERAN.

II. — *Délibération du Conseil municipal.*

Séance du 5 mars 1841.

Présents : MM. BESSON, Président ; PRESCHEZ, Secrétaire ; et MM. AUBÉ, BEAU, BOULAY (de la Meurthe), BOUTRON, BOUVATTIER, CAMBACÉRÈS, FERRON, GALIS, GANNERON, GATTEAUX, GILLET, GRILLON, HUSSON, JOUET, LAFAULOTTE, LAHURE, LAMBERT DE SAINTE-CROIX, LANQUETIN, LAVOCAT, LEGROS, MARCELLOT, MICHAU, ORFILA, PERIER, PERRET, SANSON-DAVILLIER, SAY, TERNAUX et THAYER.

LE CONSEIL,

Vu le mémoire, en date du 23 février 1841, par lequel M. le Préfet de la Seine soumet à son approbation l'un des originaux d'un acte fait double à Paris, le 1er février 1841, entre lui, agissant pour la ville de Paris, et M. Pierre-Laurent Hainguerlot, agissant tant en son nom personnel qu'au nom et comme se portant fort de la Compagnie des canaux de l'Ourcq et de Saint-Denis, dont il s'est obligé d'obtenir la ratification ; lequel acte contient des conventions additionnelles au traité de concession desdits canaux, qui ont pour objet l'exécution des travaux d'amélioration de la rivière et du canal de l'Ourcq, la dérivation du Clignon, du Mory, de la Reneuse et de la Beuvronne ; l'établissement d'une rigole et d'un déversoir à Pantin, d'une conduite pour le service de la voirie de Bondy, d'un chemin de fer sur la berge droite du canal de l'Ourcq, du canal de Soissons et des magasins sur les bords du bassin de la Villette ;

Vu les projets et rapports mentionnés audit traité, ainsi que les plans et devis à l'appui ;

Vu la loi du 29 floréal an X ;

Vu l'instruction ministérielle en date du 3 floréal an XIII, donnée conformément à la décision de l'Empereur du 7 germinal précédent, et en vertu de laquelle le canal de l'Ourcq a été exécuté pour admettre des bateaux d'une moyenne grandeur ;

Le rapport d'une commission spéciale d'ingénieurs sur la situation des travaux du canal de l'Ourcq et de ses dépendances à l'époque du 1er janvier 1816 ;

La loi du 20 mai 1818, l'ordonnance royale du 10 juin 1818, le traité de concession des canaux de l'Ourcq et de Saint-Denis, en date du 19 avril 1819;

Les articles additionnels à ce traité, en date des 19 avril et 13 mai 1818;

L'ordonnance royale du 23 juin 1824 et les actes annexés à cette ordonnance ;

Considérant que les avantages et les sacrifices résultant pour la Ville et la Compagnie des dispositions de l'acte du 1er février 1841, qui est déféré au Conseil, ont été équitablement réglés;

DÉLIBÈRE :

Il y a lieu d'approuver ledit acte, qui sera transcrit en suite de la présente délibération.

Il est bien entendu que la propriété du chemin de fer à établir sur la berge droite du canal de l'Ourcq, qui, aux termes de l'article 10 dudit acte, sera acquise à la ville de Paris à l'expiration de la concession, s'appliquerait à la portion dudit chemin comprise entre le canal de l'Ourcq et le point de départ, près des murs de Paris, ainsi qu'aux gares, embarcadères et autres dépendances établis sur ce point.

Les projets, rapports, plans et devis ci-dessus mentionnés seront visés par M. le Préfet; ils seront déposés dans les archives de la Ville, après l'approbation du traité par l'Autorité supérieure.

Signé au registre : BESSON, *Président*, et PRESCHEZ, *Secrétaire*.

III. — *Déclaration annexe aux conventions additionnelles.*

14 avril 1842.

Je soussigné, Georges-Tom Hainguerlot, propriétaire, demeurant à Paris, rue de Clichy, n° 17 ;

Tant en mon nom qu'au nom et comme mandataire fort de la Compagnie des canaux de l'Ourcq et de Saint-Denis ;

Après avoir pris connaissance des lettres de M. le Ministre de l'Intérieur à M. le Préfet de la Seine, en date des 28 décembre 1841 et 8 avril 1842, ainsi que des observations du Conseil général des Ponts et Chaussées mentionnées dans ces deux lettres :

Déclare m'engager à l'exécution des conventions additionnelles du 1er février 1841, sur les points et de la manière qui suivent :

1° Les travaux du pont de la Ferté-Milon ne pourront être entrepris qu'après la rédaction d'un projet complet soumis à une enquête administrative et à l'approbation de l'Administration supérieure ;

2° La dérivation du Clignon ne sera opérée qu'après l'analyse des eaux de cette rivière et la constatation de leur bonne qualité.

La Compagnie souscrit la condition expresse d'amener toutes ses eaux au bassin de La Villette, et de ne pouvoir les détourner en tout ou en partie sans le consentement de la Ville ;

3° Il ne sera d'abord établi sur les bords du bassin de La Villette que deux masses de magasins, en regard l'une de l'autre, à l'extrémité aval dudit bassin, d'après les alignements nouveaux donnant la faculté d'élever des masses de magasins sur les huit mètres de francs-bords du bassin de La Villette,

En nous engageant formellement aux conditions ci-dessus énoncées pour les trois points dont il s'agit, nous demandons à l'Administration de ne pas considérer cet engagement comme apportant aucunes modifications aux conventions du 1er février, mais comme le règlement du mode d'exécution de ce traité.

Paris, le 14 avril 1842.

Pour la Compagnie des canaux de l'Ourcq et de Saint-Denis,

J. HAINGUERLOT

Vu et approuvé par nous, Pair de France, Préfet de la Seine, au nom de la ville de Paris, et sauf l'approbation de l'Autorité supérieure, comme bases d'exécution du traité additionnel du 1er février 1841, à la minute duquel cette déclaration sera annexée.

Paris, le 14 avril 1842.

Signé : C.te DE RAMBUTEAU.

IV. — *Ordonnance royale approbative.*

14 mai 1842.

LOUIS-PHILIPPE, ROI DES FRANÇAIS, à tous présents et à venir, salut.
Sur le rapport de notre Ministre de l'Intérieur ;
Vu le traité passé le 1er février 1841, entre la ville de Paris d'une part, et le sieur Hainguerlot, agissant au nom de la Compagnie des canaux de l'Ourcq et de Saint-Denis, d'autre part ; ledit traité contenant des conventions additionnelles au traité de concession desdits canaux, et ayant pour objet l'exécution des travaux d'amélioration de la rivière et du canal de l'Ourcq, la dérivation de plusieurs affluents, l'établissement d'une rigole et d'un déversoir à Pantin, d'une conduite pour le service

de la voirie de Bondy, d'un chemin de fer sur la berge droite du canal de l'Ourcq et de magasins sur les bords du bassin de La Villette ;

Vu une déclaration explicative de ces conventions souscrites par les parties le 14 avril 1842, et qui devra rester annexée au traité du 1er avril 1841 ;

Notre Conseil d'État entendu ;

AVONS DÉCRÉTÉ ET DÉCRÉTONS CE QUI SUIT :

ARTICLE PREMIER. — Sont approuvés pour être exécutés dans toutes leurs dispositions, le traité passé le 1er avril 1841, entre le Préfet de la Seine, agissant au nom de la ville de Paris, d'une part, et le sieur Hainguerlot, agissant au nom de la Compagnie des canaux de l'Ourcq et de Saint-Denis, d'autre part, et les explications additionnelles souscrites entre les mêmes parties, le 14 avril 1842, au sujet des divers travaux à exécuter pour améliorer le service du canal de l'Ourcq.

En conséquence, la ville de Paris est autorisée à faire les concessions et les acquisitions stipulées audit traité, conformément au vote émis par le Conseil municipal, dans sa délibération du 5 mars 1841.

ART. 2. — Nos Ministres, Secrétaires d'État, aux départements de l'Intérieur et des Travaux publics, sont chargés de l'exécution de la présente ordonnance.

Donné au palais de Neuilly, le 14 mai 1842.

Signé : LOUIS PHILIPPE.

Par le Roi :

Le Ministre de l'Intérieur,
Signé : T. DUCHATEL.

V. — *Arrêté préfectoral.*

Le Pair de France, Préfet de la Seine,

Vu l'ordonnance royale du 14 mai dernier, approuvant le présent traité et son annexe du 14 avril dernier, déclare ces traités et annexes exécutoires à partir de ce jour.

Paris, le 30 juin 1842.

Signé : Cte DE RAMBUTEAU.

Enregistré à Paris, le 2 juillet 1842, f° 187, v°, c. 2 et 3. Reçu 1 fr. et 10 c. pour le décime. Signé : VALLERAN.

CHAPITRE V.

Rachat de la concession.

I. — *Délibération du Conseil municipal de Paris, autorisant le Préfet de la Seine à préparer le rachat de la concession.*

Extrait du registre des procès-verbaux des séances du Conseil municipal de Paris.

Séance du trente et un mai mil huit cent soixante-quinze.

Le Conseil, vu le mémoire en date du quinze février mil huit cent soixante-quinze, par lequel le Préfet de la Seine lui soumet un projet de rachat par la ville de Paris, des canaux de l'Ourcq et de Saint-Denis, concédés à une Compagnie pour quatre-vingt-dix-neuf ans, à partir du premier janvier mil huit cent vingt-trois, ledit rachat devant avoir lieu moyennant une indemnité annuelle de cinq cent soixante-trois mille francs, depuis le premier janvier mil huit cent soixante-seize jusqu'à l'expiration de la concession ;

Vu la loi du vingt mai mil huit cent dix-huit, l'ordonnance royale du dix juin mil huit cent dix-huit, et le traité de concession des canaux de l'Ourcq et de Saint-Denis, en date du dix-neuf avril mil huit cent dix-huit, l'ordonnance royale du vingt-trois juin mil huit cent vingt-quatre et l'arrêté préfectoral du dix juillet même année, l'ordonnance royale du quatorze mai mil huit cent quarante-deux, ensemble les conventions approuvées par ces lois et ordonnances ;

Vu les rapports des Ingénieurs du service des eaux, des sept février et huit août mil huit cent soixante-treize, ensemble les états et inventaires qui y sont joints ;

Vu le rapport de l'Inspecteur général, Directeur des eaux et égouts ;

Après avoir entendu le rapport de la sixième commission,

Délibère :

ARTICLE PREMIER. — Le Préfet de la Seine est autorisé à préparer le rachat de la concession des canaux de l'Ourcq et de Saint-Denis, sur les bases ci-après, savoir :

1° La Ville payera à la Compagnie concessionnaire une indemnité annuelle de cinq cent quarante mille francs (540,000 fr.), à partir du premier janvier mil huit cent soixante-seize jusqu'à l'expiration de la concession ;

2° Moyennant le payement de ces annuités, la Ville sera substituée purement et simplement dans tous les droits, charges et obligations résultant pour la Compagnie tant du traité de concession sus-visé, que de toutes autres clauses additionnelles.

3° Les conventions provisoires passées avec la Compagnie seront soumises, avant d'être réalisées, à l'approbation du Conseil municipal et ne pourront devenir définitives que sur la production, par la Compagnie, d'actes authentiques de rachat de toutes celles des chûtes des usines du canal de Saint-Denis, établies en vertu des articles 3, 5 et 6 du traité du dix-neuf avril mil huit cent dix-huit et qui lui appartiennent encore.

ART. 2. — Il sera statué ultérieurement sur les voies et moyens destinés à assurer le payement des annuités sus-mentionnées.

Signé au registre:

MM. FLOQUET, Président.

BIXIO,
Yves GUYOT, Secrétaires.

Pour extrait conforme :

Le Secrétaire général de la Préfecture,
Signé : TAMBOUR.

Pour copie conforme:
Le Secrétaire général de la Préfecture.
Pour le Secrétaire général:
Le Conseiller de Préfecture délégué,
Signé : Vte O'NEILL DE TYRONE.

Vu et approuvé :
Paris, le dix juin mil huit cent soixante-quinze.
Le Préfet de la Seine,
Pour le Préfet et par délégation,
Le Secrétaire général de la Préfecture,
Signé : TAMBOUR.

II. — *Délibération du Conseil municipal de Paris approuvant le projet de traité.*

Extrait du registre des procès-verbaux des séances du Conseil municipal de Paris.

Séance du vingt et un mars mil huit cent soixante-seize.

Le Conseil, vu la délibération en date du trente et un mai mil huit cent soixante-quinze, autorisant M. le Préfet de la Seine à préparer le rachat de la concession des canaux de l'Ourcq et de Saint-Denis, et stipulant notamment que les conventions provisoires passées avec la Compagnie concessionnaire seront, avant d'être réalisées, soumises à l'approbation du Conseil municipal ;

Vu le mémoire, en date du vingt-neuf février mil huit cent soixante-seize, par lequel le Préfet lui soumet, avec toutes les pièces à l'appui, le projet du traité à passer avec la Compagnie concessionnaire pour la réalisation de ce rachat ;

Vu le rapport du Directeur des Eaux et Égouts ;

La sixième Commission entendue dans ses observations,

Délibère :

Il y a lieu d'approuver définitivement le projet de traité sus-visé passé avec la Compagnie concessionnaire pour le rachat par la ville de Paris de la concession des canaux de l'Ourcq et de Saint-Denis, projet dont copie restera annexée à la présente délibération.

Signé au registre,

MM. HARANT, Président,

MATHÉ,
MARSOULAN, Secrétaires.

Pour extrait conforme :
Le Secrétaire général de la Préfecture.

Pour le Secrétaire général,
Le Conseiller de Préfecture délégué,

Signé : O'NEILL DE TYRONE.

III. — *Décret d'utilité publique.*

LE PRÉSIDENT DE LA RÉPUBLIQUE FRANÇAISE,

Sur le rapport du Ministre des Travaux publics ;

Vu la loi en date du vingt-neuf floréal an X, relative à la concession des canaux de l'Ourcq, de Saint-Denis et de Saint-Martin ;

Vu le traité passé le dix-neuf avril mil huit cent dix-huit, entre la ville de Paris et les sieurs comte de Saint-Didier et Vassal, pour la concession des canaux de l'Ourcq et de Saint-Denis, et qui stipule les droits de navigation à percevoir sur ces canaux par le concessionnaire ;

Vu la loi du vingt mai mil huit cent soixante-dix-huit, notamment l'article 2 ainsi conçu :

« Et pareillement autorisée la perception :

» 1° Des droits de navigation concédés par l'article 15 du traité aux » dits sieurs comte de Saint-Didier et Vassal, sur le canal de l'Ourcq » pour en jouir pendant quatre-vingt-dix-neuf ans, à dater du premier » janvier mil huit cent vingt-trois ;

» 2° Les droits de navigation et de stationnement aussi à eux concédés » par l'article trois du même traité pour quatre-vingt-dix-neuf ans, à » partir de la même époque, sur le canal Saint-Denis et le bassin de La » Villette. »

Vu la délibération en date du trente et un mai mil huit cent soixante-quinze, par laquelle le Conseil municipal de Paris autorise le Préfet de la Seine à préparer le rachat de la concession des canaux de l'Ourcq et de Saint-Denis ;

Vu le traité sous seings-privés passé à la date du trente mars mil huit cent soixante-seize, au nom de la ville de Paris, par le Préfet de la Seine, avec la Compagnie concessionnaire des canaux de l'Ourcq et de Saint-Denis, pour le rachat de la concession desdits canaux d'après les bases indiquées dans la délibération sus-visée;

Vu les pièces des enquêtes ouvertes dans les départements de la Seine, de Seine-et-Oise, de Seine-et-Marne, de l'Aisne et de l'Oise, sur la question du rachat desdits canaux;

Vu les lettres du Préfet de la Seine des vingt-neuf juillet mil huit cent soixante-quinze et dix février mil huit cent soixante-seize;

Vu l'avis du Conseil général des Ponts et Chaussées en date du six janvier mil huit cent soixante-seize;

Vu la lettre en date du quinze mars mil huit cent soixante-seize, par laquelle le Ministre de l'Intérieur déclare qu'il n'a « aucune objection » à élever contre la mesure proposée par l'Administration municipale de » Paris. »

Le conseil d'État entendu :

Décrète:

ARTICLE PREMIER.

Est déclaré d'utilité publique le rachat par la ville de Paris, des canaux de l'Ourcq et de Saint-Denis affectés à la fois à la navigation et à l'alimentation de la Ville.

Est approuvé le traité passé à cet effet entre le Préfet de la Seine et les concessionnaires desdits canaux.

ART. 2.

Le maximum des droits de navigation à percevoir tant sur le canal de Saint-Denis que sur le canal de l'Ourcq est fixé conformément aux tableaux annexés au présent décret.

ART. 3.

Le Ministre des Travaux publics est chargé de l'exécution du présent décret.

Fait à Versailles, le vingt-deux avril mil huit cent soixante-seize.

Signé : MARÉCHAL DE MAC MAHON.

Par le Président de la République :

Le Ministre des Travaux publics,
Signé : ALBERT CHRISTOPHLE.

Pour ampliation :

Le Conseiller d'État, Secrétaire général,
Signé : DE BOUREUILLE.

Pour copie conforme :

Le Secrétaire général de la Préfecture,
Signé : TAMBOUR.

IV. — *Arrêté préfectoral approbatif des délibérations du Conseil municipal de Paris.*

LE PRÉFET DE LA SEINE, siégeant en Conseil de Préfecture, où étaient présents,

MM. Loysel,   Président,
Aubin,
O'Neill de Tyrone,   } Conseillers.
Normand,

Vu la délibération en date du trente et un mai mil huit cent soixante-quinze, par laquelle le Conseil municipal de la ville de Paris a autorisé le Préfet de la Seine à préparer le rachat de la concession des canaux de l'Ourcq et de Saint-Denis, et fixé à cinq cent quarante mille francs l'indemnité annuelle à payer à la Compagnie concessionnaire, à partir du premier janvier mil huit cent soixante-seize, jusqu'à l'expiration de la concession ;

Vu la délibération du même Conseil, en date du vingt et un mars mil huit cent soixante-seize, portant qu'il y a lieu d'approuver le projet de traité passé avec ladite Compagnie pour le rachat de la concession dont il s'agit ;

Vu le décret du vingt-cinq mars mil huit cent cinquante-deux sur la décentralisation administrative, et la loi du vingt-quatre juillet mil huit cent soixante-sept sur les Conseils municipaux ;

Le Conseil de Préfecture entendu :

Arrête :

ARTICLE PREMIER.

Les délibérations sus-visées du Conseil municipal de la ville de Paris, en date des trente et un mai mil huit cent soixante-quinze et vingt et un mars mil huit cent soixante-seize sont approuvées.

ART. 2.

Ampliation du présent arrêté sera adressée :

1° A Monsieur l'Ingénieur en chef des Eaux et Canaux ;

2° A M. Mahot Delaquerantonnais, notaire de la ville de Paris ;

3° Et à la Compagnie concessionnaire des canaux de l'Ourcq et de Saint-Denis.

Paris, le dix-neuf juin mil huit cent soixante-seize.

Signé : FERDINAND DUVAL.

Pour ampliation :

Le Secrétaire général de la Préfecture,
Signé : TAMBOUR.

V. — *Acte de rachat.*

1° TEXTE DU TRAITÉ.

Par devant Mᵉ Gustave-Frédéric Mahot Delaquerantonnais et Mᵉ Louis-Ernest Segond, notaires à Paris, soussignés,

Ont comparu :

M. Emile-Gustave-Ferdinand Duval, Préfet du département de la Seine, officier de la Légion d'honneur, demeurant à Paris, au palais du Luxembourg.

Agissant en sa dite qualité de Préfet de la Seine, au nom de la ville de Paris, en exécution de deux délibérations du Conseil municipal de cette ville en date des trente et un mai mil huit cent soixante-quinze et vingt et un mars mil huit cent soixante-seize, et d'un arrêté approbatif de cette dernière délibération par lui pris en Conseil de préfecture, le dix-neuf juin présent mois.

Ampliations desquelles délibérations et arrêté délivrées par M. le Secrétaire général de la Préfecture de la Seine, sont demeurées ci-annexées après mention.

D'une part.

Et :

1° M. Alfred Hainguerlot, propriétaire, demeurant à Villandry, près Tours (Indre-et-Loire).

Agissant tant en son nom personnel qu'au nom et comme mandataire de :

1° Madame Stéphanie Oudinot de Reggio, veuve de M. Georges Tom Hainguerlot;

2° Monsieur Édouard Hainguerlot;

3° Et Monsieur Charles Arthur Hainguerlot.

Tous trois propriétaires demeurant aussi à Villandry.

Aux termes de la procuration qu'ils lui ont donnée conjointement, suivant acte passé devant Mᵉ Roger, notaire à Savonnières (Indre-et-Loire), le dix-huit juin présent mois, dont le brevet original est demeuré ci-annexé après avoir été certifié véritable par le mandataire et revêtu d'une mention d'annexe par les notaires soussignés ;

2° Et Madame Rose-Auguste-Emilie-Paméla Hainguerlot, propriétaire, demeurant à Paris, rue Notre-Dame-de-Lorette, numéro 20, veuve de M. Alphée Bourdon de Vatry.

Madame veuve Hainguerlot, MM. Hainguerlot et Madame veuve de Vatry, seuls propriétaires, ainsi que Monsieur Alfred Hainguerlot, et Madame veuve de Vatry, le déclarent et s'obligent à en justifier dans les quatre mois de ce jour, par acte en suite des présentes, de la concession des canaux de l'Ourcq et de Saint-Denis faite pour quatre-vingt-dix-neuf années à partir du premier janvier mil huit cent vingt-trois jusqu'au premier janvier mil neuf cent vingt-deux, ainsi qu'il résulte tant du traité de concession en date du dix-neuf avril mil huit cent dix-huit et de ses actes additionnels, que du traité de subrogation du dix juillet mil huit cent vingt-quatre et des conventions additionnelles du premier février mil huit cent quarante et un.

D'autre part.

Lesquels,

En exécution d'un décret de M. le Président de la République en date du vingt-deux avril mil huit cent soixante-seize qui a déclaré d'utilité publique le rachat par la ville de Paris des canaux de l'Ourcq et de Saint-Denis, affectés à la fois à la navigation et à l'alimentation de la ville, et dont une ampliation demeure ci-jointe, avec mention de son annexe.

Ont arrêté ainsi qu'il suit les clauses et conditions de ce rachat.

Article premier.

M. Alfred Hainguerlot ès-noms et qualités qu'il agit, et Madame veuve Bourdon de Vatry déclarent, par les présentes, renoncer purement et simplement, au profit de la ville de Paris, à partir rétroactivement du premier janvier mil huit cent soixante-seize, au bénéfice des traités des dix-neuf avril mil huit cent dix-huit, dix juillet mil huit cent vingt-quatre et premier février mil huit cent quarante et un sus énoncés, et par suite ils transportent et abandonnent à la ville de Paris, sans aucune exception ni réserve :

Le canal de l'Ourcq, y compris la dérivation du Clignon et de la rivière d'Ourcq, depuis le Port-aux-Perches jusqu'à son embouchure dans la Marne, le canal Saint-Denis et le bassin de La Villette;

Ensemble tous les bâtiments, magasins et maisons éclusières et autres édifiés pour l'exploitation, tout le matériel fixe ou mobile destiné à cette exploitation, les terrains acquis par les concessionnaires et joints par eux à ceux faisant partie de la concession, les plantations d'arbres et les taillis existant sur les canaux et leurs dépendances, les pépinières destinées à l'entretien des plantations et existant sur des terrains dépendant de la concession ou acquis par les concessionnaires ou simplement pris par eux en location, en un mot, tous les droits mobiliers et immobiliers appartenant aux concessionnaires et décrits dans les états A, B, C et D qui demeurent ci annexés après avoir été certifiés véritables par les parties et revêtus d'une mention annexe par les notaires soussignés :

L'état A comprenant les immeubles joints à la concession ;

L'état B comprenant la nomenclature de tous les bâtiments et constructions existant ;

L'état C comprenant tous les objets composant le matériel et le mobilier de l'exploitation ;

Et l'état D comprenant l'indication de toutes les plantations, taillis et pépinières.

Art 2.

L'entrée en jouissance de la ville de Paris aura lieu à compter rétroactivement du premier janvier mil huit cent soixante-seize.

Elle sera constatée par un procès-verbal contradictoire de prise de possession.

Les titres et documents établissant le droit de propriété des cédants seront en même temps remis à la ville de Paris.

Art. 3.

Pour prix de l'abandon de tous les droits des concessionnaires pendant la période restant à courir du premier janvier mil huit cent soixante-seize au premier janvier mil neuf cent vingt-deux sur les canaux, bassins, immeubles et objets mobiliers ci-dessus indiqués, la ville de Paris payera aux concessionnaires *quarante-six annuités de cinq cent quarante mille francs* chacune.

Art. 4.

Chaque annuité sera divisée en deux parties inégales, l'une payable le seize juillet, comprenant un semestre d'intérêts des bons dont il va être parlé ; l'autre payable le seize janvier, comprenant le second semestre d'intérêts et l'amortissement annuel desdits bons, le tout conformément au tableau figurant sur le modèle de bon au porteur qui demeure annexé, après avoir été certifié véritable par les parties et revêtu d'une mention d'annexe par les notaires soussignés.

Les payements seront effectués entre les mains des porteurs des bons de liquidation qui seront créés jusqu'à concurrence du montant de chacune des annuités, le premier desdits payements ayant lieu le seize juillet mil huit cent soixante-seize, et le dernier le seize janvier mil neuf cent vingt-deux.

Ces bons, détachés d'un registre à souche, seront contrôlés par un délégué de M. le Préfet dont le visa, accompagné d'un timbre sec, aura pour but de constater que le total des sommes, pour chacune des échéances, reste dans la limite des montants de l'annuité.

Les coupons d'intérêts qui n'auraient pas été représentés dans les cinq années de leur échéance, seront prescrits par application de l'article 2277 du code civil.

Les bons seront délivrés au moment de l'entrée en jouissance de la ville de Paris.

Art. 5.

Les concessionnaires conserveront pour leur compte la responsabilité de tous les faits de gestion et d'exploitation antérieurs au premier janvier mil huit cent soixante-seize et seront chargés du règlement de toutes les indemnités qui y seraient relatives. Ils arrêteront au trente et un décembre mil huit cent soixante-quinze le compte des produits de cet exercice qui leur appartiendront exclusivement, même ceux dont l'échéance ou le payement aurait lieu postérieurement au premier janvier mil huit cent soixante-seize, étant toutefois bien entendu, que le produit de tous les bateaux arrivant à destination à partir du premier janvier mil huit cent soixante-seize appartiendra à la ville de Paris, quelle que soit la date de l'expédition.

Ils devront justifier qu'ils n'ont pas vendu ou exploité plus de deux mille cinq cents arbres dans le cours de l'année mil huit cent soixante-quinze, ni fait de coupes extraordinaires de taillis, enfin que l'exploitation des arbres s'est faite par parties, suivant l'usage des années précédentes, et conformément aux bonnes règles de l'aménagement.

Ils devront payer toutes les dépenses, de quelque nature qu'elles soient, afférentes à l'exercice mil huit cent soixante-quinze, et remettre à la ville de Paris les ouvrages, immeubles et dépendances en état d'entretien et de fonctionnement régulier.

ART. 6.

A partir du premier janvier mil huit cent soixante-seize, époque de la prise de possession par la ville de Paris, celle-ci devra exécuter aux lieu et place des concessionnaires dans les droits desquels elle se trouvera substituée tant activement que passivement, et ce, à ses risques et périls, tous les baux, traités, marchés et conventions consentis par lesdits concessionnaires dans le cours de leur exploitation, antérieurement à ce jour, le tout de manière que les cédants ne soient jamais inquiétés ni recherchés à ce sujet.

Tous les baux, traités, marchés et conventions sont d'ailleurs énoncés dans un état qui demeure ci-annexé après avoir été certifié véritable par les parties et revêtu d'une mention d'annexe par les notaires soussignés, et les pièces y relatives seront remises à la ville de Paris le jour de la prise de possession.

Les cédants tiendront compte à la ville de Paris, le jour de la prise de possession, de tous loyers d'avance par eux encaissés.

ART. 7.

La ville de Paris aura également la charge, à partir rétroactivement du premier janvier mil huit cent soixante-seize jusqu'au décès des ayants droit, du service des pensions attribuées par les concessionnaires, antérieurement à ce jour, à d'anciens employés des canaux, ou à leurs veuves, et payées dans les dépenses de l'exploitation, suivant l'état qui demeure annexé aux présentes, après avoir été certifié véritable par les parties et revêtu d'une mention d'annexe par les notaires soussignés.

M. Alfred Hainguerlot, ès noms et qualités qu'il agit et Mme de Vatry expliquent par ordre que les pensions faites par les concessionnaires des canaux sont toutes à titre gracieux, car il n'est jamais entré dans les usages de l'exploitation de faire aucune retenue pour cet objet.

Par suite, l'engagement ci-dessus pris au nom de la ville de Paris se trouve donc limité absolument à la somme annuelle de *Dix mille vingt francs*, montant des pensions indiquées en l'état ci-annexé, sauf, bien entendu, l'effet des extinctions, au fur et à mesure des décès des bénéficiaires.

Les sommes devenues disponibles par suite de ces extinctions, pourront être allouées, soit comme pension, soit comme supplément de retraite aux employés actuels de la Compagnie, au moment où ils quitteront le service des canaux, en tenant compte des années antérieures de service sans que, de ce chef, la Ville puisse être tenue d'une somme plus forte.

Art. 8.

Les frais de toute nature occasionnés par les présentes et par les actes qui en seront la conséquence seront supportés par la ville de Paris que M. le Préfet de la Seine y oblige.

Art. 9.

Droit de propriété de la famille Hainguerlot.

M. Alfred Hainguerlot, ès nom et qualités qu'il agit, et Mme Ve de Vatry déclarent que les immeubles, objets et droits quelconques faisant l'objet de la présente cession appartiennent aux cédants d'une manière régulière.

Ils s'obligent solidairement à justifier de ce droit de propriété par un acte qui sera dressé ensuite des présentes, sous quatre mois de ce jour, et à remettre lors de cet acte, à la ville de Paris, tous les titres et pièces en leur possession.

Art. 10.

Election de domicile.

Pour l'exécution des présentes, il est fait élection de domicile, savoir :

Par M. le Préfet de la Seine, au nom de la ville de Paris, au siège de l'Administration municipale ;

Et par M. Alfred Hainguerlot, ès noms et qualités et Mme Bourdon de Vatry, à Paris, passage Laferrière, n° 4.

Dont acte :

Fait et passé à Paris, au palais du Luxembourg pour M. le Préfet de la Seine et M. Alfred Hainguerlot, et en sa demeure sus indiquée pour Mme de Vatry.

L'an mil huit cent soixante-seize.

Le vingt juin.

Et lecture faite tant des présentes que des articles douze et treize de la loi du vingt-trois août mil huit cent soixante et onze, concernant les dissimulations, les parties ont signé avec les notaires.

Signé : Alfred Hainguerlot, P. de Vatry née Hainguerlot, Ferdinand Duval, Segond et Mahot Delaquerantonnais, ces deux derniers notaires.

Suit cette mention.

Enregistré gratis à Paris, deuxième bureau, le vingt-neuf juin mil huit cent soixante-seize. Folio 74, recto, case trois.

Signé : Boyn.

Suit la teneur des annexes :

2° ANNEXES.

Annexe n° 1.

Délibération du Conseil municipal autorisant le Préfet de la Seine à opérer le rachat de la concession.

(*Voir page 57.*)

Annexe n° 2.

Délibération du Conseil municipal approuvant définitivement le projet de traité.

(*Voir page 58.*)

Annexe n° 3.

Arrêté préfectoral approbatif des délibérations du Conseil municipal.

(*Voir page 61.*)

Annexe n° 4.

Acte notarié par lequel : 1° Mᵐᵉ Stéphanie Oudinot de Reggio, veuve de M. Georges Tom Hainguerlot ;
2° M. le baron Édouard Hainguerlot ;
3° M. Charles Arthur Hainguerlot ont constitué pour leur mandataire M. Alfred Hainguerlot.

Annexe n° 5.

Décret d'utilité publique.

(*Voir page 59*).

Annexe n° 6.

ÉTAT A COMPRENANT LES IMMEUBLES JOINTS A LA CONCESSION.

SITUATION	DÉSIGNATION	CONTENANCE	ORIGINE
		h. a. c.	
Paris-la-Villette . .	Maison : quai de l'Oise, 31. . .	» 3 »	Jugᵗ d'adjᵒⁿ du 18 déc. 1847,
Id.	Terrain : quai de la Marne. . .	» » 12	Jugᵗ d'adjᵒⁿ du 7 juin 1845.
Saint-Denis	Moulin de Brise-Echalas	» 5 46	Jugᵗ d'adjᵒⁿ du 7 juin 1845 et vente ville de Sᵗ-Denis des 5 et 26 avril 1854.
Pantin.	Rive droite du canal.	» 7 17	Id.
Id.	La Pissotière.	» 17 09	Acquisition Courrier, 1852.
Id.	La Ferme de Rouvray	» 68 27	Acquisition du 25 fév. 1863.
	A reporter. . .	1 01 11	

SITUATION	DÉSIGNATION	CONTENANCE	ORIGINE
		h. a. c.	
	Report	1 01 11	
Mitry-Mory	Tourbières: plantⁿⁿ et prés 1ⁿⁿ pⁿⁿ	3 92 51	Jugⁿ d'adjⁿ du 7 juin 1845 pour la plus grande partie et div. acqⁿⁿ postérieures.
Id.	— — 2ⁿ —	2 61 72	Id.
Id.	— — 3ⁿ —	1 72 30	Id.
Id.	— — 4ⁿ —	12 42 36	Id.
Id.	— — 5ⁿ —	2 93 36	Id.
Id.	— — 6ⁿ —	2 05 36	Id.
Id.	— — 7ⁿ —	» 92 52	Id.
Id.	— — 8ⁿ —	» 41 80	Id.
Id.	— — 9ⁿ —	» 11 37	Id.
Id.	— — 10ⁿ —	» 14 60	Id.
Id.	— — 11ⁿ —	» 9 06	Id.
Id.	— — 12ⁿ —	» 39 40	Id.
Id.	— — 13ⁿ —	» 60 35	Id.
Id.	— — 14ⁿ —	» 34 98	Id.
Gressy.	Tourbières : plantations et prés.	» 2 91	Id.
Messy	Tourbières : plantations et prés.	1 23 40	Id.
Claye-Souilly . . .	Tourbières: plantⁿⁿ et prés 1ⁿⁿ pⁿⁿ	» 69 »	Id.
Id.	— — 2ⁿ —	» 18 48	Id.
Id.	— — 3ⁿ —	» 40 61	Id.
Id.	— — 4ⁿ —	» 25 74	Id.
Fresnes	Pont de Fresnes	» 18 34	Id.
Id.	Chaussée d'Anet	» 12 85	Id.
Id.	Id.	» 29 32	Id.
Id.	Valaffin	» 21 51	Id.
Charmentray. . . .	Mont-le-Jour.	» 37 74	Id.
Id.	Id.	» 19 90	Id.
Trilbardou.	Aval du pont	» 65 52	Id.
Vignely	Abords du pont	» 18 12	Id.
Id.	Id.	» 3 96	Id.
Id.	Id.	» 1 05	Id.
Villenoy	Aqueducs des Grognards. . . .	» 11 82	Id.
Id.	Les Closseaux	» 11 37	Id.
Id.	Id.	» 24 30	Id.
Id.	La Noue.	» 29 23	Id.
Id.	Les Barricades.	» 36 93	Id.
Id.	Le Déversoir.	» 15 24	Id.
Id.	Au-dessous des barres. . . .	1 26 69	Id.
Meaux.	La Gueule-d'Angoulan	» 58 30	Id.
Id.	Aux abords du pont.	» 2 47	Id.
Id.	Id.	» 6 66	Id.
Id.	Id.	» 6 48	Id.
Id.	La Prairie	1 09 »	Id.
Id.	Derrière Saint-Faron	1 26 30	Id.
Id.	Au-dessous de Sarissage. . .	» 51 90	Id.
Crégy	Aux Epermailles.	1 39 03	Id.
Id.	Sous les Larris.	» 39 13	Id.
Poincy.	Le pont de Poincy.	» 12 70	Id.
Id.	Id.	» 14 25	Id.
Id.	Id.	» 6 70	Id.
	A reporter . . .	43 29 97	

SITUATION	DÉSIGNATION	CONTENANCE	ORIGINE
		h. a. c.	
	Report	43 29 97	
Poincy.	Haut-des-Lampes.	» 7 20	Jug^t d'adj^{on} du 7 Juin 1845.
Id.	Les Quatorze-Arpents	» 10 70	Id.
Id.	Id.	» 20 15	Id.
Id.	Id.	» 21 40	Id.
Id.	Id.	» 34 05	Id.
Id.	Les Trente-Arpents	» 36 05	Id.
Id.	La Routhieuse.	» 61 20	Id.
Id.	Pointe-de-l'Ile	» 51 60	Id.
Id.	Carrière du Chapitre	» 7 90	Id.
Id.	Le pré Boudin.	1 04 85	Id.
Vareddes	Pont de la Voie-Blanche . . .	» 8 24	Id.
Id.	Id.	» 14 54	Id.
Id.	Pont de la Bosse	» 5 40	Id.
Id.	Id.	» 5 30	Id.
Id.	Id.	» 15 80	Id.
Id.	Id.	» 24 50	Id.
Id.	Pont de la Maladrerie	» 28 05	Id.
Id. . . .	Id.	» 10 31	Id.
Id.	Id.	» 6 85	Id.
Id.	Fossés de dessèchement . . .	» 3 55	Id.
Id.	Id.	» 7 59	Id.
Congis.	Rive droite	1 60 75	Id-
Id.	Côte des marais	» 3 65	Id.
Villers-les-Rigault .	Le Clos-des-Vignes	» 7 50	Id.
Id. . . .	Sente du Bac	» 36 60	Id.
Lizy.	La Bouche-d'Ourcq.	1 05 67	Id.
Lizy-Echampeu. . .	Le Pas-d'Ane	1 04 33	Id.
La Culée.	La Culée.	» 7 55	Id.
Neufchelles	Carrières	» 65 05	Id.
Ocquerre	Montagne Saint-Dizier	7 96 09	Id.
Id.	Fossé-Picard	» 7 80	Id.
La Ferté-Milon. . .	Dans l'île	» 5 50	Id.
	TOTAL	61 92 89	

Suit cette mention :

Enregistré gratis à Paris, deuxième bureau, le vingt-neuf juin mil huit cent soixante-seize, f° 74, r°, c. 7.

Signé : BOYN.

Annexe n° 7.

État B comprenant la nomenclature de tous les batiments

et constructions existants.

§ 1er. — Batiments et constructions faisant partie de la concession.

BASSIN DE LA VILLETTE.

RIVE DROITE.

Pavillon de garde n° 1. — Quatre mètres soixante-cinq centimètres sur quatre mètres soixante-dix centimètres, construit en moellons, rez-de-chaussée et premier étage mansardé, couvert en ardoises.

Pavillon de garde n° 3. — Huit mètres sur quatre mètres soixante-dix centimètres, en moellons et briques, rez-de-chaussée et premier étage, couvert en ardoises.

Pavillon de garde n° 5. — En tout semblable au pavillon n° 1.

RIVE GAUCHE.

Pavillon de garde n° 2. — Quatre mètres soixante-cinq centimètres sur quatre mètres soixante-dix centimètres, construit en moellons, rez-de-chaussée et premier étage mansardé.

Pavillon de garde n° 4. — Construction semblable à la précédente.

Maison du pont tournant. — Quinze mètres quarante-cinq centimètres sur cinq mètres quatre-vingt-quinze centimètres, cave, rez-de-chaussée, premier étage, couverture en tuiles.

CANAL SAINT-DENIS.

RIVE DROITE.

Maison éclusière des première et deuxième écluses. — Neuf mètres dix centimètres sur six mètres dix centimètres, en moellons, cave, rez-de-chaussée et premier étage mansardé, couverte en tuiles du pays.

Maison éclusière des troisième et quatrième écluses. — Semblable à la précédente.

Maison de l'aide-éclusier. — Cinq mètres sur six mètres dix centimètres en moellons, rez-de-chaussée et premier étage, couverte en ardoises.

Maison éclusière de la cinquième écluse. — Semblable à la maison des première et deuxième écluses.

Maison du garde chef. — Cette maison est semblable à la précédente.

Bâtiment de la forge. — Douze mètres dix centimètres sur six mètres, construit en moellons et carreaux de plâtre, rez-de-chaussée, couvert en tuiles.

Maison éclusière de la sixième écluse. — Neuf mètres dix centimètres sur six mètres dix centimètres en moellons, cave, rez-de-chaussée et premier étage, couverte en tuiles.

Maison éclusière de la septième écluse. — En tout semblable à celle de la sixième écluse.

Maison éclusière de la huitième écluse. — Maison semblable à celles des première, deuxième, troisième et cinquième écluses.

Maison éclusière des neuvième et dixième écluses. — Semblable à la précédente.

Maison éclusière des onzième et douzième écluses. — Semblable à la maison des première et deuxième écluses.

Maison de l'aide-éclusier. — Cinq mètres cinquante centimètres sur six mètres dix centimètres, construite en moellons hourdés en plâtre, rez-de-chaussée et grenier, couverture en tuiles de Forbach.

Bureaux des éclusiers. — Sept bureaux en maçonnerie, couverts en zinc, deux mètres trente centimètres sur deux mètres.

Bureaux des onzième et douzième écluses. — Semblables à ceux des autres écluses.

CANAL DE L'OURCQ.

Arrondissement de Paris.

RIVE GAUCHE.

Maison du pont de Romainville. — Neuf mètres sur six mètres en moellons hourdés en plâtre, rez-de-chaussée, grenier et cave, couverte en tuiles.

Maison du pont de Bondy. — Neuf mètres vingt centimètres sur six mètres dix centimètres, construite en moellons, cave, rez-de-chaussée, premier et grenier, couverte en tuiles de Forbach.

Maison du pont de la Forêt. — Neuf mètres vingt centimètres sur six mètres dix centimètres en moellons, cave, rez-de-chaussée et grenier mansardé, couverture en tuiles de Bourgogne.

Maison de la gare de Sevran. — Neuf mètres vingt centimètres sur six mètres quinze centimètres en moellons et meulière, rez-de-chaussée, premier étage et grenier, couverte en tuiles de Forbach.

Maison du pont de Mitry. — Neuf mètres sur six mètres en moellons, rez-de-chaussée, premier étage, couverte en tuile de Bourgogne.

Maison du quinzième canton. — Neuf mètres sur six mètres en moellons hourdés en plâtre, rez-de-chaussée et grenier, couverte en tuiles de Bourgogne.

Maison du pont de Claye. — Neuf mètres sur six mètres en moellons hourdés en plâtre, cave, rez-de-chaussée et grenier, couverte en tuiles de Bourgogne.

CANAL DE L'OURCQ.

Arrondissement de Meaux.

Maison de l'écluse de Fresne. — Borne n° 33. — Neuf mètres sur six mètres en moellons, cave, grenier, couverture en tuiles.

Maison du pont-levis de Charmentray. — Bornes n°s 35 et 36. — Neuf mètres sur six mètres en moellons, cave, rez-de-chaussée et grenier.

Maison de Trilbardou, au moulin. — Borne n° 38. — Huit mètres soixante-dix centimètres sur sept mètres en moellons, cave, rez-de-chaussée, premier étage et grenier.

Maison de Vignely. — Bornes n°s 40 et 41. — Neuf mètres sur six mètres en moellons, cave, rez-de-chaussée et grenier, couverte en tuiles.

Maison de Villenoy. — Bornes n°s 47 et 48. — Neuf mètres sur six mètres en moellons, cave, rez-de-chaussée, grenier, couverte en tuiles.

Maison du conducteur à Meaux, faubourg Saint-Remy. — Quinze mètres sur cinq mètres vingt centimètres, rez-de-chaussée, premier étage et grenier.

Maison de l'écluse Saint-Lazare. — Borne n° 55. — Neuf mètres sur six mètres, cave, rez-de-chaussée, grenier, couverture en tuiles.

Maison à Vareddes, aux Carrières. — Bornes n°s 62 et 63. — Douze mètres soixante centimètres, sur huit mètres cinquante centimètres en moellons, cave, rez-de-chaussée, couverte en ardoises.

Maison de l'écluse de Vareddes. — Bornes n°s 64 et 65. — Neuf mètres sur six mètres en moellons, cave, rez-de-chaussée, grenier.

Maison à Congis, au Moulinet Thérouenne. — Neuf mètres sur six mètres, pigeonnier, cinq mètres quatre-vingts centimètres sur quatre mètres cinquante centimètres.

Maison du pont-levis de Congis. — Bornes n°s 70 et 71. — Neuf mètres sur six mètres, même construction que les précédentes.

CANAL DE L'OURCQ.

Arrondissement de Lizy.

Maison à Lizy, au confluent :

Deux grandes travées, rez-de-chaussée, chambre et grenier mansardé, couverture en tuiles.

Baraque à Lizy, au confluent :

Une travée en maçonnerie, couverte en tuiles, servant de bureau de garde.

Maison de la recette, à Lizy :

En maçonnerie, cave, rez-de-chaussée, premier, grenier, maison habitée par l'inspecteur et le sous-contrôleur, et ayant comme dépendance, bûcher, remise, buanderie, archives, écuries, pavillons, plusieurs chambres, etc.

Magasin de Lizy : en maçonnerie, cinq travées, un étage, couverture en tuiles, situé en aval du pont des Canaux.

Maison du pont des Vaches d'Echampeu : rez-de-chaussée, chambre et grenier mansardés, caves, couverture en tuiles.

Maison du pont de Vernelles, commune de May : rez-de-chaussée, chambre et grenier mansardés, cave, couverture en tuiles.

Maison en face le pont de Marnoeu-la-Poterie :

Semblable à la précédente.

Maison du pont de May :

Semblable à la précédente.

Maison du pont de Gesvres, à May :

Semblable à la précédente.

Magasin de Crouy, à Varinfroy.

Maçonnerie, couverture en tuiles.

Maison du pont de Crouy :

En aval du pont de Crouy, deux travées, rez-de-chaussée, chambre et grenier mansardés, cave, couverture en tuiles.

RIVIÈRE D'OURCQ.

RIVE GAUCHE.

Baraque au Bouchi :

En maçonnerie, aire en pierres, couverture en tuiles.

Maison de l'ancienne écluse de Saint-Hubert, à Lizy :

Maçonnerie, rez-de-chaussée, grenier, cave, murs de clôture, étable en pans de bois, couverture en tuiles.

Baraque de l'ancienne écluse du Vieux-Moulin :

Maçonnerie, une travée, aire pavée, couverture en tuiles.

Maison de l'ancienne écluse de Viron, à Ocquerre :

Située à gauche de l'ancienne écluse de Viron.

Maison de l'ancienne écluse de Crouy-Varinfroy :

Maçonnerie, rez-de-chaussée carrelé, grenier, étable en maçonnerie, le tout couvert en tuiles.

Maison de Silly-la-Poterie :

Douze mètres sur six mètres en moellons et plâtre, rez-de-chaussée, premier étage, grenier et cave, couverture en tuiles, appentis de douze mètres sur quatre mètres, couvert en tuiles.

Maison de l'écluse de Mosloy :

Neuf mètres sur six mètres en moellons et plâtre, cave, rez-de-chaussée, grenier, couverture en tuiles.

Baraque de Saint-Waast :

Quatre mètres sur trois mètres en moellons et plâtre, couverture en tuiles.

Maison en face de l'écluse de la Ferté-Milon :

Neuf mètres sur six mètres en moellons et plâtre, rez-de-chaussée et grenier, couverture en tuiles.

Maison du conducteur de la Ferté :

Maçonnerie de moellons et plâtre avec façade en pierres, treize mètres quarante centimètres sur huit mètres soixante-dix centimètres, rez-de-chaussée, premier étage et grenier, couverture en tuiles.

Un autre bâtiment de huit mètres sur trois mètres quatre-vingt-six centimètres, moellons et plâtre, rez-de-chaussée et grenier, couverture en tuiles.

Une remise de même construction avec façade en parpaings de pierre, neuf mètres quatre-vingts centimètres sur trois mètres vingt centimètres, couverture en tuiles.

Un autre bâtiment de même construction, dix mètres sur quatre mètres cinquante centimètres, rez-de-chaussée, premier étage et grenier.

Un autre bâtiment de huit mètres sur cinq mètres cinquante centimètres, rez-de-chaussée, premier étage et grenier, couverture en tuiles.

Communs en maçonnerie de moellons et plâtre, couverture en ardoises, quinze mètres quatre-vingts centimètres sur trois mètres soixante centimètres.

Magasin de la Ferté-Milon :

Dix-sept mètres sur cinq mètres, maçonnerie de parpaings de pierre, rez-de-chaussée et premier étage, couverture en tuiles.

Maison de l'écluse de Marolles :

Seize mètres cinquante centimètres sur cinq mètres quatre-vingts centimètres moellons et plâtre, rez-de-chaussée et grenier, couverture en tuiles.

Maison de l'écluse de Queue-d'Ham :

Comme la précédente, neuf mètres sur six mètres.

Baraque en face de l'écluse de Mareuil :

Deux mètres, établie en planches et charpente de bois blanc.

Maison de l'écluse de Mareuil :

Seize mètres sur cinq mètres cinquante centimètres en moellons et plâtre, rez-de-chaussée formant sous-sol, premier étage mansardé, grenier perdu et couverture en tuiles.

CANAL DE L'OURCQ.

RIVE GAUCHE.

Maison du pont mobile de Mareuil :
Neuf mètres sur six mètres moellons et plâtre, cave, rez-de-chaussée, grenier et couverture en tuiles.
Ancienne maison de Guillouvrey :
Dix-huit mètres sur cinq mètres quatre-vingts centimètres, rez-de-chaussée et grenier, couverture en tuiles dont une partie est effondrée.
Magasin de Neufchelles :
Neuf mètres sur cinq mètres moellons et plâtre, couverture en tuiles.
Maison du pont de Neufchelles :
Même construction que celle du pont mobile de Mareuil.
Maison du pont de Beauval :
Même construction que la maison du pont mobile de Mareuil.
Maison du pont de Varinfroy :
Construction semblable aux précédentes.

DÉRIVATION DU CLIGNON.

COMMUNE DE CROUY.

RIVE GAUCHE.

Maison ayant fait partie du moulin de Grand-Pré. :
Neuf mètres sur huit mètres moellons et plâtre, rez-de-chaussée, premier étage et grenier, couverture en tuiles.
Un autre bâtiment de sept mètres sur sept mètres, en moellons et plâtre, couvert en tuiles.
Toits à porcs et poulailler à la suite, même construction, petits greniers, couverture en tuiles, sept mètres sur trois mètres cinquante centimètres.

---

§ 2. — BATIMENTS ET CONSTRUCTIONS NE FAISANT PAS PARTIE DE LA CONCESSION.

BASSIN DE LA VILLETTE.

RIVE DROITE.

Magasin de M. Fournier :
Maçonnerie de moellons, carreaux de plâtre, couverture en tuiles.

Maison des bureaux des Concessionnaires :

Seize mètres sur cinq mètres cinquante et un centimètres en moellons, cave, rez-de-chaussée, premier et second étages, couverture en tuiles de Forbach, cabinets, couvert en ardoises.

Magasin neuf construit sur les magasins incendiés pendant la Commune :

Trente-sept mètres soixante-dix centimètres sur douze mètres en moellons, briques, cloisons en planches et couverture en tuile de Forbach.

Magasins et bureaux occupés par la Compagnie du Touage :

Magasin N° 3 ;

Magasin N° 5 ;

Quatre-vingt-dix-huit mètres quinze centimètres sur quinze mètres, construit comme le précédent.

Magasin N° 7 :

Quatre-vingt-neuf mètres dix centimètres sur quinze mètres, construit comme le précédent.

Magasin N° 9 :

Murs et palissades. Quatre-vingt-dix-huit mètres sur quinze mètres.

Magasin N° 11 :

Murs et palissades. Trente mètres sur quinze mètres, plus quinze mètres de cloisons en planches servant de séparation.

Barrières de cinq grandes entrées et cinq guérites d'aisances.

RIVE GAUCHE.

Magasin N° 2 :

Quatre-vingt-dix-huit mètres quarante centimètres sur douze mètres quatre-vingt-dix centimètres, construit en bois de charpente, chêne et sapin, couvert en tuiles de Bourgogne.

Magasin N° 10 :

Murs et palissades de trente-six mètres sur quinze mètres.

Barrières de cinq grandes entrées et quatre guérites d'aisances.

GARE CIRCULAIRE.

RIVE GAUCHE.

Maison, quai de l'Oise, N° 31 :

Onze mètres quarante centimètres sur huit mètres quarante centimètres en moellons, cave, rez-de-chaussée, premier étage, couverte partie en ardoises, partie en zinc.

Hangar du bateau-poste :

Trente-deux mètres sur huit mètres quarante centimètres, construit en bois de charpente, couvert en tuiles de Bourgogne, clôture en planches.

CANAL SAINT-DENIS.

Ecurie des relais, près des troisième et quatrième écluses :

Premier bâtiment : En pans de bois, couvert en tuiles, de vingt-quatre mètres trente centimètres sur quatre mètres vingt centimètres.

Un autre bâtiment : En pans de bois, couvert en tuiles, de vingt-quatre mètres trente centimètres sur quatre mètres vingt centimètres.

Un troisième bâtiment : En pans de bois, couvert en tuiles, de six mètres sur sept mètres.

Maison occupée par le sieur Dugnol, marchand de vins :

Un corps de bâtiment de huit mètres quarante centimètres sur six mètres en moellons et pans de bois, couvert en zinc, cave, rez-de-chaussée, premier étage.

Un second corps de bâtiment de trois mètres cinquante centimètres sur trois mètres trente centimètres, construit comme le précédent, mais couvert en tuiles.

BATIMENTS DE LA GARE SAINT-DENIS.

1° — LOUÉS A M. MAGNIEN.

Hangar en moellons, couvert en chaume : Trente-quatre mètres sur vingt et un mètres. Trois autres couverts en tuiles, de chacun : dix-huit mètres vingt centimètres sur cinq mètres ; vingt-cinq mètres sur cinq mètres ; et neuf mètres sur cinq mètres.

Une maison en moellons, couverte en tuiles, neuf mètres vingt-cinq centimètres sur cinq mètres.

Un hangar sans cloison, couvert en planches, de vingt et un mètres sur trois mètres quatre-vingts centimètres.

2° — LOUÉS A M. DUVAL.

Deux hangars sur poteaux, couverts en tuiles ; une écurie en moellons couverte en tuiles,

Et deux maisons avec premier, de chacune onze mètres vingt centimètres sur dix mètres et quatre mètres quarante centimètres sur quatre mètres.

3° — LOUÉS A M. GIRON.

Hangar sur poteaux couvert en ardoises de trente et un mètres cinquante centimètres sur neuf mètres quarante centimètres.

Ecurie couverte en tuiles de vingt mètres sur quatre mètres.

Magasin de la cinquième écluse :

Dix mètres vingt centimètres sur six mètres, couvert en tuiles, maçonnerie et clôture en planches.

Écurie de la cinquième écluse :

Six mètres quarante centimètres sur quatre mètres quatre-vingts centimètres, maçonnerie et planches, couverte en tuiles.

Écurie de la septième écluse :

Sept mètres sur cinq mètres en maçonnerie et couverte en tuiles.

Écurie de la huitième écluse :

Sept mètres sur cinq mètres en maçonnerie et couverte en tuiles.

Écurie près le chemin de fer du Nord :

Huit mètres quarante centimètres sur quatre mètres quatre-vingts centimètres. Bois de charpente et cloisons en planches de sapin, couverture en tuiles de Bourgogne.

Écurie et logement de M. Wyart, à la Briche :

Trente-sept mètres sur sept mètres en moellons hourdés en plâtre, rez-de-chaussée et premier étage, couverture en tuiles de Bourgogne.

Ancienne maison Job, occupée actuellement par le sieur Rivière, aux onzième et douzième écluses :

Quinze mètres soixante centimètres sur neuf mètres vingt-cinq centimètres, construite en moellons hourdés en plâtre et couverture en tuiles.

USINES DU CANAL SAINT-DENIS.

Usine de la sixième écluse :

Bâtiment à un étage en moellons hourdés en plâtre, couvert en zinc ; quatorze mètres quarante centimètres sur six mètres.

Bâtiment en moellons couvert en tuiles, trente-trois mètres cinquante centimètres sur quatorze mètres quarante centimètres.

Bâtiment, cloisons, charpentes et planches. Vingt mètres sur cinq mètres quatre-vingts centimètres.

Usine de la cinquième écluse :

Bâtiment à un étage en moellons, couverture en tuiles. Douze mètres cinquante centimètres sur seize mètres :

Hangar couvert en zinc : Vingt-huit mètres vingt centimètres sur douze mètres cinquante centimètres.

Usine de la septième écluse :

Bâtiment : Rez-de-chaussée en moellons hourdés en plâtre, couverture en tuiles : trente mètres trente centimètres sur douze mètres vingt centimètres.

Moulin de Brise-Echalas :

1° Une maison en moellons couverte en tuiles, cave, rez-de-chaussée, premier étage et deuxième étage mansardé. Seize mètres trente centimètres sur six mètres quinze centimètres ;

2° Usine en moellons : couverture en tuiles, cave, rez-de-chaussée, premier et deuxième étages : onze mètres soixante centimètres sur huit mètres soixante centimètres ;

3° Hangar en charpente : avec cloison, moellons et cloisons, planche, rez-de-chaussée et grenier ; couverture en zinc. Quinze mètres vingt centimètres sur treize mètres vingt centimètres ;

4° Autre hangar de huit mètres soixante centimètres sur six mètres quinze centimètres, construit sur poteaux et couvert en papier bitumé ;

5° Ecurie de huit mètres soixante-cinq centimètres sur quatre mètres quarante centimètres en moellons hourdés en plâtre, rez-de-chaussée et grenier, couverture en zinc.

CANAL DE L'OURCQ.

ARRONDISSEMENT DE PARIS.

RIVE GAUCHE.

Maison du pont de Pantin :
Onze mètres sur cinq mètres trente centimètres, en meulière et moellons hourdés en mortier de chaux et plâtre ; cave, rez-de-chaussée, premier et grenier, couverture en tuiles de Forbach.

Maison du pont de la Forêt :
Vingt et un mètres sur quatre mètres en pans de bois hourdés en plâtras et en plâtre, rez-de-chaussée et grenier, couverture en tuiles de Bourgogne.

Hangar de Sevran :
Cinq mètres sur trois mètres en moellons et couvert en planches de sapin.

Magasin du pont de la Rosée :
Huit mètres sur cinq mètres cinquante centimètres, en moellons hourdés en plâtre, rez-de-chaussée, couvert en tuiles de Bourgogne.

CANAL DE L'OURCQ.

ARRONDISSEMENT DE MEAUX.

RIVE GAUCHE.

Hangar bornes 30 et 31, à Fresnes :
Supporté par quatre poteaux en chêne, à jour de tous côtés, couvert en tuiles.

Ancienne écurie de Fresnes, borne 33 :

En pans de bois hourdés en plâtre, couverte en tuiles : vingt et un mètres cinquante centimètres sur quatre mètres vingt-cinq centimètres.

Magasin de Trilbardou :

Onze mètres trente centimètres sur trois mètres soixante-dix centimètres, murs en lattis et plâtre, couverture en ardoises.

Une grange de six mètres soixante centimètres sur sept mètres en moellons, couverte en tuiles, premier étage.

Une étable : cinq mètres cinquante centimètres sur sept mètres, murs en moellons.

Magasin de Vignely, bornes 40 et 41 :

En pans de bois, hourdés en plâtre, couvert en tuiles : vingt et un mètres cinquante centimètres sur quatre mètres vingt-cinq centimètres.

Hangar de Villenoy, bornes 48 et 49 :

Ancien hangar du bateau-poste servant de magasin pour le matériel.

Magasin de Villenoy, bornes 48 et 49 :

Murs en moellons hourdés en plâtre, couverture en ardoises ;

Première partie : vingt-deux mètres sur douze mètres ;

Deuxième partie : vingt-deux mètres sur douze mètres ;

Troisième partie : vingt-sept mètres sur douze mètres.

Maison à Meaux : anciens bureaux du bateau-poste :

Pans de bois, couverture ardoises : dix mètres sur dix mètres.

Maison des Grandes-Roues, près la borne 62 :

En moellons hourdés en plâtre, couverture en tuiles : vingt mètres sur cinq mètres.

Magasin de Vareddes : en moellons hourdés en plâtre, couverture en tuiles, vingt mètres sur cinq mètres.

CANAL DE L'OURCQ

Arrondissement de Lizy.

Rive gauche.

Maison d'habitation :

Donnant sur la Marne, quatre travées en maçonnerie, couverte en tuiles.

Magasin sur le chemin de Villers à Lizy :

En maçonnerie, trois étages, couverture en tuiles.

Maison d'habitation sur le halage du Canal :

Construite en pans de bois et couverte en tuiles.

Magasin situé sur le halage :

Deux travées avec murs en maçonnerie de briques ;

Sept travées en bois avec soubassement en briques ;

Et trois autres travées avec murs en maçonnerie, couverture en tuiles.

BASSIN DE LA VILLETTE.

RIVE DROITE.

Magasin n° 11 :
Construction en maçonnerie, cloisons et planches. Trois parties : une couverture en ardoises, et deux en papier bitumé (M. Maurice Michel).

RIVE GAUCHE.

Bureaux de M. Paquot :
Couverture en zinc, construction en moellons, dix mètres sur sept mètres.
Bâtiments Moreau :
Première partie, en planches, couverture en zinc : quinze mètres sur trois mètres quatre-vingts centimètres ;
Deuxième partie, planchers, couverture en planches : quinze mètres sur trois mètres cinquante centimètres.
Bureaux de M. Dehaynin :
En moellons hourdés en plâtre, couverture en zinc.
Magasins de M. Godeaux (Duchemin) :
Cinquante-huit mètres sur quinze mètres construits sur poteaux en fer et cloisons en planches, la couverture en tôle galvanisée ;
Bureaux en briques, hourdées en plâtre, couverture en ardoises : huit mètres soixante centimètres sur huit mètres.

CANAL SAINT-DENIS.

RIVE DROITE.

Maison du lavoir, en amont de la neuvième écluse :
Dix mètres quatre-vingts centimètres sur huit mètres quatre-vingts centimètres en moellons hourdés en plâtre ; buanderie de seize mètres cinquante centimètres sur huit mètres quatre-vingts centimètres (M. Jean, propriétaire).
Magasin de M. Wyart :
Vingt-huit mètres sur cinq mètres soixante centimètres. La clôture en planches et tuiles. Maçonnerie et clôture en planches.

Maisons des frères Gallois :

Deux de chacune six mètres sur quatre mètres cinquante-cinq centimètres et six mètres vingt-sept centimètres sur quatre mètres quarante-six centimètres, couvertes en tuiles.

Ancienne maison Richardière, occupée dans ce moment [par le sieur Brunet, en aval de la dixième écluse :

Seize mètres trente centimètres sur neuf mètres, construite en moellons hourdés en plâtre, couverte en tuiles.

Usine des neuvième et dixième écluses :

Cent vingt-neuf mètres vingt-cinq centimètres sur quatorze mètres vingt centimètres en moellons, couverte en tuiles.

CANAL DE L'OURCQ.

ARRONDISSEMENT DE PARIS.

Bâtiment Madoux, en amont du pont de Romainville :
En moellons, couvert en zinc.

Magasin de Mme Vaché :
En moellons hourdés en plâtre, couverture en tuiles : huit mètres sur cinq mètres.

Magasin de M. Gerbeau :
Même construction : treize mètres cinquante centimètres sur neuf mètres.

Magasin de M. Robert de Vay :
Huit mètres cinquante centimètres sur six mètres, même construction.

Magasin Leclaire :
Même construction : huit mètres cinquante centimètres sur six mètres.

Magasin de M. Pachot :
Moellons et couvertures en tuiles : huit mètres cinquante centimètres sur treize mètres.

Bâtiment de M. Pivot, près le pont de Sevran :
Moellons, couverture en tuiles, vingt-neuf mètres cinquante centimètres sur sept mètres soixante-dix centimètres.

. Pont en charpente de M. Bureau :

Dix–huit mètres sur neuf mètres. Hangar sur poteaux, couvert en tuiles, douze mètres sur cinq mètres.

Bâtiment de Mme veuve Fleurimont :

Sur poteaux. Cloisons en bois et plâtras, couvert en zinc, quarante-cinq mètres sur cinq mètres.

Suit cette mention :

Enregistré gratis à Paris, deuxième bureau, le vingt-neuf juin mil-huit cent soixante-seize, f° 74, Recto, Case sept.

Signé : BOYN.

Annexe n° 8.

ÉTAT C COMPRENANT TOUS LES OBJETS COMPOSANT LE MATÉRIEL ET LE

MOBILIER DE L'EXPLOITATION.

1er MATÉRIEL.

BASSIN DE LA VILLETTE.

RIVE DROITE.

En face le magasin n° 1 :

Une grue fixe tournant sur chariot, mécanisme en fer et fonte, arbre et arbalétrier en bois, de la force de mille kilogrammes ;

Une grue tournant sur pivot, mécanisme en fer et fonte, avec arbre et deux arbalétriers, de la force de dix mille kilogrammes.

En face l'entrée du port, entre les magasins n°s 1 et 3 :

Une grue fixe tournant sur chariot, mécanisme en fer et en fonte, arbre et arbalétrier en bois, de la force de mille kilogrammes.

En face le magasin n° 3 :

Une grue tournant sur pivot, mécanisme en fer et en fonte, arbre et deux arbalétriers, de la force de dix mille kilogrammes ;

Quatre grues fixes, tournant sur chariot, mécanisme en fer et fonte, arbre et arbalétrier, de la force de mille kilogrammes.

En face le magasin n° 5 :

Trois grues semblables aux précédentes.

En face de l'entrée du port, entre les magasins n°s 5 et 7 :

Une grue roulante composée du tablier et du mécanisme en fer et en fonte avec arbre en fonte et deux arbalétriers en bois, de la force de mille kilogrammes, voie ferrée.

En face le magasin n° 7 :

Quatre grues fixes en fer et fonte avec arbalétriers en bois, de la force de quinze cents kilogrammes.

RIVE GAUCHE.

Une grue fixe établie en face le magasin n° 2, avec arbre et arbalétrier en fer et fonte, de la force de quinze cents kilogrammes;

Deux grues tournant sur pivot, mécanisme en fer et fonte avec arbre et deux arbalétriers en bois, de la force de deux mille cinq cents kilogrammes;

Une grue fixe tournant sur chariot, mécanisme en fer et fonte, avec arbre et arbalétriers en bois, de la force de mille kilogrammes.

Grues à pierre.

Une grue tournant sur pivot, mécanisme en fer et fonte, arbre et deux arbalétriers en bois, force dix mille kilogrammes;

Une autre grue tournant aussi sur pivot, composée comme la précédente, mais d'une force de vingt mille kilogrammes.

Matériel.

Suit une énumération d'outils et apparaux divers.

CANAL SAINT-DENIS.

Suit une énumération d'outils et apparaux divers.

Matériel des usines.

CINQUIÈME ÉCLUSE.

Une roue hydraulique.

SIXIÈME ÉCLUSE.

Usine Sainte-Marie.

Une roue hydraulique.

Suit une énumération de matériel et outils divers pour broyage de bois.

Moulin à farine.

Roue hydraulique.

Machine à vapeur verticale, de cinq à six chevaux.

Suit une énumération d'outils et d'apparaux divers.

Septième écluse.

Une roue hydraulique.

Huitième écluse.

Néant.

Moulin de Brise-Échalas.

Suit l'indication d'une turbine et de ses accessoires : arbres verticaux, roues d'engrenage, pignon, poulies et courroies.
Une locomobile de six à huit chevaux.

Turbine du Croult.

Une turbine avec maçonnerie.

CANAL DE L'OURCQ.

ARRONDISSEMENT DE PARIS.

Drague.

Une machine à draguer avec ses accessoires.
Suit une énumération d'outils divers.

Service général.

Un bateau-poste pour les tournées municipales.
Deux bachots de cantonnier.
Un margotat.
Trois bachots de cantonniers.

ARRONDISSEMENT DE MEAUX.

Une forte grue à deux mouvements sur le port Saint-Rémy (Aval).
Suit une énumération de margotats, bachots et outils divers

ARRONDISSEMENT DE LIZY.

Grues.

Grue sur le quai du canal, au confluent.
Une grue hors de service, sur le quai de la Marne.

Service général.

Grue en fonte sur le port de Lizy.
Suit une énumération de margotats et instruments de nivellement.

Magasins.

Suit une énumération de batardeaux, longrines, gouvernails et outils divers.

Magasin de Neufchelles.

Suit une liste d'outils divers.

RIVIÈRE D'OURCQ.

Une grue au Port-aux-Perches, en aval de la borne n° 108, munie de tous ses engrenages et appareils de service.

MAGASIN DE LA FERTÉ-MILON.

Suit une énumération de poutrelles, madriers, planches, échelles, pelles, etc.

GRUES APPARTENANT A DES PARTICULIERS.

BASSIN DE LA VILLETTE.

RIVE GAUCHE.

Une grue roulante à vapeur, appartenant à M. Civet.

Quatre petites grues appartenant à M. Godeaux.

RIVE DROITE.

Une grosse grue, en face le n° 5, à **M.** Jannin.
Une petite grue, en face le n° 11, à **M.** Michel.
Il existe aussi, sur le bassin, deux grues à vapeur montées sur bateaux et appartenant à MM. Jannin et Godeaux.

CANAL SAINT-DENIS.

RIVE GAUCHE.

Une grue appartenant à MM. Maze et Voisine.
Une grue à moufles, à M. Claparède.

§ II. — MOBILIER.

Suit l'énumération du mobilier existant dans les divers bureaux de la Compagnie des Canaux, à Paris, Meaux, Lizy et la Ferté-Milon.

Annexe N° 9.

État **D** comprenant l'indication de toutes les plantations, taillis et pépinières.

1° PLANTATIONS DE PEUPLIERS.

Suit l'énumération des peupliers qui existaient au 1er janvier 1876, au nombre de 57,399.

2° TAILLIS.

Suit l'énumération des taillis qui occupaient, au 1er janvier 1876, une surface de. . . . . 101 h. 87 a. 83 c.

3° PÉPINIÈRES LOUÉES.

Suit l'énumération des pépinières louées qui occupaient, au 1er janvier 1876, une surface de . . . . 2 h. 39 a. 01 c.

Annexe N° 10.

TABLEAU DU PAIEMENT DES INTÉRÊTS ET DE L'AMORTISSEMENT DES
DIX-NEUF MILLE TROIS CENT-DIX BONS DE LIQUIDATION

ANNUITÉS	ÉCHÉANCES		INTÉRÊTS		NOMBRE DE Bons amortis
1	16 juillet................	1876	211,375 fr.	»	
	16 janvier................	1877	241,375	»	114
2	16 juillet................	1877	239,950	»	
	16 janvier................	1878	239,950	»	120
3	16 juillet................	1878	238,450	»	
	16 janvier................	1879	238,450	»	126
4	16 juillet................	1879	236,875	»	
	16 janvier................	1880	236,875	»	133
5	16 juillet................	1880	235,242	50	
	16 janvier................	1881	235,242	50	139
6	16 juillet................	1881	233,475	»	
	16 janvier................	1882	233,475	»	146
7	16 juillet................	1882	231,650	»	
	16 janvier................	1883	231,650	»	154
8	16 juillet................	1883	229,725	»	
	16 janvier................	1884	229,725	»	161
9	16 juillet................	1884	227,712	50	
	16 janvier................	1885	227,712	50	169
10	16 juillet................	1885	225,600	»	
	16 janvier................	1886	225,600	»	177
11	16 juillet................	1886	223,387	50	
	16 janvier................	1887	223,387	50	187
12	16 juillet................	1887	221,050	»	
	16 janvier................	1888	221,050	»	196
13	16 juillet................	1888	218,600	»	
	16 janvier................	1889	218,600	»	205
14	16 juillet................	1889	216,037	50	
	16 janvier................	1890	216,037	50	216
15	16 juillet................	1890	213,337	50	
	16 janvier................	1891	213,337	50	227
16	16 juillet................	1891	210,500	»	
	16 janvier................	1892	210,500	»	238
17	16 juillet................	1892	207,525	»	
	16 janvier................	1893	207,525	»	250
18	16 juillet................	1893	204,400	»	
	16 janvier................	1894	204,400	»	262
19	16 juillet................	1894	201,125	»	
	16 janvier................	1895	201,125	»	276
20	16 juillet................	1895	197,675	»	
	16 janvier................	1896	197,675	»	289
21	16 juillet................	1896	194,062	50	
	16 janvier................	1897	194,062	50	304
22	16 juillet................	1897	190,262	50	
	16 janvier................	1898	190,262	50	319
23	16 juillet................	1898	186,275	»	
	16 janvier................	1899	186,275	»	334
24	16 juillet................	1899	182,100	»	
	16 janvier................	1900	182,100	»	352
25	16 juillet................	1900	177,700	»	
	16 janvier................	1901	177,700	»	369
26	16 juillet................	1901	173,087	50	
	16 janvier................	1902	173,087	50	388
27	16 juillet................	1902	168,237	50	
	16 janvier................	1903	168,237	50	407
	A reporter....................				6,238

ANNUITÉS	ÉCHÉANCES		INTÉRÊTS		NOMBRE DE Bons amortis
	Report..........................				6,258
28	16 juillet..............	1903	163,150 fr.	»	
	16 janvier.............	1904	163,150	»	427
29	16 juillet.................	1904	157,812	50	
	16 janvier.	1905	157,812	50	449
30	16 juillet............,.....	1905	152,200	»	
	16 janvier.................	1906	152,200	»	471
31	16 juillet.................	1906	146,312	50	
	16 janvier.................	1907	146,311	50	495
32	16 juillet.., ...	1907	140,125	»	
	16 janvier...	1908	140,125	»	520
33	16 juillet............. ...	1908	133,625	»	
	16 janvier.................	1909	133,625	»	545
34	16 juillet............ .	1909	126,812	50	
	16 janvie.................	1910	126,812	50	573
35	16 juillet..........	1910	119,630	»	
	16 janvier.................	1911	119.650	»	604
36	16 juillet.................	1911	112,137	50	
	16 janvier............. .	1912	112,137	50	632
37	16 juillet.......... ...	1912	104,237	50	
	16 janvier........	1913	104,237	50	663
38	16 juillet.................	1913	95,958	»	
	16 janvier..	1914	95,950	»	696
39	16 juillet...	1914	87,250	»	
	16 janvier.............	1915	87,250	»	731
40	16 juillet.................	1915	78,112	50	
	16 janvier.................	1916	78,112	50	767
41	16 juillet..........	1916	68,525	»	
	16 janvier.............	1917	68,525	»	806
42	16 juill t	1917	58,450	»	
	16 janvier.................	1918	58,450	»	847
43	16 juillet...	1918	47,862	50	
	16 janvier	1919	47,862	50	888
44	16 juillet.................	1919	36,762	50	
	16 janvier.................	1920	36,762	50	933
45	16 juillet, ...	1920	25,100	»	
	16 janvier...	1921	25,100	»	980
46	16 juillet.................	1921	12,850	»	
	16 janvier.................	1922	12,850	»	1,028
	TOTAL..........................				19,310

Suit un modèle des coupons d'intérêt.

Suit cette mention :

Visé pour timbre et enregistré à Paris, deuxième bureau, ce vingt-neuf juin mil huit cent soixante: f° 74, r°, case 7.

Signé : Boyn.

ÉTAT DES BAUX ET LOCATIONS

N°s D'ORDRE	NOMS DES LOCATAIRES	ÉNONCIATION DES BAUX DÉSIGNATION DES IMMEUBLES LOUÉS
		CHAPITRE PREMIER
		BAUX ET LOCATIONS
		I
		Bassin de La Villette.
1	Compagnie des Entrepôts et Magasins généraux de Paris.	1° Bail à la Société Thoré, passé devant M° Foucher, notaire à Paris, le vingt-deux mars mil huit cent trente-sept. 2° Bail à la Société Virey, passé devant M° Foucher, le dix août mil huit cent soixante-deux. 3° Bail à la Société Pleau, passé devant le même notaire, le vingt-huit avril mil huit cent cinquante-six. 4° Sous-Bail à la Compagnie des Entrepôts et Magasins généraux de Paris, par acte passé devant M° Gauthier, notaire à Paris, les quinze et vingt février mil huit cent soixante-cinq. 5° Prorogation de délai, par acte devant le même notaire les vingt et vingt et un mars mil huit cent soixante-cinq. 6° Renonciation à une condition suspensive du sous-bail par acte passé devant le dit M° Gauthier, les trente mai et neuf août mil huit cent soixante-cinq. Les deux baux à la Société Thoré et à la Société Virey, s'appliquent aux deux terrains situés à l'extrémité du bassin de la Villette, près du Pont-Tournant. Le droit au bail appartient actuellement à la Compagnie des Entrepôts et Magasins généraux de Paris.
2	Jules Fournier.	M. Jules Fournier occupe sur le bassin de la Villette, à l'entrée du quai de Seine, un terrain sur lequel il a fait établir des constructions. Il n'existe pas de bail et M. Fournier ne paye pas de loyer. Le terrain occupé par lui est compris entre les terrains de la prise d'eau de la Ville, le chenal et les bureaux de la Compagnie des Canaux.
3	La Compagnie des Canaux.	Maison des bureaux des concessionnaires édifiée sur l'emplacement d'un magasin incendié pendant la Commune.
4	Jules Fournier.	Partie du magasin louée verbalement: deux cent cinquante-deux mètres à quatre francs.
5	La Compagnie du Touage.	Surplus du magasin loué à M. Fournier et magasins loués verbalement. Surface louée : deux mille trois cent vingt-six mètres cinquante centimètres à quatre francs.
6	Jannin.	Magasin loué verbalement suivant l'usage des lieux.
7	La ville de Paris.	Location pour l'administration de l'octroi : quarante-deux mètres trente et un centimètres, quai de Seine et cent cinquante mètres, quai de la Loire, bail sous-seing privé du dix-neuf novembre mil huit cent soixante-neuf, enregistré à Paris, le sept décembre mil huit cent soixante-neuf, folio 71, recto, case 6, au droit de cinq francs soixante-deux centimes.
8	Maurice Michel.	Bail à MM. Phelps, Spire et Cⁱᵉ, aux droits desquels se trouve aujourd'hui M. Maurice Michel, suivant acte devant M° Foucher du vingt-sept février mil huit cent trente-neuf.

11.

AITÉS, MARCHÉS ET CONVENTIONS.

DURÉE DES BAUX ET LOCATIONS	LOYERS ANNUELS	LOYERS PAYÉS D'AVANCE	OBSERVATIONS
Jusqu'à la fin de la con-cession.	20,000 fr. »		
	1,008 fr. »		
	9,005 fr. »		
	8,000 fr. »		
Jusqu'au 31 octobre 1878.	288 fr. 45		
Jusqu'au 15 octobre 1879	2,880 fr. »		

Nᵒˢ D'ORDRE	NOMS DES LOCATAIRES	ÉNONCIATION DES BAUX DÉSIGNATION DES IMMEUBLES LOUÉS
9	Paquot.	Location d'un terrain, bail sous-seing privé trente janvier mil huit cent soixante-huit, enregistré à Paris, le vingt-cinq novembre mil huit cent soixante et onze.
10	Compagnie du touage et transports de la Seine.	Mille vingt mètres terrain à quatre francs. Bail sous-seing privé du dix-huit novembre mil huit cent soixante-trois, enregistré à Paris, le quatre octobre mil huit cent soixante-quatre. Soixante-huit mètres de terrain à quatre francs. Bail sous-seing privé vingt août mil huit cent soixante-quatre, enregistré à Paris, le quatre octobre mil huit cent soixante-quatre.
11	Guissez et Cousin.	Location verbale de terrain rive droite, quatorze cent trente-deux mètres à quatre francs.
12	Maurice Michel.	Location verbale de terrain rive droite, deux cent vingt-huit mètres à quatre francs.
13	Blondiau.	Location verbale de terrain rive droite, deux cent vingt-cinq mètres à quatre francs.
14	Larget et Cⁱᵉ.	Location verbale d'un magasin couvert rive gauche.
15	Larget et Cⁱᵉ.	Location verbale d'un terrain : cinq cent soixante-deux mètres cinquante centimètres à trois francs.
16	Civet.	Location verbale d'un terrain : sept cent vingt-sept mètres cinquante centimètres à trois francs, rive gauche.
17	Cluet.	Location verbale d'un terrain : quatre-vingt-dix mètres à trois francs, rive gauche.
18	Bruneteau.	Location verbale d'un terrain : cent cinquante-cinq mètres à trois francs, rive gauche.
19	Sée.	Location verbale d'un terrain : quatre cent quatre-vingt mètres à trois francs, rive gauche.
20	Dufrasne.	Location verbale d'un terrain, rive gauche : deux cent cinquante mètres à trois francs.
21	Moreau.	Location verbale d'un terrain, rive gauche : deux cent cinquante mètres à trois francs.
22	Dehaynin.	Location verbale d'un terrain, rive gauche : trois cents mètres à trois francs.
22	Chappuis.	Location verbale d'un terrain, rive gauche : huit cent quarante mètres à trois francs.

II

Canal Saint-Denis.

1	Duguiol.	Bail sous-seings privés d'une maison sur le canal et de la pêche du canal Saint-Denis, acte du premier février mil huit cent soixante-dix. Enregistré à Saint-Denis, le vingt janvier mil huit cent soixante-dix, folio 123, verso, case 4, au droit de quatorze francs soixante-quatre centimes.
2	B. Jean.	Location verbale de l'emplacement des bateaux-lavoir : Le premier à la gare carrée à Paris, La Villette ; Le deuxième à Aubervilliers ; Le troisième à Saint-Denis et d'un terrain à Saint-Denis.
3	Magnien et Roulet.	Magasin à la gare Saint-Denis, rive droite : bail sous-seing privé du douze juillet mil huit cent soixante-quatre, enregistré à Paris, le quinze juillet mil huit cent soixante-quatre (treize cent deux mètres quatre-vingt-cinq centimètres).
4	Duval.	Terrain à Saint-Denis, bail sous-seing privé du vingt-quatre février mil huit cent soixante-quinze. Enregistré à Saint-Denis, le vingt-cinq février mil huit cent soixante-quinze, pour six années à partir du premier janvier mil huit cent soixante-quinze.
5	Société Laveissière et fil	Terrain rive gauche, bail passé devant Mᵉ Ragot, notaire à Paris, les deux et trois mai mil huit cent soixante-six (quinze cents mètres à cinquante centimes, sept cent cinquante francs).
6	Rivière.	Location de terrain par bail devant Mᵉ Ragot du vingt-cinq octobre mil huit cent soixante-quatre, au sieur Job, aux droits duquel se trouve le sieur Rivière, superficie : cent soixante-dix huit mètres à deux francs, trois cent cinquante-six francs.

URÉE DES BAUX ET LOCATIONS	LOYERS ANNUELS	LOYERS PAYÉS D'AVANCE	OBSERVATIONS
squ'au 31 décembre	4,207 fr. 50	1,051 fr. 90 3 mois.	547m50 ⎫ 855 » ⎬ 1,402m,50
squ'au 31 décembre	4,080 »	2,380 fr. » 7 mois.	
iatorze ans et un mois er septembre 1864.	272 »	90 fr. 65 4 mois.	
	3,728 »		
	912 »		
	900 »		
	5,880 ►		
	1,687 50		
	2,982 50		
	270 »		
	465 »		
	1,440 »		
	750 »		
	750 »		Location expirée depuis le 1er janvier 1876.
	900 »		
	2,520 »		
, 12, 15 ans du 1er ocre 1869.	1,700 fr. »	850 fr. »	Pêche... 1,100f ⎫ Maison.. 600 ⎬ 1,700f
	4,273 67		946m21 à 0f 01 par mètre et par jour............ .....Fr. 8.273 67 terrain...,.......... .... 1,000 » ───────── 4,273 67
, 6, 9 et 12 années au ix du preneur du 1er llet 1865.	3,600 »	1.800 »	
ans du 1er janvier 1875.	3,500 »	1.750 »	
usqu'au 1er août 1876.	750 »		Prorogé jusqu'au 31 décembre 1886.
lusqu'au 1er janvier 1885.	356 »	178 »	

N^{os} D'ORDRE	NOMS DES LOCATAIRES	ÉNONCIATION DES BAUX — DÉSIGNATION DES IMMEUBLES LOUÉS
7	Allard.	Terrain situé à Saint-Denis, rue du Port, de trois cent quatre-vingts mètres. Bail des dix-neuf mai et neuf juin mil huit cent cinquante-neuf, devant Me Lebel, notaire à Saint-Denis. M. Allard se trouve aujourd'hui au droit de M. Carcbereux en vertu d'un acte passé devant ledit Me Lebel, les vingt-huit octobre et huit novembre mil huit cent soixante-trois.
8	Maze et Voisine.	Location de trois terrains sur la commune de Saint-Denis, lieu dit les Caves. Bail reçu par Me Hocquet, notaire à Paris, les vingt-quatre et vingt-sept décembre mil huit cent soixante-quinze.
9	Wyart.	Location verbale, partie de l'écurie de la deuxième écluse.
10	Leroy.	Location verbale, berge au septième bief, rive droite.
11	Joly.	Location verbale, petit terrain rive droite, septième bief.
12	Haeck.	Location verbale, du terrain rive droite, quatrième bief en aval de la sixième écluse.
13	Richardière.	Location verbale, terrain rive gauche, aval de la onzième écluse.
14	Lespadin.	Location verbale, terrain rive droite, amont de la huitième écluse.
15	Leclaire.	Location verbale, terrain rive droite, amont de la huitième écluse.
16	Simon.	Location verbale, terrain rive droite, amont de la huitième écluse.
17	Moreau.	Location verbale, terrain rive droite, entre la septième et la huitième écluse.
18	Claparède et Petit Didier.	Location verbale d'un terrain situé près la Briche.

III

Usines du canal Saint-Denis.

N^{os} D'ORDRE	NOMS DES LOCATAIRES	ÉNONCIATION DES BAUX — DÉSIGNATION DES IMMEUBLES LOUÉS
1	Ville de Paris.	Location des chutes des première, deuxième, troisième et quatrième écluses du canal Saint-Denis et d'un terre-plein rive gauche, des première et deuxième écluses, bail du onze juin mil huit cent cinquante-huit prorogé d'abord pour vingt ans à partir du premier janvier mil huit cent soixante-huit, puis jusqu'à la fin de la concession suivant acte reçu par M^e..................
2	Vacquerel.	Location verbale d'un terrain de cent soixante et onze mètres soixante centimètres à un franc, tenant à l'usine des première et deuxième écluses.
3	Gauthier Bouchard.	Bail de la cinquième écluse, suivant acte devant Me Ragot, du vingt quatre juin mil huit cent cinquante-quatre.
4	Bayle Sainte-Marie.	Partie de la sixième écluse et petit terrain, bail passé devant Me Pinguet, notaire à Paris, le treize novembre mil huit cent soixante-six.
5	Hibruit et Pasquet.	Surplus de la sixième écluse, bail devant Me Trousselles, notaire à Paris, le trente et un juillet, mil huit cent soixante-treize.
6	Lemesle (Lagogué)	Septième écluse, acte sous signature privée, du vingt-quatre novembre mil huit cent soixante-quatre; enregistré le vingt-quatre janvier mil huit cent soixante-douze, folio 112, recto, case 1re.
7	Gauthier Bouchard.	Location verbale de terrain, rive droite.
8	Gauthier Bouchard.	Location verbale de terrain, rive droite.
9	Roussel frères.	Usines des neuvième et dixième écluses. Bail du deux mars mil huit cent soixante, devant ledit Me Ragot, bail additionnel du vingt-trois juin mil huit cent soixante-trois devant le même notaire, conventions verbales pour la prolongation jusqu'à la fin de la concession promise à MM Roussel frères et résiliation du bail pour ce qui concerne les chutes d'eau.
10	Roussel frères.	Un terrain à Saint-Denis, location verbale.
11	Baveret.	Moulin de Brise-Echalas, location verbale.

DURÉE DES BAUX ET LOCATIONS	LOYERS ANNUELS	LOYERS PAYÉS D'AVANCE	OBSERVATIONS
Jusqu'au 1er juin 1884.	450 fr. »	225 fr. »	
Jusqu'au 31 décembre 1886.	300 »		2,941f sur les trois premières années.
	150 »		3,171 les années suivantes.
	100 »		Location expirée comprise au n° 18, ci-après.
	27 »		
	»		
	51 58		
	10 12		
	81 25		
	20 »		
	» »		
20 ans.	15,500 fr. »		
	171 60		
Jusqu'au 1er janvier 1877.	6,875 »		
Jusqu'au 1er octobre 1876.	3,200 »	1,600 fr. »	
Jusqu'au 1er janvier 1877.	2,500 »	1,250 »	
Jusqu'au 1er janvier 1877.	8,000 »	[4,000 »	
	350 »		
	500 »		
Jusqu'à la fin de la concession.	5,000 »		Le prix peut être abaissé à 1,000 fr. par an si les concessionnaires reprenaient les chutes d'eau.
	300 »		
	6,600 »		

Nos D'ORDRE	NOMS DES LOCATAIRES	ÉNONCIATION DES BAUX DÉSIGNATION DES IMMEUBLES LOUÉS
		IV **Canal de l'Ourcq.** § 1er. ARRONDISSEMENT DE PARIS.
1	Jollin.	Location verbale de terrain à Bobigny, cent vingt mètres à cinquante centimes.
2	Gelhaye.	Location verbale d'un terrain à Bondy, cent quarante mètres à dix centimes.
3	Etienne.	Location verbale d'un terrain à Bondy, cent cinquante mètres à dix centimes.
4	Pivot.	Location verbale d'un terrain à Sevran, deux mille neuf cent quatre-vingt-quatorze mètres à dix centimes.
5	Vacher.	Location verbale d'un terrain à Sevran, trois cent quinze mètres à dix centimes.
6	Leclaire.	Location verbale d'un terrain à Sevran, treize cent quatre-vingts mètres à dix centimes.
7	Robert de Vay.	Location verbale d'un terrain à Sevran, cinquante mètres à forfait.
8	Pachot.	Location verbale d'un terrain à Sevran, cinquante mètres à forfait.
9	Pachot.	Location verbale d'un terrain à Villeparisis, deux cent trente mètres à dix centimes.
10	Bureau.	Location verbale d'un terrain à Vaujours, onze cent soixante mètres à dix centimes.
11	Parquin.	Location verbale d'un terrain à Villeparisis.
12	Maurouard.	Location verbale d'un terrain à Sevran, deux cents mètres à dix centimes.
13	Fleurimont.	Location verbale d'un terrain à Villeparisis, deux mille six cent dix-huit mètres à dix centimes.
14	Didiot.	Location verbale d'un terrain à Claye, cent soixante-treize mètres à vingt-cinq centimes.
15	Gerbeau.	Location verbale d'un terrain à Sevran.
16	Pachot.	Location verbale d'un terrain à Sevran, six cent soixante dix-sept mètres à dix centimes.
17	Lobbé.	Location verbale d'un terrain à Claye, quatre cent quatre-vingt-seize mètres à vingt-cinq centimes.
18	Madoux.	Location verbale d'un terrain à Romainville, neuf cent soixante-deux mètres.
19	Rouzé.	Location verbale de terrains à Romainville, deux cent cinquante mètres rive droite, et cent cinquante mètres rive gauche, ensemble quatre cents mètres à cinquante centimes.
20	Meunier.	Culture. Location verbale d'un terrain à Pantin.
21	Levaux.	Culture. Location verbale d'un terrain à Pantin.
22	Lelong Désiré.	Bail de la pêche du bassin de la Villette et d'une partie du canal de l'Ourcq, bail des vingt-deux février, quinze et vingt-trois mars mil huit cent cinquante-neuf devant ledit Me Ragot.
22 bis	Bachmann.	Bail d'une maison au pont de Pantin, suivant acte devant le même notaire.
23	Pépin Le Halleur.	Location verbale de chasse sur le canal de l'Ourcq depuis le pont de Mitry jusqu'au pont de Villepinte. (Pêche). Location verbale.
24	Noise.	(Pêche). Bail par procès-verbal devant Me Ragot, du quatorze mai mil huit cent soixante-six, aujourd'hui expiré; se continue par location verbale.
25	Blaise.	Location de pêche. Bail du 18 avril mil huit cent soixante-sept, suivant procès-verbal dressé par ledit Me Ragot.
25 bis	Kaisser.	Location de pêche. Bail du dix-huit avril mil huit cent soixante-sept, suivant procès-verbal dressé par le dit Me Ragot.
26	Reinhard.t	Location de pêche et chasse : deux baux du douze juin mil huit cent soixante-dix devant Me Bariget, notaire à Claye.

DURÉE DES BAUX ET LOCATIONS	LOYERS ANNUELS	LOYERS PAYÉS D'AVANCE	OBSERVATIONS
	60 fr »		
	14 »		
	15 »		
	299 40		
	31 50		
	138 »		
	117 50		
	28 »		
	23 »		
	116 »		Ne paye pas de loyer : 349,160ᶠ. Situation à régulariser après examen.
	» »		
	20 »		
	261 »		
	47 85		
	148 90		
	67 70		
	124 »		
	150 »		
	200 »		
	20 »		
	50 »		
Jusqu'au 15 mai 1878.	800 »		
Jusqu'au 15 juillet 1878.	600 »		
	5 »		
	205 »		
	410 »	205 fr. »	
Jusqu'au 15 mai 1876.	310 »	155 »	
Jusqu'au 15 mai 1876.	310 »	155 »	
3, 6 ou 9 ans du 1ᵉʳ juillet 1870.	550 »	125 »	Pêche : 250ᶠ ; chasse : 300ᶠ

N°s D'ORDRE	NOMS DES LOCATAIRES	ÉNONCIATION DES BAUX DÉSIGNATION DES IMMEUBLES LOUÉS
27	Brevet.	Location de chasse. Bail sous seing privé du vingt-neuf août mil huit cent soixante-sept, enregistré à Paris le quatorze décembre mil huit cent soixante et onze, folio 82, recto, case 3.
28	Rouzé.	Location verbale du droit d'extraire de la glace du canal.
29	Chamouin.	Location d'un terrain à Villepinte. Bail sous seing privé du vingt juillet mil huit cent soixante-huit, enregistré le quatorze novembre mil huit cent soixante et onze.

§ 2.

ARRONDISSEMENT DE MEAUX.

1	Mauny.	Location de terrain et de chute d'eau de Saint-Lazare, le sieur Mauny. Bail des treize, dix-huit août mil huit cent quarante-quatre, devant Me Foucher, fait à Bertin et prorogé au profit de Mauny par acte des vingt et vingt-neuf octobre mil huit cent cinquante-neuf, devant Me Foucher, avec promesse verbale de prorogation de quinze ans.
2	Laurent.	Location de terrain et de la chute d'eau de Vignely. Bail des dix-neuf et vingt-sept juin mil huit cent soixante, devant Me Foucher, notaire à Paris, à M. Lenormand, aujourd'hui M. Laurent, bail devant Me Lemonnier, notaire à Meaux, du premier mars mil huit cent soixante-neuf.
3	Courtier.	Location de terrain à Charmentray. Bail du vingt et un janvier mil huit cent trente et un, devant Me Leroy, notaire à Meaux.
4	Courtier.	Location de terrain à Charmentray. Bail du dix février mil huit cent soixante-quatre, devant Me de la Brunière, notaire à Meaux.
5	Cadien.	Location d'un terrain à Charmentray. Bail sous-seings privés du quinze mars mil huit cent soixante enregistré à Meaux le dix-sept novembre mil huit cent soixante. F° 41, recto, cases 7 à 9.
6	Fournier.	Location de terrain à Meaux, actes des dix-neuf et vingt-un décembre mil huit cent soixante-cinq, devant Me Ragot.
7	Fournier.	Location verbale de magasin au pont Saint-Remy, suivant l'usage des lieux.
8	Fournier.	Location verbale de magasin à Vareddes.
9	Fournier.	Écurie de Fresnes. Location verbale.
10	Berger.	Terrain à Charmentray. Location verbale.
11	de Loynes.	Zone. Terrain à Villenoy. Location verbale.
12	Fournier.	Zone. Terrain à Villenoy. Location verbale.
13	Douché.	Zone. Terrain à Poincy. Location verbale.
14	Guichard.	Location de pêche et chasse à Meaux. Bail du dix mai mil huit cent soixante-douze, devant Me Caron, notaire à Meaux.
15	Prévost.	Location de pêche et chasse à Trilbardou. Bail du vingt-deux septembre mil huit cent soixante-douze, devant Me Caron.
16	de Loynes.	Location de pêche et de chasse à Villenoy. Bail du treize août mil huit cent soixante-douze, devant Me Caron.
17	Bordet (Dalleux).	Location de pêche et de chasse à Meaux. Bail du douze décembre mil huit cent soixante-quinze, devant Me Caron.
18	Andry.	Location de pêche et de chasse à Meaux. Bail sous-seing privé du cinq juillet mil huit cent soixante-quinze, enregistré à Meaux le même jour. Folio 3e, Re, Ce 3.
19	Guichard.	Location de pêche et de chasse à Meaux. Bail du huit février mil huit cent soixante-treize, devant Me Caron.
20	Michon.	Location de pêche et de chasse à Trilbardou. Bail du vingt-quatre avril mil huit cent soixante-quinze, devant Me Caron.
21	Vasse.	Location de pêche et de chasse au Gué à Tresmes. Bail du six octobre mil huit cent soixante-treize, devant Me Caron.
22	Andry (Charles).	Location de pêche et de chasse à Meaux. Bail du huit septembre mil huit cent soixante-quatorze, devant Me Caron.
23	Escudier.	Location de pêche et de chasse à Villenoy. Location verbale.
24	Guichard aîné.	Location de pêche et de chasse à Villenoy. Bail du deux avril mil huit cent soixante-treize, devant Me Caron.

DURÉE DES BAUX ET LOCATIONS	LOYERS ANNUELS	LOYERS PAYÉS D'AVANCE	OBSERVATIONS
3, 6 ou 9 ans du 1er septembre 1867.	125 fr. »	125 fr. »	
3, 6, 9 ans, du 1er déc. 1868.	325 »		
3, 6 ou 9 ans du 1er janvier 1868.	45 »	45 »	
	1,400 »		
	1,400 »		
	56 »		
	50 »		
	20 »		
	50 »		
	1,500 »		
	100 »		
	200 »		
	20 »		
	30 »		
	12 50		
	30 »		
	1,100 »	550 »	
	450 »		
	100 »		
	100 »	25 »	
	75 »	37 50	
	240 »	120 »	
	50 »	25 »	
	100 »	50 »	
	50 »	25 »	
	125 »		
	250 »	125 »	

Nᵒˢ D'ORDRE	NOMS DES LOCATAIRES	ÉNONCIATION DES BAUX DÉSIGNATION DES IMMEUBLES LOUÉS
25	Debarle.	Location de pêche et de chasse à Congis. Bail du vingt-deux novembre mil huit cent soixante-quinze, devant Mᵉ Pécriaux, notaire à Crouy-sur-Ourcq.
26	Pellard.	Location de pêche et de chasse à Claye. Bail du vingt-huit avri mil huit cent soixante-treize, devant Mᵉ Caron, notaire à Meaux.
27	Richard.	A Meaux, Pêche et Chasse. Bail sous seing privé du quinze dé-cembre mil huit cent soixante-quatorze, enregistré à Meaux, le vingt du même mois. Folio 184, Verso, Case 4.
28	Emmery.	A Monthion. Location d'un terrain à Meaux, pour l'établissemen d'un hangar. Bail sous seing privé du dix novembre mil huit cen soixante-quatorze, enregistré à Meaux, le vingt-six novembre mi huit cent soixante-quatorze, folio 33, Recto, Case 3.

§ 3.

ARRONDISSEMENT DE LIZY.

Nᵒˢ D'ORDRE	NOMS DES LOCATAIRES	ÉNONCIATION DES BAUX DÉSIGNATION DES IMMEUBLES LOUÉS
1	Pruneau.	Location de pêche. Bail du quatorze septembre mil huit cen soixante-treize, devant Mᵉ Pécriaux, notaire à Crouy-sur-Ourcq.
2	Ancel	Location de pêche. Bail du quatorze septembre mil huit cen soixante-treize, devant le même notaire.
3	Delacroix.	Location de pêche. Bail du quatorze septembre mil huit cen soixante-treize, devant Mᵉ Pécriaux, notaire à Crouy-sur-Ourcq.
4	Marienval.	Location de pêche. Bail des sept et dix octobre mil huit cen soixante-treize, devant ledit Mᵉ Pécriaux.
5	Onry.	Location de pêche. Bail du vingt et un avril mil huit cen soixante-quatorze, devant le même notaire.
6	Goulas.	Location de pêche. Bail des premier, trois, onze et vingt-si: août mil huit cent soixante-treize, devant ledit Mᵉ Pécriaux.
7	Happert (Hyacinthe).	Location de pêche. Bail du premier a ût mil huit cent soixante quinze, devant Mᵉ Pécriaux, notaire à Crouy-sur-Ourcq.
8	Manger (Paul).	Location de pêche. Bail du dix-neuf mars mil huit cent soixante quinze, devant Mᵉ Pécriaux.
9	Mesnard (Isaac).	Location de pêche. Bail du premier août mil huit cent soixante quinze, devant ledit Mᵉ Pécriaux.
10	Veuve Laire.	Location de pêche. Bail du vingt septembre mil huit cent soixante douze, devant Mᵉ Benoist, notaire à Lizy-sur-Ourcq.
12	Jacquemin.	Location de pêche. Bail du dix février mil huit cent soixante quatorze, devant Mᵉ Pécriaux.
13	Gillot.	Terrain en amont du pont mobile de Mareuil sur la rive droite Bail du seize mars mil huit cent cinquante-deux, par acte devar Mᵉ Duvignet, notaire à Crouy, prorogé pour quatorze ans à partir du premier janvier mil huit cent soixante-sept suivant con ventions verbales.
14	Gillot.	Terrain en amont du pont mobile de Mareuil, rive droite. Ba des vingt-sept et trente mai mil huit cent cinquante-trois, devar Mᵉ Duvignet, prorogé pour quatorze ans à partir du premier jan vier mil huit cent soixante-sept, suivant conventions verbales.
15	Marienval.	Terrain en amont du pont de Neufchelles, rive droite, locatio faite suivant bail du premier juin mil huit cent soixante, devar Mᵉ Duvignet, continué par location verbale.
16	Marienval.	Terrain à l'aqueduc de Neufchelles, acte du treize mars mil hu cent cinquante-cinq, devant ledit Mᵉ Duvignet, continué par location verbale.
17	Marienval.	Maison et jardin du pont de Neufchelles, y compris le terrain la téral, acte des trente et un juillet et vingt et un octobre mil hu cent soixante-un, devant Mᵉ Duvignet, continué par location verbale
18	Hec Parfait.	Location verbale de la maison et du pont de Beuval.
19	Vendevyver.	Location verbale de la maison et du jardin du pont de Marnou
20	Lecas.	Location verbale du jardin et de la maison du pont de Vernelle
21	Corbin.	Location verbale d'une gare en face de l'ancienne sucrerie Lizy rive droite.
22	Corbin.	Location verbale d'un terrain en face de l'ancienne sucrerie Lizy, rive gauche.

DURÉE DES BAUX ET LOCATIONS	LOYERS ANNUELS	LOYERS PAYÉS D'AVANCE	OBSERVATIONS
	100 fr. »	75 fr. »	
	150 »	75 »	
	100 »	50 »	
	100 »	50 »	
3, 6, 9, du 1er juillet 1873.	50 fr. »	25 fr. »	de la borne 96 à 95
3, 6, 9, du 1er octobre 1873,	50 »	25 »	— — 95 à 94
3, 6, 9, du 1er octobre 1873.	50 »	25 »	— — 92 à 91
3, 6, 9, du 1er octobre 1873.	50 »	25 »	— — 91 à 90
3, 6, 9, du 21 avril 1874.	80 »		— — 90 à 89
3, 6, 9, du 1er août 1873.	250 »	125 »	— — 89 à 84
3, 6, 9, du 1er janvier 76.	150 »	110 »	— — 84 à 82
3, 6, 9, du 1er février 1875.	50 »	25 »	— — 82 à 81 (81 à 80 pas loué)
3, 6, 9, du 1er août 1875.	60 »	» »	de la borne 80 à 79 (79 à 77 pas loué)
3, 6, 9, du 1er octobre 72.	100 »	50 »	de la borne 77 à 76 (76 à 75 pas loué)
3, 6, 9, du 1er janvier 74.	150 »	75 »	
14 ans lu 1er janvier 1867.	40 »	»	
14 ans lu 1er janvier 1867.	45 »		
14 ans lu 1er janvier 1860.	10 »		
14 ans lu 1er janvier 1855.	10 »		
6, 9 ans du 1er juill. 1861.	100 »		
3, 6, 9 ans du 1er juill. 1861.	50 »		
3, 6, 9, du 1er octobre 1862.	75 »		
6, 9, du 1er septem. 1865.	80 »		
0 ans jusqu'au 1er nombre 1875.	255 »		
9 ans jusqu'au 1er nombre 1875.	150 »		

N°ˢ D'ORDRE	NOMS DES LOCATAIRES	ÉNONCIATION DES BAUX DÉSIGNATION DES IMMEUBLES LOUÉS
23	Chevallier.	Location verbale d'un terrain à la carrière d'Ocquerre.
24	Bourgeois.	Location verbale à Lizy de douze cent cinquante-quatre mètres de terrain, rive droite, en face du magasin de Lizy.
25	Laire (Henri).	Location verbale de chasse dans la carrière d'Ocquerre.
26	Manoury.	Location verbale d'un terrain à Lizy, sur la rive droite , en face de la nouvelle sucrerie.

§ 4.

RIVIÈRE D'OURCQ

1	Posset.	Location de pêche par bail du vingt mai mil huit cent soixante-neuf, devant Mᵉ Aubry, notaire à La Ferté-Milon.
2	Duez.	Location de pêche par bail des quatre et dix-neuf avril mil huit cent soixante-neuf, devant Mᵉ Aubry.
3	Seyrig.	Location de pêche par bail des quatre et dix-neuf avril mil huit cent soixante-neuf, devant ledit Mᵉ Aubry.
4	Cerré.	Location verbale de la maison du garde au Port-aux-Perches.
5	Duez.	Location verbale d'une grue au Port-aux-Perches.
6	Wallon.	Location d'un terrain en amont de la borne 101 sur la rive droite.
7	Marienval.	Location de pêche suivant bail en date des quatorze, vingt-cinq et vingt-six août mil huit cent soixante-quatre, devant Mᵉ Duvignet, notaire à Crouy-sur-Ourcq. Le bail est expiré mais il continue par location verbale.
8	Onry.	Location de pêche suivant bail du vingt et un avril mil huit cent soixante-quatorze, devant Mᵉ Pécriaux, notaire à Crouy-sur-Ourcq.
9	Prévost.	Location de pêche suivant bail du quatorze mars mil huit cent soixante-quinze, devant Mᵉ Pécriaux.
10	Deligny.	Location de pêche suivant bail du vingt-deux février mil huit cent soixante-treize, devant Mᵉ Caron, notaire à Meaux.
11	Michon.	Location verbale de pêche.
12	Corbin.	Location verbale de pêche suivant bail du dix-sept juin mil huit cent soixante-quatre, devant Mᵉ Benoist, notaire à Lizy.
13	Oudin.	Location de pêche suivant bail en date du huit septembre mil huit cent soixante-treize, devant Mᵉ Benoist.
14	Boutteville.	Location verbale de chasse.
15	Mᵐᵉ la marquise d'Eragues.	Location jusqu'à la fin de la concession de la maison du parc de Lizy et ses dépendances. Trois hectares quarante-trois ares cinquante-cinq centiares, suivant acte du huit juin mil huit cent cinquante-cinq, devant Mᵉ Benoist.
16	Mᵐᵉ la marquise d'Eragues.	Location suivant bail sous signature privée du vingt-trois juillet mil huit cent soixante-sept, enregistré à Lizy, le trente du même mois, de l'ancien moulin à huile et ses dépendances pendant toute la durée de la concession.

CHAPITRE II

TRAITÉS ET MARCHÉS

1	Autier.	Marché verbal relativement au curage des canaux de l'Ourcq et de Saint-Denis et du bassin de La Villette, spécifiant que la drague à vapeur est confiée au sieur Autier à charge d'entretien ; les curages se font à prix convenu.
2	Wyart.	Marché verbal pour le relayage des bateaux depuis la Briche jusqu'au pont tournant de La Villette.
3	Sautou.	Marché verbal passé avec M. Sautou pour le relayage par un toueur, des bateaux entrés au bassin de La Villette.

DURÉE DES BAUX ET LOCATIONS	LOYERS ANNUELS	LOYERS PAYÉS D'AVANCE	OBSERVATIONS
3 6, 9 ans du 1er jan. 1875.	100 fr. » 313 50 15 » 60 »	15 fr. »	
9 ans du 1er juillet 1869.	150 fr. »	150 fr. »	
Jusqu'au 30 juin 1878.	150 »	150 »	
Jusqu'au 30 juin 1878.	115 » 50 » 200 »	115 » » »	
15 ans du 1er janvier 1863.	10 »	»	
3, 6, 9, du 1er janvier 1865.	75 »		
3, 6, 9, du 21 avril 1874.	250 »	125 »	
3, 6, 9, du 1er avril 1875.	110 »	55 »	
3, 6, 9, du 1er janvier 1873.	130 »	65 »	
3, 6, 9, du 1er août 1875.	100 »		
3, 6, 9, du 1er janvier 1865.	160 »	»	
3, 6, 9, du 1er janvier 1874.	100 »	50 »	
3, 6, 9, du 1er janvier 1875.	20 »		
Fin de la concession.	300 »		
Fin de la concession.	200 »	100 »	
»	»	»	
Jusqu'au 15 mars 1876.	»	»	
Jusqu'au 1er janvier 1878.	»	»	Prix du marché, 1 cent. 3/4 par tonne.

N°ˢ D'ORDRE	NOMS DES LOCATAIRES	ÉNONCIATION DES BAUX DÉSIGNATION DES IMMEUBLES LOUÉS
4	Divers.	Accords avec divers pour le transport de bois provenant de la forêt de Villers-Cotterets ; la remise à faire aux traitants, par suite de ces accords, incombe à la ville de Paris pour tous les bois transportés depuis le premier janvier mil huit cent soixante-seize.

CHAPITRE III

ACTES POUR TOLÉRANCE D'OUVERTURE OU DE VUES SUR LES CANAUX, ETC.

I

Bassin de La Villette.

1	Lelong.	Convention passée les vingt et vingt-huit mars mil huit cent soixante-cinq, par acte devant Mᵉ Ragot, notaire à Paris, autorisant M. Lelong d'avoir par tolérance révocable un bureau mobile près du pont de la rue de l'Ourcq, moyennant une redevance de cinq francs par an.

II

[Canal Saint-Denis.]

1	Vendredy.	Convention passée le trente juin mil huit cent soixante-neuf, par acte devant Mᵉ Poussié, notaire à Aubervilliers, pour jours et issues par tolérance révocable.
2	Wamain.	Convention passée le trente juin mil huit cent soixante-neuf, par acte devant Mᵉ Poussié, pour jours et issues par tolérance révocable.
3	Lachaise.	Convention passée le seize juillet, par acte devant Mᵉ Poussié du seize juillet mil huit cent soixante-huit, pour jours et issues par tolérance révocable.
4	Sauvaget.	Convention passée les six et sept mai mil huit cent soixante-sept, par acte devant Mᵉ Ragot, pour jours et issues par tolérance révocable.
5	Danré et ses fils.	Convention passée, les vingt-deux et vingt-huit cent soixante-cinq, par acte devant Mᵉ Ragot, pour jours et issues par tolérance révocable.
6	Barloy.	Convention passée les dix-neuf et vingt-quatre février mil huit cent cinquante-neuf par acte devant Mᵉ Ragot, pour jours et issues et constructions faites sur les dépendances du canal près du pont de Flandre.
7	Mertens.	Conventions verbales pour jours et issues par tolérance révocable.
8	Troüet.	Convention passée le dix-sept février mil huit cent soixante-quatre, par acte devant Mᵉ Ragot, pour jours et issues par tolérance révocable.
9	Toussaint.	Conventions verbales pour jours et issues par tolérance révocable.

III

Canal de l'Ourcq

§ 1ᵉʳ.

ARRONDISSEMENT DE PARIS

1	Veuve Helwing.	Convention passée le neuf février mil huit cent soixante-trois, par acte devant Mᵉ Ragot, notaire à Paris, pour jours de souffrance et

DURÉE DES BAUX ET LOCATIONS	LOYERS ANNUELS	LOYERS PAYÉS D'AVANCE	OBSERVATIONS
	5 fr. »		
	1 fr. »		
	1 »		
	1 »		
	5 »		
	5 »		
	22 »		A refusé de payer depuis le classement du quai de la Charente.
	5 »		
	5 »		
	20 »		

N^{os} D'ORDRE	NOMS DES LOCATAIRES	ÉNONCIATION DES BAUX DÉSIGNATION DES IMMEUBLES LOUÉS
		déversement d'eau sur sa propriété du canal, par tolérance révocable.
2	Uhlemann.	Convention passée le seize février mil huit cent soixante-quatre par acte devant Me Ragot, pour jours et issues par tolérance révocable.
3	Blancheteau.	Convention passée le quatre juin mil huit cent soixante-quatre, par acte devant Me Ragot, pour jours et issues par tolérance revocable.
4	Demars.	Convention passée le seize juillet mil huit cent soixante-huit, par acte devant Me Poussié, pour jours et issues par tolérance révocable.
5	Guelhaye et Estienne.	Convention passée le seize juillet mil huit cent soixante-huit, par acte devant Me Ragot, pour jours et issues par tolérance révocable.
6	Camus.	Convention verbale pour jours et issues par tolérance révocable.
7	Bayeux et Cabouret.	Convention verbale pour jours et issues par tolérance révocable.
		§ 2.
		ARRONDISSEMENT DE MEAUX
1	Fournier.	A Meaux, acte passé les vingt-neuf mai et trois juin mil huit cent soixante-quatre, devant Me Courtier, notaire à Meaux, ouverture d'une porte sur le canal par tolérance révocable.
2	Picard.	A Villenoy, par acte du dix-neuf janvier mil huit cent soixante-douze, passé devant Me Caron, notaire à Meaux, pour l'ouverture d'une porte sur le canal par tolérance révocable.
3	Vesseron.	A Villenoy, acte du quinze juillet mil huit cent soixante-six, devant Me Lemonnier, notaire à Meaux, ouverture d'une porte.
4	Hénin.	A Villenoy, acte du quinze juillet mil huit cent soixante-six, passé devant le même notaire, pour ouverture d'une porte.
5	Mlle Lap.	A Villenoy, acte des treize et quinze juillet mil huit cent soixante-six, passé devant le même notaire, pour ouverture d'une porte.
6	Sebron.	A Villenoy, acte du dix-neuf juillet mil huit cent soixante-six, passé devant le même notaire, ouverture d'une porte.
7	Duchemin.	A Villenoy, acte du dix-neuf juillet mil huit cent soixante-six, passé devant le même notaire, pour ouverture d'une porte.
8	Rosereau.	A Villenoy, acte des vingt-quatre et vingt-cinq juillet mil huit cent soixante-six, passé devant le même notaire, pour ouverture d'une porte.
9	Meiseng.	A Villenoy, acte du dix-neuf juillet mil huit cent soixante-six, passé devant le même notaire, pour ouverture d'une porte.
10	Guichard.	A Villenoy, acte du dix-neuf juillet mil huit cent soixante-six, passé devant le même notaire, pour ouverture d'une porte.
11	Cretté.	A Villenoy, acte des vingt-trois et vingt-cinq juillet mil huit cent soixante-six, passé devant Me Lemonnier, notaire à Meaux, pour ouverture de porte.
12	Frémont.	A Villenoy, acte du dix-neuf juillet mil huit cent soixante-six, passé devant le même notaire, pour ouverture d'une porte.
13	Platteau.	A Villenoy, acte du dix-neuf juillet mil huit cent soixante-six, passé devant le même notaire, pour ouverture d'une porte.
14	Bréant.	A Villenoy, acte du dix-neuf juillet mil huit cent soixante-six, passé devant le même notaire, pour ouverture d'une porte.
15	Fortin.	A Villenoy, acte des vingt-deux et vingt-trois juillet mil huit cent soixante-six, passé devant le même notaire, pour ouverture d'une porte.
16	Veuve Caniot.	A Villenoy, acte des vingt et vingt et un août mil huit cent soixante-six, passé devant le même notaire, pour ouverture d'une porte.
17	Dumont fils.	A Villenoy, acte du dix avril mil huit cent soixante-sept, passé devant le même notaire, pour ouverture d'une porte.
18	Gillet.	A Villenoy, acte des six et sept août mil huit cent soixante-sept, passé devant le même notaire, pour ouverture d'une porte.

DURÉE DES BAUX ET LOCATIONS	LOYERS ANNUELS	LOYERS PAYÉS D'AVANCE	OBSERVATIONS
	5 fr. »		
	5 »		
	5 »		
	1 »		
	»	»	Pas de pièce.
	»	»	Pas de pièce.
	»	»	
	1 fr. »	»	
	1 »		
	1 »		
	1 »		
	1 »		
	1 »		
	1 »		
	1 »		
	1 »		
	1 »		
	1 »		
	1 »		
	1 »		
Révocable.	1 »		
Révocable.	1 »		
Révocable.	1 »		
Révocable.	1 »		
Révocable.	1 »		

N^{os} D'ORDRE	NOMS DES LOCATAIRES	ÉNONCIATION DES BAUX — DÉSIGNATION DES IMMEUBLES LOUÉS
19	Maçon.	A Charmentray, acte du huit août mil huit cent soixante-huit, passé devant Me Lemonnier, notaire à Meaux, pour ouverture d'une porte.
20	Plé.	A Charmentray, acte du vingt-six septembre mil huit cent soixante-huit, passé devant le même notaire, pour ouverture d'une porte.
21	Lhermite.	A Charmentray, acte du vingt-six septembre mil huit cent soixante-huit, passé devant ledit Me Lemonnier, pour ouverture d'une porte.
22	Demauvieux.	A Charmentray, acte des neuf et seize octobre mil huit cent soixante-huit, passé devant Me Lemonnier, notaire à Meaux, pour ouverture d'une porte.
23	Bouquet.	A Fresnes, acte du trente décembre mil huit cent soixante-huit, devant Me Lemonnier, pour ouverture d'une porte.
24	de Loynes.	A Villenoy, conventions verbales relatives à la pose de bacs.
25	M. et Mme Cadieu.	A Charmentray, actes des vingt-quatre et vingt-six avril mil huit cent cinquante-trois, devant Me Soyer, notaire à Meaux, pour ouverture d'une porte.
26	Dumont père.	A Villenoy, acte du dix avril mil huit cent soixante-sept, devant Me Lemonnier, pour ouverture d'une porte.
27	Desseigner.	A Villenoy, acte du vingt-neuf avril mil huit cent soixante-huit, devant Me Lemonnier, pour ouverture d'une porte.

§ 3.

ARRONDISSEMENT DE LIZY

1	Gillot.	A Mareuil, acte passé les vingt-sept et trente mai mil huit cent cinquante-trois, devant Me Duvignet, notaire à Crouy-sur-Ourcq. Concession du droit de passage sur le chemin de contre-halage en amont du pont mobile de Mareuil.
1 bis	Marienval.	Acte des onze et treize septembre mil huit cent soixante, devant Me Duvignet, droit d'établir une conduite d'eau.
2	Marienval.	Acte du premier avril mil huit cent cinquante-neuf, devant Me Duvignet, droit d'entrée sur le canal, rive droite, aval de la borne 93.
3	Goujon.	Convention du premier avril mil huit cent cinquante-neuf devant Me Duvignet, droit d'entrée sur le canal, rive droite, aval de la borne 93
4	Verret.	Convention du premier avril mil huit cent cinquante-neuf, devant Me Duvignet, droit d'entrée sur le canal, rive droite, borne 93.
5	Sire, père.	Convention du premier avril mil huit cent cinquante-neuf, devant Me Duvignet, droit d'entrée sur le canal, rive droite, borne 93.
6	Société Henri Corbin et Cie.	Acte des dix et vingt-trois novembre mil huit cent soixante-six, devant Me Benoist, notaire à Lizy, pour cinq ouvertures d'une maison sur le canal à Lizy.

§ 4.

RIVIÈRE D'OURCQ

1	Gatté.	Acte du dix-huit septembre mil huit cent soixante-trois, devant Me Milec, notaire à la Ferté-Milon, autorisation pour la fermeture d'une baie, par une grille à la Ferté-Milon.
2	Fournier.	Acte des vingt-huit juin et quatre juillet mil huit cent soixante-huit, devant Me Lemonnier, autorisation de construire une écurie sur la zone latérale au chemin de halage, rive gauche, en amont de la borne numéro cent quatre, à la Ferté-Milon.

DURÉE DES BAUX ET LOCATIONS	LOYERS ANNUELS.	LOYERS PAYÉS D'AVANCE	OBSERVATIONS
Révocable.	1 fr. »	»	
Révocable.	1 »	»	
Révocable.	1 »	»	
Révocable.	1 »	»	
Révocable.	2 »		
	1 »		
	1 »		
	1 »		
	1 »		
14 ans du 1er janvier 1807.	10 fr. »		
	25 »		
9 ans du 1er avril 1859.	1 »		Il continue à jouir.
9 ans du 1er avril 1859.	1 »		— —
9 ans du 1er avril 1859.	1 »		— —
Fin de la concession.	1 »		
Révocation à la volonté de la Compagnie.	5 »		
Tolérance.	1 »		

Nos D'ORDRE	NOMS DES LOCATAIRES	ÉNONCIATION DES BAUX DÉSIGNATION DES IMMEUBLES LOUÉS
		CHAPITRE IV
		CONVENTIONS ET CONCESSIONS DIVERSES
		I
		Bassin de La Villette
1	Civet.	Autorisation d'établir sur la berge du bassin de La Villette, côté du quai de la Loire, une grue roulante à vapeur; paye un droit de cinq centimes par tonne.
2	Larget.	Établissement d'un hangar; arrêté préfectoral du premier août mil huit cent soixante-huit.
3	Gauvain.	Établissement d'un port au bassin élargi, rive gauche.
4	Drevet.	Établissement d'un port au bassin élargi, rive gauche.
5	Leclaire.	Établissement d'un port au bassin élargi, rive gauche.
6	Le service des Eaux.	Un abonnement d'eau pour les bureaux de la concession.
7	Paris et Cie.	Convention verbale pour l'enlèvement des tonneaux des guérites d'aisance du port, pour trois années qui continuent à raison de six cents francs par an.
8	Paris et Cie.	Abonnement pour le curage des branchements d'égouts.
		II
		Canal de Saint-Denis.
1	Société anonyme des Magasins généraux de Saint-Denis et d'Aubervilliers.	Cession par la Compagnie des canaux à la Société anonyme des Magasins généraux de Saint-Denis et d'Aubervilliers de la concession d'un chemin de fer de raccordement entre le deuxième bief du canal Saint-Denis et la gare de l'Est à Pantin (décret du dix-sept juin mil huit cent soixante-huit).
2	Magasins généraux de Paris.	Concession d'une gare, pont de Flandre, communiquant au canal Saint-Denis et pont sur le quai de la Gironde.
3	Magasins généraux de Saint-Denis.	Concession d'une gare et pont de bateaux, près de la cinquième écluse.
4	Gauthier Bouchard.	Pose d'un tuyau sous le canal pour l'écoulement d'eau dans l'égout militaire (arrêté préfectoral du premier décembre mil huit cent soixante-huit).
5	Lavessière.	Prise d'eau dans le canal à Saint-Denis (cent mètres cubes par heure).
6	La Compagnie de Saint-Gobain.	Établissement d'un mur de quai, rive gauche, à Saint-Denis. Établissement d'un port et d'une voie ferrée en aval de la sixième écluse.
7	Hunebelle frères.	Établissement d'une grue sur la rive droite de la gare carrée.
8	Claparède.	Chèvre établie sur la rive gauche en aval du pont du chemin de fer du Nord.
9	Dorgebray.	Abonnement verbal pour le balayage de la rue du Moulin de Brise-Échalas des abords de la dixième écluse à Saint-Denis.
		III
		Canal de l'Ourcq.
		§ 1er.
		ARRONDISSEMENT DE PARIS
1	Borel et Kohler.	Écoulement d'eau dans la rigole à Pantin.
2	Marchat.	Établissement d'un port de déchargement, près du pont de Compans, rive droite.

DURÉE DES BAUX ET LOCATIONS	LOYERS ANNUELS	LOYERS PAYÉS D'AVANCE	OBSERVATIONS
	»		
	»		
	»		
	»		
	»		
	»		
	»		
	»		
Jusqu'à la fin de la concession.	»		
	»		
	»		
Révocable.	Gratuit.		
	»		
Révocable.	»		
	»		
	»		
	»		
	»		

N°⁸ D'ORDRE	NOMS DES LOCATAIRES	ÉNONCIATION DES BAUX DÉSIGNATION DES IMMEUBLES LOUÉS
3	Salmon.	Établissement d'un pont de déchargement à Claye.
4	Pachot.	Gare d'embarquement à Villeparisis.
5	Schacher, Leteluier et Cⁱᵉ.	Gare d'embarquement dans la forêt de Bondy, à la borne n° 1 (arrêté préfectoral du sept mai mil huit cent soixante-sept).
6	Poudrerie de Sevran.	Pont fixe.
7	Linet.	Port à plâtre, bâtiment et hangar à Bobigny.
8	Gauvain	Port à plâtre, bâtiment et hangar à Bobigny.
9	Vaché.	Port à plâtre, bâtiment et hangar à Sevran.
10	Gerbeau.	Port à plâtre, bâtiment et hangar à Sevran.
11	Robert de Vay.	Port à plâtre, bâtiment et hangar à Sevran.
12	Leclaire.	Port à plâtre, bâtiment et hangar à Sevran.
13	Pachot.	Port à plâtre, bâtiment et hangar à Sevran.
14	Pivot.	Pont, bâtiment et port d'embarquement à Sevran.
15	Bureau.	Pont et port d'embarquement; établissement d'une voie de fer à Vaujours.
16	Fleurimont.	Pont, bâtiment et port d'embarquement à Vaujours.
17	Parquin.	Gare, pont et port à Villeparisis.

§ 2.

ARRONDISSEMENT DE MEAUX

1	Fournier.	A Meaux. Ouverture d'un chenal à Précy.
2	Fournier.	Ouverture d'une gare à l'écluse Saint-Lazare.

§ 3.

ARRONDISSEMENT DE LIZY

1	Compagnie du chemin de fer de Villers-Cotterets au Port-aux-Perches.	Traité, en date du vingt-sept mai mil huit cent trente-cinq, entre la Compagnie des canaux et M. Charpentier. Ce traité a donné lieu à un jugement du Tribunal de Commerce de la Seine, en date du treize février mil huit cent quarante-trois et un arrêt de la Cour, en date du vingt-huit août mil huit cent quarante-trois.
2	Marienval.	Concession d'une conduite d'eau.
3	Manoury.	Pose d'une conduite en fonte sur le pont en amont de Lizy. Acte devant Mᵉ Benoist, du vingt février mil huit cent soixante-quatorze.
4	Manoury.	Construction d'un aqueduc conduisant les eaux au vic de Nancel.

§ 4.

RIVIÈRE D'OURCQ

1	Vᵉ Merlleux.	A Lizy. Prise d'eau dans la rivière. Acte du vingt et un août mil huit cent soixante, devant Mᵉ Duvignet.
2	Meiseng.	Stationnement d'un bateau à laver sur la rivière d'Ourcq à Lizy.
3	La fabrique de l'église Saint-Nicolas, à la Ferté-Milon.	Le trésorier de la fabrique de l'église Saint-Nicolas à la Ferté-Milon, rente annuelle de cinquante-deux francs quarante-neuf centimes.
4	Wallon.	A Marolles, indemnité de chômage du moulin de Marolles, deux cents francs.
5	Dupont, père.	Indemnité de chômage du moulin de Mareuil, trois cents francs.
6	Desplanques.	Indemnité de chômage du moulin de Lizy, cinq cents francs.

DURÉE DES BAUX ET LOCATIONS	LOYERS ANNUELS	LOYERS PAYÉS D'AVANCE.	OBSERVATIONS
Révocable.	» »	»	
	» »	» »	
	» »	» »	
	» »	» »	
	» »	» »	
	» »		
	» »		
	» »		
	» »		
	» »		
	» »		
	» »		
	» »		
	» »	» »	
	5 »	» »	
			Le 22 juin mil huit cent quarante-deux, ce chemin de fer a été adjugé à M. Durand, depuis étant passé entre les mains de la Compagnie du Nord.
Révocable à la première réquisition.	25 fr. »	» »	
	5 »	» »	
	5 »	» »	
	» »	» »	
	50 fr. »	» »	
	» »	» »	
	» »	» »	
	» »	» »	
	» »	» »	

8

Suit cette mention :

Enregistré gratis à Paris, deuxième bureau, le vingt-neuf juin mil huit cent soixante-seize, f° 74, recto, case 7.

Signé : Boyn.

Annexe n° 12.

État des pensions servies par les concessionnaires des canaux de l'Ourcq et de Saint-Denis, à la date du 1er janvier 1876.

Total des pensions. . . . . Fr.   10,020   »

DEUXIÈME PARTIE.

Règlements de navigation et autres.

I. — *Ordonnance du Roi pour les eaux et forêts, du mois d'août 1669.*

(Extrait.)

Louis, etc.....

TITRE XXVII.

ART. 40. — Ne seront tirés terres, sables et autres matériaux, à six toises (11ᵐ,70 c.) près des rivières navigables, à peine de cent livres d'amende.

ART. 41. — Déclarons la propriété de tous les fleuves et rivières portant bateaux, de leur fonds sans artifices et ouvrages de mains, dans notre royaume et terres de notre obéissance, faire partie du domaine de notre couronne, nonobstant tous titres et possessions contraires, sauf les droits de pêche, moulins, bacs et autres usages que les particuliers peuvent y avoir par titres et possessions valables, auxquels ils seront maintenus.

ART. 42. — Nul, soit propriétaire ou engagiste, ne pourra faire moulins, batardeaux, écluses, gords, pertuis, murs, plants d'arbres, amas de pierres, de terres et de fascines, ni autres édifices ou empêchements nuisibles au cours de l'eau dans les fleuves et rivières navigables et flottables, ni même y jeter aucunes ordures, immondices, ou les amasser sur les quais et rivages ; à peine d'amende arbitraire. Enjoignons à toutes personnes de les ôter dans trois mois du jour de la publication des présentes ; et si aucuns se trouvent subsister après ce temps, voulons qu'ils soient incessamment ôtés et levés à la diligence de nos procureurs des maîtrises, aux frais et dépens de ceux qui les auront faits ou causés ; sous peine de cinq cents livres d'amende, tant contre les particuliers que contre le juge et notre procureur qui auront négligé de le faire, et de répondre en leurs privés noms des dommages et intérêts.

ART. 43. — Ceux qui font bâtir des moulins, écluses, vannes, gords et autres édifices dans l'étendue des fleuves et rivières navigables et flottables, sans en avoir obtenu la permission de nous ou de nos prédécesseurs, seront tenus de les démolir, sinon le seront à leurs frais et dépens.

ART. 44. — Défendons à toutes personnes de détourner l'eau des rivières navigables et flottables, ou d'en affaiblir et altérer le cours par tranchées, fossés et canaux ; à peine contre les contrevenants d'être punis comme usurpateurs, et les choses réparées à leurs dépens.

ART. 45. — Réglons et fixons le chômage de chaque moulin qui se

trouvera établi sùr les rivières navigables et flottables, avec droits, titres
et concessions, à quarante sols pour le temps de vingt-quatre heures [1] qui
seront payés aux propriétaires des moulins, ou leurs fermiers et meuniers, par ceux qui causeront le chômage pour leur navigation et flottage; faisant très expresses défenses à toutes personnes d'en exiger davantage, ni de retarder en aucune manière la navigation et le flottage, à peine
de mille livres d'amende, outre les dommages et intérêts, frais et dépens,
qui seront réglés par nos officiers des maîtrises, sans qu'il puisse y être
apporté aucune modération.

TITRE XXVIII.

ART. 7. — Les propriétaires des héritages aboutissants aux rivières
navigables, laisseront le long des bords vingt-quatre pieds au moins
($7^m,80$) de place en largeur pour chemin royal et trait des chevaux, sans
qu'ils puissent planter arbres ni tenir clôture ou haie plus près de trente
pieds ($9^m,75$) du côté que les bateaux se tirent, et dix pieds ($3^m,25$) de
l'autre bord; à peine de cinq cents livres d'amende, confiscation des
arbres, et d'être les contrevenants contraints à réparer et remettre les
chemins en état à leurs frais [2].

———

II. — *Ordonnance de réformation des commissaires des eaux et forêts
du duché de Valois.*

5 février 1672.

(Extrait.)

Nous commissaires susdits, de l'avis du sieur de la Grange, président
au présidial de Crespy, de Raugueil, lieutenant particulier, Mariage, Mutel
et Minet, anciens conseillers audit siége, Lefèvre, conseiller et avocat du
roi au siège présidial de Melun, subdélégué de la réformation des eaux et
forêts de l'Ile de France, et Duchesne, conseiller et avocat du roi au bail-
liage de Sézanne, subdélégué en ladite réformation dudit duché de Valois;
Faisant droit sur le règlement requis et demandes incidentes et respec-
tives des parties;
Avons maintenu et gardé lesdits sieur et dame de Lizy en tous droits
de justice, moulins, étangs et pêcheries sur le rû de Savière, comme aussi
lesdits religieux de Bourgfontaine, en possession des étangs, moulins à
eux appartenant sur ledit rû de Savière, pour en jouir par lesdits sieur
et dame et religieux de Bourgfontaine, ainsi qu'ils faisaient avant l'année
1645, en laquelle ledit rû a été rendu propre à la navigation aux frais et
dépens du roi ou des entrepreneurs et marchands rentiers des bois de

---

[1] Voir la loi du 28 juillet 1824.
[2] Voir l'arrêté du Directoire exécutif en date du 13 nivôse an V (page 15).

Sa Majesté, à charge de laisser ses écluses, portes et portereaux, canaux et chaussées servant à la navigation, quoique bâtis sur leur fonds, en l'état qu'ils sont, dont sera dressé procès-verbal par ledit M⁰ Jean Mariage, notaire, subdélégué, en présence du procureur du roi en la maîtrise des eaux et forêts du duché de Valois, sans les pouvoir démolir ni rien changer, ni innover auxdits portes et portereaux, canaux, écluses et chaussées, à peine d'être tenus de les rétablir à leurs frais et dépens. Ordonnons que, si les marchands adjudicataires des ventes ordinaires ou extraordinaires de ladite forêt de Retz et buissons en dépendant, veuillent ci-après se servir dudit rû pour le transport et vendanges des bois, lesdits religieux de Bourgfontaine leur donneront l'eau de l'étang de Javage en suffisance pour faire descendre les bateaux ainsi qu'il a été ci-devant pratiqué, quatre heures après que lesdits bateaux seront prêts à partir et que les seigneurs de Manereux de Faverolles et Toutgé, laisseront passer les bateaux le long desdits canaux qui ont été faits sur leurs terres et prés, avec toute liberté aux marchands mariniers de s'en servir ensemble, des écluses, des portes et portereaux, sauf leur indemnité, laquelle sera dès lors réglée par les officiers de la maîtrise du Valois, eu égard au temps et aux dommages qu'ils pourront souffrir par la navigation.

Pourront les religieux de la Chartreuse de Bourgfontaine exercer à l'avenir les droits de pêche, et ceux de. . . . .
. . . .
justices moyenne et basse et les amendes en dépendant pour le fait de la pêcherie seulement, la haute justice et les amendes qui en dépendent étant réservées au Roi et à S. A. R., conformément auxdites lettres de concessions gratuites. . . . .
. . . .
et au procès-verbal de réformation de la coutume du Valois du 13 septembre 1539 ; toute la justice en tous autres cas appartenant au surplus à sa Majesté dans l'étendue de la rivière d'Ourcq où lesdits religieux ont le droit, hors le fait de pêche, et même l'inspection indéfinie aux officiers de ladite maîtrise du Valois pour prendre le serment des pêcheurs et les obliger à l'exécution de l'ordonnance du mois d'août 1669, conformément à notre jugement de réformation du 31 janvier 1672.

Jouiront en outre lesdits religieux de Bourgfontaine, des moulins de Trouesne et Marolles, comme ils ont fait auparavant l'année 1630, en laquelle ladite rivière d'Ourcq a été rendue navigable, à charge de fournir l'eau de l'étang de Trouesne en suffisance pour la sortie et commodité des bateaux des ports de Trouesne et du Perche, et encore l'ouverture et liberté du passage audit moulin de Marolles, sauf l'indemnité desdits religieux et de leur fermier et meunier que nous avons fixée et liquidée pour toutes choses à la somme de 300 livres en chacune année.

Avons également maintenu et gardé ledit sieur de Bretonville comme engagiste de la terre et moulins de Marcuil, le seigneur de Gesvres et les seigneurs de la Trousse et de Lizy, en tous droits de justice, moulins et pêcheries, dans l'étendue de leur terre et de la rivière d'Ourcq ; chacun en droit soi pour en jouir comme ils faisaient avant l'année 1630, et pour les dommages et intérêts de leurs moulins, pêcheries, terres, prés et passages des mariniers et bateaux, même pour le marchepied qu'ils doivent fournir et toute autre indemnité sans réserve ; nous avons le tout fixé et liquidé à la somme de 300 livres pour la terre et moulins de Mareuil, 650 livres pour le duché de Gesvres et les dépendances, compris Crouy ; 50 livres pour la terre et moulins de la Trousse et 500 livres pour la terre et moulins de Lizy ;

Toutes les indemnités susdites, y compris celles des religieux de Bourg-fontaine, faisant ensemble la somme de 1,800 livres, laquelle sera payée au jour de Noël en chacune année aux susnommés ou leurs procureurs, receveurs ou fermiers des droits de péage qui se lèveront sur ladite rivière d'Ourcq, à raison de 40 sols par corde de bois partant des ports de Mareuil, 46 sols par corde sortant du port de Nimer, et 50 sols par corde sortant des ports de Trouesne, du Perche et de Silly, et pareille somme pour chacun 100 de bois carré et 3,000 d'échalas et 100 bottes de lattes, et pour les solives, soliveaux et bois carré à proportion de sciage, suivant l'usage et baux ci-devant faits, et 9 livres pour chaque millier de fagots, 3 livres pour chaque muid de blé (mesure de Paris) et 30 livres pour chaque bateau chargé de foin, partant desdits ports et endroits de la rivière, et en outre à la charge pour les marchands de payer les mariniers et gagne-deniers conduisant les bateaux sur la rivière d'Ourcq, tant par le roi que par les entrepreneurs de ladite rivière d'Ourcq.

A la charge par lesdits religieux de Bourgfontaine et seigneurs de Mareuil, Crouy, Gesvres, La Trousse et Lizy, leurs successeurs, receveurs, fermiers et meuniers, de laisser la liberté entière aux mariniers tant du passage en leur moulin que du cours de leurs canaux, écluses, ports et portereaux sur leurs terres et héritages, toutes fois et quand besoin sera, quatre heures au plus tard après l'arrivée de bateaux à la porte de chacun moulin, sans les faire attendre davantage, à peine de privation de toute indemnité et de tous dommages-intérêts et dépens, et sans que, sous aucun prétexte, ils puissent exiger ou recevoir aucun droit des marchands ou mariniers, à peine de 500 livres d'amende et restitution du quadruple pour la première fois, dont lesdits seigneurs et religieux demeureront civilement responsables, et de punition exemplaire contre les fermiers et meuniers en récidive.

A la charge aussi qu'il sera libre aux adjudicataires, entrepreneurs et ouvriers des réparations nécessaires aux levées, ports, écluses et chaussées de ladite rivière d'Ourcq pour y maintenir la navigation, de prendre des terres, sables sur les héritages plus voisins et moins dommageables, sans autre ni plus grande indemnité.

Mais sera faite indemnité raisonnable des héritages que les marchands rentiers pourront occuper pour les traits, voitures, ports, amas et chantiers de bois dont les parties conviendront, sinon par experts qu'elles nommeront respectivement ou qui seront, à leur refus, nommés d'office, et pourront lesdits seigneurs user de ladite navigation pour le transport des vins, foins, grains et autres provisions nécessaires de leurs maisons à Paris, à la réserve du bois, sans payer aucun droit, pourvu qu'ils n'en abusent, même d'avoir bateaux et nacelle sur ladite rivière d'Ourcq pour la commodité de leur pêche et moulins ; faisant défense à toute personne d'y en faire entrer, ni tenir, sans la permission du receveur ou fermier des droits du Roi et de Son Altesse Royale, à peine de 20 livres d'amende et confiscation, demeurant au surplus toute la justice, police, concernant ladite navigation, les droits, péages et ouvrages en dépendant, et les troubles et empêchements qui pourraient arriver même à l'égard des marchands, facteurs, mariniers et leur aide au fait de la navigation sur ladite rivière d'Ourcq, au Roi et aux officiers de Sa Majesté en la maîtrise du Valois, sans préjudice de la haute, moyenne et basse justice des seigneurs de Mareuil, Crouy, Gesvres, La Trousse et Lizy dont ils jouiront ainsi que de la pêche et de leurs droits ordinaires comme ci-devant en tout autre cas, et sans préjudice de la juridiction des prévôts, des marchands et échevins de la ville de Paris, qui pourront exercer par concurrence et prévention avec lesdits officiers de la maîtrise du Valois, pour l'avantage et la liberté du commerce, suivant les arrêts et règlements.

Ordonnons que le présent règlement sera lu au premier jour d'audience de la maîtrise des Eaux et Forêts du duché de Valois, publié et affiché aux places principales et portes des églises de Trouesne, Silly, la Ferté-Milon, Marolles, Mareuil, Crouy, Gesvres, La Trousse et Lizy, à la diligence du procureur du roi, auxdites Eaux et Forêts et exécuté par provision nonobstant opposition ou appellation, et sans préjudice d'icelles.

Fait à Crespy, le cinquième jour de février 1672.

Signé : DE GUÉNÉGAULT et LALLEMAND DE LESTRES.

Délivré par moi, greffier, commis par le roi en ladite réformation.

Signé : HOLLIER, avec paraphe.

III. — *Ordonnance du bureau de la ville de Paris.*

Décembre 1672.

(Extrait.)

CHAPITRE PREMIER.

ARTICLE PREMIER. — Pour faciliter le commerce par les rivières, et le transport des provisions nécessaires à la ville de Paris, défenses sont faites à toutes personnes de détourner l'eau des ruisseaux et des rivières navigables et flottables, affluentes dans la Seine, ou d'en affaiblir ou altérer le cours par tranchées, fossés, canaux, ou autrement : et en cas de contravention, seront les ouvrages détruits réellement et de fait, et les choses réparées incessamment aux frais des contrevenants.

ART. 2. — Ne sera loisible de tirer ou faire tirer terres, sables ou autres matériaux à six toises près du rivage, des rivières navigables, à peine de cent livres d'amende.

ART. 3. — Seront tous propriétaires d'héritages aboutissant aux rivières navigables, tenus de laisser le long des bords vingt-quatre pieds pour le trait des chevaux, sans pouvoir planter arbres, ni tirer clôtures ou haies plus près du bord que de trente pieds, et en cas de contravention, seront les fossés comblés, les arbres arrachés, et les murs démolis aux frais des contrevenants.

ART. 4. — Ne seront pareillement mis ès-rivières de Seine, Marne, Oise, Yonne, Loing, et autres y affluentes, aucuns empêchements aux passages des bateaux et trains de bois montants et avalants; et si aucuns se trouvent, seront incessamment ôtés et démolis, et les contrevenants tenus de tous dépens, dommages et intérêts des marchands et voituriers.

ART. 5. — Enjoint à ceux qui, par concessions bien et dûment obtenues, auront droit d'avoir arches, gords, moulins et pertuis construits sur les rivières, de donner auxdits arches, gords, pertuis et passages, vingt-quatre pieds au moins de largeur; enjoint aussi aux meuniers et aux gardes de pertuis de les tenir ouverts en tout temps; et la barre d'iceux tournée en sorte que le passage soit libre aux voituriers montants et avalants leurs bateaux et trains, lorsqu'il y aura deux pieds d'eau en rivière; et quand les eaux seront plus basses, de faire l'ouverture de leurs pertuis, toutes fois et quantes qu'ils en seront requis; laquelle ouverture ils feront lorsque les bateaux et trains seront proches de leurs dits pertuis, qui ne pourront être refermés ni les aiguilles remises, que lesdits bateaux et trains ne soient passés; et seront lesdits meuniers tenus de laisser couler l'eau en telle quantité que la voiture desdits bateaux et trains puisse être facilement faite d'un pertuis à un autre; défenses auxdits meuniers, gardes desdits pertuis et à leurs garçons, de prendre aucuns deniers ou marchandises des marchands ou voituriers, pour l'ouverture et la fermeture desdits pertuis, à peine du fouet, et de restitution du quadruple de ce qui aura été exigé.

ART. 6. — Lorsqu'il conviendra faire quelques ouvrages aux pertuis, vannes, gords, écluses et moulins sur les rivières de Seine et autres navigables et flottables, et y affluentes, qui pourraient empêcher la navigation et conduite des marchandises nécessaires à la provision de Paris, seront les propriétaires d'iceux tenus d'en faire faire aux paroisses voisines la publication un mois auparavant que de commencer lesdits ouvrages et rétablissements; sera aussi déclaré le temps auquel lesdits ouvrages seront rendus parfaits, et la navigation rétablie; à quoi les propriétaires seront tenus de satisfaire ponctuellement, à peine de demeurer responsables des dommages-intérêts et retards des marchands et voituriers.

ART. 10. — Enjoint aux marchands et voituriers de faire incessamment enlever de la rivière les bateaux étant en fond d'eau, et de faire ôter de la rivière et de dessus les ports et quais, les débris desdits bateaux, et ce à peine d'amende et de confiscation : à cet effet seront lesdits bateaux et débris marqués du marteau de la marchandise, pour être vendus dans la huitaine sans autre formalité de justice, et les deniers en provenant appliqués aux hôpitaux de ladite ville.

IV. — *Arrêt du Conseil d'État du roi.*

24 juin 1777.

(Extrait.)

LOUIS, etc.....

ARTICLE PREMIER. — Les ordonnances rendues sur le fait de la navigation, notamment celles des eaux et forêts de 1669, et du bureau de la ville de Paris de 1672, et tous autres règlements sur cette partie, seront exécutés selon la forme et teneur. Sa Majesté fait, en conséquence, défense à toutes personnes, de quelque qualité et condition qu'elles soient, de faire aucuns moulins, pertuis, vannes, écluses, arches, bouchis, gords ou pêcheries, ni autres constructions ou autres empêchements quelconques, sur ou au long des rivières et canaux navigables, à peine de mille livres d'amende et de démolition desdits ouvrages, etc.

ART. 2. — ....

ART. 3. — Ordonne pareillement Sa Majesté à tous riverains, mariniers ou autres, de faire enlever les pierres, terres ou bois, pieux, débris de bateaux et autres empêchements étant de leur fait ou à leur charge dans le lit desdites rivières ou sur leurs bords, à peine de cinq cents livres d'amende, confiscation desdits matériaux et débris, et d'être en outre contraints au payement des ouvriers qui seront employés auxdits enlèvements et nettoiements; lesquels, après ledit délai passé, pourront être faits en vertu du présent arrêt, par tous voituriers par eau et mariniers.

ART. 4. — Défend Sa Majesté, sous les mêmes peines, à tous riverains et autres, de jeter dans le lit desdites rivières et canaux, ni sur leurs bords, aucuns immondices, pierres, graviers, bois, pailles ou fumiers, ni rien qui puisse en embarrasser et atterrir le lit, ni d'en affaiblir et changer le cours par aucune tranchée ou autrement, ainsi que d'y planter aucuns pieux, mettre rouir des chanvres, comme aussi d'y tirer aucunes pierres, terres, sables et autres matériaux, plus près des bords que de six toises.

ART. 5-6. — ....

ART. 7. — Sa Majesté enjoint à tous maîtres et châbleurs de ponts, pertuis et écluses, leurs aides et préposés, d'être munis de tous les équipages et agrès nécessaires pour faire le service en personne, sans risque ni retards de passer les bateaux suivant l'ordre de leur arrivée, et les coches et diligences par préférence à tous autres.

ART. 8. — Fait, Sa Majesté, très-expresse inhibition et défense à tous voituriers par eau, mariniers, meuniers et compagnons de rivière, de troubler et retarder le service desdits coches et diligences, d'embarrasser les abords des ports et gares qui leur sont affectés, de laisser vaguer les soupentes de leurs traits de bateaux, de garer leurs dits bateaux du côté du halage, et avec les mâts, fourchettes ou gouvernaux dressés, de monter ou descendre lesdits bateaux et trains couplés en doubles dans les ponts, pertuis, goulettes et autres passages étroits, ni de les y emboucher avant que d'avoir été reconnaître s'il n'y a pas de coches ou autres bateaux présentés pour y passer, ainsi que de fermer leurs dits bateaux à l'entrée ou dans lesdits passages étroits, de manière à intercepter ou gêner la navigation, à peine de demeurer responsables de toutes pertes, dépens, dommages et retards, même de punition corporelle, si le cas y échoit.

ART. 9-10. — ....

ART. 11. — Sa Majesté déclare tous les ponts, chaussées, pertuis, digues, hollandages, pieux, balises et autres ouvrages publics qui sont ou seront par la suite construits pour la sûreté et facilité de la navigation et du halage sur et le long des rivières et canaux navigables ou flottables, faire partie des ouvrages royaux, et les prend, en conséquence, sous sa protection et sauvegarde royale ; enjoint Sa Majesté aux maires, syndics et autres officiers municipaux des communautés riveraines de veiller et empêcher que lesdits ouvrages ne soient dégradés, détruits ni enlevés, et ordonne que tous ceux qui feraient ou occasionneraient lesdites dégradations ou destructions seront poursuivis extraordinairement, condamnés en une amende arbitraire et tenus de réparer les choses endommagées.

V. — *Règlements de police pour la navigation sur les rivières d'Ourcq et d'Aisne, et les ports en dépendant, et spécialement pour la rivière d'Ourcq.*

Extraits des registres du greffe de la Maîtrise des Eaux et Forêts du duché de Valois à Villers-Cotterets.

17 février 1784.

Sur ce qui nous a été judiciairement représenté par le procureur du Roi et de S. A. S. Mgr le duc d'Orléans, en ce siège, que nonobstant les dispositions de l'ordonnance des Eaux et Forêts du mois d'août 1669, titre XXVII, et de celle du mois de décembre 1672, les autres ordonnances, arrêts, édits et déclarations intervenues depuis, et spécialement les règlements de ce siège pour le maintien de la police sur les ports de la rivière d'Ourcq et le bien de la navigation ; il se trouve cependant différents objets sur lesquels il n'est encore intervenu aucun règlement, et qui ont occasionné des abus et des désordres qui préjudicient tant à la conservation de ladite rivière, aux prairies qui lui servent de rivage et aux moulins qui sont construits sur son cours, qu'à la navigation et au flottage des bois, ainsi qu'à leur placement dans les différents ports ; que ces abus sont absolument opposés au bon ordre et à la police qui doivent être observés sur les rivières navigables et flottables, ainsi que sur les ports d'icelles ;

Qu'il est instant de remédier à ces abus si préjudiciables au bon ordre et à la sûreté de la navigation et du commerce ; et que pour y parvenir il croit indispensablement nécessaire d'y pourvoir par un règlement qui, en renouvelant les dispositions des anciennes ordonnances et prescrivant des règles certaines pour ce qui n'y a pas été prévu relativement au canal, son lit, ses bords, ses marchepieds, ses gords, ses écluses et ses pertuis, fixât les devoirs et les obligations des gardes, jurés-compteurs des ports, de leurs commis, des marchands de bois, de leurs gardes-ventes, des mariniers, matuchins, bardeurs et autres employés sur les ports et à la navigation, et réglât définitivement tout ce qui peut concerner le canal d'Ourcq ou y avoir quelque rapport. Sur quoi faisant droit, nous ordonnons ce qui suit :

CHAPITRE CONCERNANT LA TENUE DU CANAL.

ARTICLE PREMIER. — Les anciennes ordonnances, et notamment celles des Eaux et Forêts du mois d'août 1669, titre XXVII, du mois de décembre 1672, chap. I et II, et les autres règlements concernant la navigation de la rivière d'Ourcq et le lit de ladite rivière, intervenus depuis, seront exécutés selon leur forme et teneur.

ART. 2. — Faisons défense à tous propriétaires, fermiers, etc., des héritages aboutissants à ladite rivière, de détourner les rûs et ruisseaux descendant dans icelle, ni d'en changer le cours et vidange, à peine de vingt-cinq livres d'amende.

ART. 3. — Faisons aussi défense auxdits propriétaires, fermiers, etc., de rétrécir les levées et banquettes de ladite rivière ; leur ordonnons de laisser, chacun en droit soi, dix-huit pieds au moins pour le marchepied, halage et conservation desdites levées, et de faire abattre et dessoucher, dans la huitaine du jour de la publication du présent règlement, tous les arbres, haies et broussailles, si aucuns sont existants dans ladite largeur, de manière qu'ils ne puissent recroître, à peine de vingt livres d'amende, et disons que faute par eux de ce faire dans ledit temps, et icelui passé, les arbres et les haies seront abattus et dessouchés aux frais des contrevenants, et les bois en provenant confisqués au profit de S. A. S. Mᵍʳ le duc d'Orléans.

ART. 4. — Défendons à toutes personnes de faire tirer des pierres. sables et autres matériaux à six toises près de la rivière.

ART. 5. — Défendons pareillement à toutes personnes de jeter dans le lit de ladite rivière, et le long des bords, aucunes immondices, telles que foins, décombres, terres, fumiers, balayures et pierres, à peine de cinquante livres d'amendes.

ART. 6. — Faisons très expresses inhibitions et défenses de faire rouir aucuns chanvres ni lins dans ladite rivière, d'y planter aucuns pieux ou piquets pour telle cause que ce soit, à peine de vingt livres d'amende et de confiscations desdits chanvres et lins.

ART. 7. — Défendons à tous voituriers par terre de faire boire et abreuver leurs chevaux et bêtes de somme ailleurs que dans les endroits guéables et indiqués à cet effet, afin d'éviter les dégradations des bords de la rivière et les attérissements que causerait l'éboulement des terres, sous peine de dix livres d'amende.

ART. 8. — Défendons pareillement aux meuniers et à toutes autres personnes de mener ou envoyer paître leurs bestiaux sur les levées, en quelque temps que ce soit, ni d'y former des chemins ou passages pour les conduire aux pâtures, à peines de dix livres d'amende.

ART. 9. — Pour éviter tout ce qui peut retarder ou embarrasser la navigation, et causer un engorgement à la rivière, enjoignons à tous propriétaires d'étangs ou ruisseaux adjacents ou affluents à la rivière d'Ourcq, de faire tirer et poser, sur le bord de leurs étangs et ruisseaux, les herbes et roseaux qui proviendront du renuage de leurs dits étangs et canaux, à peine de cinquante livres d'amende.

ART. 10. — Enjoignons pareillement à tous propriétaires qui ont dans leurs héritages des fossés adjacents à ladite rivière, pour l'écoulement des eaux sortantes de leurs dits héritages, de nettoyer et curer lesdits fossés, et d'en enlever les vases sur-le-champ, pour être répandues sur le surplus de leurs héritages, et en outre d'avoir dessus des planches ou madriers pour le passage des mariniers, à peine de cinquante livres d'amende contre les contrevenants.

ART. 11. — Ordonnons que si, par la mauvaise manœuvre des mariniers ou des flotteurs, il survenait quelques dégradations au canal de ladite rivière, il en sera dressé procès-verbal, et que les marchands demeureront responsables desdites dégradations ainsi constatées, et seront tenus de les rétablir à leurs frais, et d'indemniser les riverains ou meuniers qui auraient souffert quelques dommages, à peine de cinquante livres d'amende, et d'être contraints au remboursement des avances qui seront faites pour leur rétablissement.

CHAPITRE CONCERNANT LA POLICE SUR LES PORTS.

ARTICLE PREMIER. — Ne pourront, à l'avenir, tous marchands de bois, gardes-ventes, voituriers et autres, poser et empiler leurs bois et marchandises sur les ports qu'à la distance de dix-huit pieds des bords de la rivière, afin d'éviter l'éboulement des terres, à peine de confiscation des bois et de cinquante livres d'amende pour la première fois, et de plus grosse peine en cas de récidive ; enjoignons aux gardes, jurés-compteurs des ports, à leurs commis, aux gardes généraux et particuliers de tenir la main à l'exécution du présent article, et de dresser leurs procès-verbaux des contraventions qui pourraient y êtres faites, de les affirmer véritables dans les vingt-quatre heures, et de les déposer au greffe.

ART. 2. — Enjoignons aux gardes, jurés-compteurs des ports et à leurs commis de laisser entre les piles de bois, soit de sciage, de charpente ou de chauffage, une distance de deux pieds au moins, à peine de dix-huit livres d'amende, et de rétablir à leurs frais les piles à cette distance.

ART. 3. — Faisons très expresses inhibitions et défenses à tous marchands de bois, gardes-ventes, voituriers, cordeurs, bardeurs, mariniers, matuchins et autres, d'allumer du feu sur les ports dans quelque saison et pour quelque cause que ce puisse être, à peine de cent livres d'amende ; enjoignons aux gardes, jurés-compteurs et à leurs commis et tous autres de tenir la main à l'exécution du présent article, et en cas de contravention, d'en dresser leurs procès-verbaux, de les affirmer véritables dans les vingt-quatre heures et de les déposer au greffe, sinon et à faute de ce faire, disons qu'ils demeureront responsables des dommages que les marchands pourraient souffrir en cas d'incendie, et qu'ils seront, en outre, condamnés à une amende de cent livres.

ART. 4. — Défendons de faire aucuns travaux sur les ports avant sept heures du matin et après cinq heures du soir, à compter du jour de la Toussaint jusqu'au 1er mars, et avant cinq heures du matin et après le coucher du soleil, à compter du 1er mars jusqu'au jour de la Toussaint, et disons que, dans le cas où il y aurait absolue nécessité d'y travailler avant le soleil levé ou après le soleil couché, les jurés-compteurs en seront prévenus et y pourvoieront, à la charge néanmoins par eux d'en rendre compte aux officiers de la maîtrise.

ART. 5. — Ne pourront, les marchands et tous autres, commettre qui que ce soit pour travailler sur les ports, ce travail n'appartenant qu'aux commis, gardes-ports ou gens par eux préposés, à moins que les marchands n'en aient obtenu la permission des officiers de la maîtrise et prévenu les jurés-compteurs, le tout sans préjudicier aux droits de ces derniers.

ART. 6. — Enjoignons aux voituriers par terre de déposer leurs bois et marchandises dans les endroits des ports qui leur seront indiqués par les jurés-compteurs ou leurs commis, à peine, en cas de contravention, de vingt livres d'amende et de supporter les frais qui résulteraient du transport de leurs bois auxdits endroits.

ART. 7. — Seront tenus, les marchands, de faire marquer de leurs marteaux toutes les marchandises qu'ils déposeront sur les ports, même d'y faire vérifier par les gardes-ventes, porteurs de leurs marteaux, si quelques pièces n'auraient point été omises, afin de les marquer sur-le-champ en présence des gardes-ports, sinon et à faute de quoi les jurés-compteurs n'en seront pas responsables.

CHAPITRE CONCERNANT LES FONCTIONS DES JURÉS-COMPTEURS DES PORTS ET DE LEURS COMMIS.

ARTICLE PREMIER. — Les jurés-compteurs des ports feront mesurer et corder les bois sur les ports, au fur et à mesure qu'ils y arriveront ; seront tenus les marchands d'en payer le cordage, ainsi qu'il est d'usage, à raison de deux sols six deniers par corde, et le droit d'arrivage, ainsi qu'il est fixé par l'usage, en conséquence des tarifs, et conformément au règlement de réformation de 1690 et aux autres arrêts et règlements qui en ont déterminé la quotité, notamment l'arrêt du Conseil d'État du roi, du 1er septembre 1705; mais pourront commettre quelqu'un de leur part pour être présent audit cordage, sans préjudicier au droit des jurés-compteurs.

ART. 2. — Les marchands qui auront vendu des bois en donneront aux jurés-compteurs l'avis par écrit, contenant le nom du marchand à qui la vente aura été faite, afin qu'ils puissent les livrer à ceux à qui ils auront été vendus : seront ces derniers tenus de donner aux jurés-compteurs des mandats par écrit, lesquels contiendront la qualité et quantité des marchandises qu'ils feront enlever, afin qu'ils puissent leur en délivrer leurs lettres de voiture, sans lesquels mandats il est expressément défendu aux jurés-compteurs de faire aucune livraison ; défendons aux marchands vendeurs de livrer leurs bois de leur seule autorité, en l'absence des jurés-compteurs et de leurs commis, à peine d'amende, et disons que, dans ce cas, les jurés-compteurs seront déchargés de la garantie.

Art. 3. — Il ne sera enlevé ni chargé aucun bois sur les ports par les mariniers, matuchins, bardeurs ou autres, que les mandats par écrit des marchands n'aient été remis aux jurés-compteurs et sans qu'ils aient ordonné ledit déchargement; défendons auxdits jurés-compteurs et à leurs commis de délivrer aucuns bois sans lesdits mandats.

Art. 4. — Enjoignons aux mariniers de se rendre eux-mêmes chez les jurés-compteurs, pour y prendre leurs lettres de voiture ou d'y envoyer des personnes préposées de leur part, et disons que les jurés-compteurs seront tenus de les leur délivrer sans aucun retard, pourvu que la demande leur en soit faite dans les heures réglées par l'ordonnance, et sans autres frais que ceux des droits d'enlevage fixés par le tarif; et seront à l'avenir les lettres de voitures imprimées et les quantités et espèces de bois remplies et signées par les jurés-compteurs ou leurs commis, dont ils seront garants.

Art. 5. — Lorsqu'il arrivera des reventes ou rétrocessions entre les marchands, le rétrocédant sera tenu d'en donner avis aux jurés-compteurs, de leur dénommer son cessionnaire, de leur détailler les bois qu'il lui aura cédés et de leur désigner les numéros des piles, faute de quoi défendons aux jurés-compteurs de faire la livraison d'aucuns bois.

Art. 6. — Les mariniers ou leurs voituriers qui remonteront la rivière pour venir charger, seront tenus d'en prévenir les jurés-compteurs, de leur exhiber les mandats des marchands dont ils seront porteurs, afin qu'il leur soit fait délivrance des bois mentionnés auxdits mandats, et dans le cas où lesdits mariniers chargeraient et partiraient sans avoir remis lesdits mandats et s'être munis de lettres de voiture, il en sera dressé procès-verbal par les jurés-compteurs qui seront tenus de l'affirmer véritable dans les vingt-quatre heures, et de le déposer au greffe pour être sur icelui fait les poursuites convenables; enjoignons au contrôleur du canal, résidant à Lizy, d'arrêter ceux desdits mariniers qui ne seront pas munis de lettres de voiture et de ne pas les laisser passer, d'en dresser son procès-verbal, de l'affirmer véritable dans les vingt-quatre heures, et de le déposer au greffe pour être sur icelui prononcé telles peines qu'il appartiendra.

Art. 7. — Les mariniers, matuchins ou voituriers seront tenus, lors de l'enlèvement des bois, d'en payer les droits d'enlevage aux jurés-compteurs, lesquels ne seront perçus par celui des ports de la rivière d'Ourcq qu'à raison de moitié du taux auquel ils sont fixés par les tarifs, arrêts et règlements, et conformément aux cahiers des charges des adjudications, desquels droits les jurés-compteurs donneront leurs reçus au bas des lettres de voiture, lesquelles ils seront autorisés à ne pas délivrer, en cas de refus d'acquitter lesdits droits.

ART. 8. — Seront aussi tenus, lesdits mariniers, matuchins ou voituriers, lors de l'enlèvement des bois sur le Port-aux-Perches, dépendant de la rivière d'Ourcq, d'en payer entre les mains du garde et juré-compteur le droit de posage tant sur le port en Isle, formé en 1770, appartenant à Son Altesse Sérénissime, sur une partie du marais de Trouesne, en ligne parallèle au canal de navigation ouvert en 1749, que sur les quarante-quatre pieds de franc-bord du canal, aussi appartenant à Son Altesse Sérénissime du côté du Port-aux-Perches, conformément au cahier des charges des adjudications, desquels droits le juré-compteur donnera son reçu au bas de sa lettre de voiture, laquelle il sera autorisé à ne pas délivrer, en cas de refus d'acquitter lesdits droits.

ART. 9. — Les jurés compteurs des ports, ni leurs commis, ne seront aucunement responsables des bois provenant des ventes étrangères que les marchands feront déposer le long du cours de la rivière et ailleurs que sur les ports ; seront seulement chargés de ceux qui y seraient amenés des ventes de la forêt ; pourront néanmoins constater par des procès-verbaux les désordres qu'ils reconnaîtront relatifs auxdits bois étrangers.

ART. 10. — Seront, les commis des gardes-ports, soumis aux jurés-compteurs des ports et tenus de leur obéir ès-choses qui concernent le service des ports et la navigation, sous peine de révocation ; enjoignons, en cas de désobéissance, aux jurés-compteurs d'en dresser leurs procès-verbaux, de les affirmer véritables dans les vingt-quatre heures, et de les déposer au greffe pour être sur iceux prononcé contre lesdits commis telle peine qu'il appartiendra.

ART. 11. — Dans les cas où les jurés-compteurs ne pourraient dresser leurs procès-verbaux, ils dénonceront au procureur du roi celui des commis qui se trouvera en faute, pour le faire punir juridiquement, ainsi que le cas l'exigera.

ART. 12. — Seront tenus les gardes, jurés-compteurs, de délivrer aux propriétaires des terrains sur lesquels sont les amas et dépôts des bois, leurs certificats détaillés de l'occupation desdits terrains, à l'effet par eux de se faire payer par les marchands du droit de posage qui leur appartient.

CHAPITRE CONCERNANT LA NAVIGATION, LES GARDES-ÉCLUSIERS, CHARPENTIERS, MARINIERS, MATUCHINS, BARDEURS, ETC.

ARTICLE PREMIER. — Défendons à tous mariniers, matuchins et autres de prendre aucuns bois sur les ports, et de les porter dans les auberges ou cabarets, sous prétexte de chauffage, à peine de cinquante livres d'amende ; défendons pareillement aux aubergistes et cabaretiers, d'en laisser entrer chez eux, à peine de semblable amende, pour la première fois, et d'être punis les uns comme voleurs, et les autres comme recéleurs en cas de récidive.

ART. 2. — Enjoignons aux mariniers, matuchins et autres, de se pourvoir de madriers et bois nécessaires pour le chargement de leurs bateaux, ainsi que pour la marche des brouettes servant au transport des bois dans lesdits bateaux ; leur faisons défense d'en prendre dans aucunes piles de bois appartenant à des marchands, qui seraient placées sur les ports, à peine de cinquante livres d'amende pour la première fois, et des dommages-intérêts des marchands, et d'être punis en cas de récidive.

ART. 3. — Faisons très expresses inhibitions et défenses à tous mariniers, matuchins et autres employés au service de la navigation, de s'immiscer, d'ouvrir dans aucun cas, soit de force, soit avec des outils, soit autrement, les portes et vannes des écluses, déchargeoirs, gords ou pertuis, d'en forcer les serrures ou fermetures, soit en montant, soit en descendant dans le canal, sous peine de deux cents livres d'amende pour la première fois, et de punition exemplaire en cas de récidive ; leur défendons aussi d'injurier ou de méfaire les gardes–éclusiers et autres employés sur la rivière d'Ourcq, à peine aussi de punition exemplaire.

ART. 4. — Défendons très expressément aux gardes–éclusiers, charpentiers et autres ouvriers ayant les clés des vannes ou portes des écluses, déchargeoirs, gords ou pertuis, de se dessaisir pour telle cause et sous tel prétexte que ce puisse être, desdites clés, ni de les confier de jour ou de nuit à aucun des mariniers ou matuchins, sous peine de cinquante livres d'amende pour la première fois, et de destitution en cas de récidive; leur enjoignons de faire par eux-mêmes l'ouverture desdites écluses, déchargeoirs, gords et pertuis, aux heures prescrites par les ordonnances, c'est-à-dire depuis sept heures du matin jusqu'à cinq heures du soir, à compter du jour de la Toussaint jusqu'au premier mars, et depuis cinq heures du matin jusqu'au coucher du soleil, à compter du premier mars jusqu'au jour de la Toussaint, si ce n'est pour des cas urgents et des évènements imprévus dont ils seront obligés de rendre compte aux officiers de la maitrise.

ART. 5. — Défendons pareillement auxdits mariniers, matuchins et autres, de s'emparer, soit par adresse, surprise ou autrement, desdites clés, et d'en déposséder le garde-éclusier, sous les mêmes peines de cinquante livres d'amende pour la première fois, et de bannissement des rivières pour la seconde.

ART. 6. — Pourront les mariniers, matuchins et autres, aller sur la rivière et conduire leurs bateaux chargés de marchandises aux jours fériés et non fériés, à l'exception des quatre fêtes solennelles de Noël, Pâques, la Pentecôte et la Toussaint.

ART. 7. — Ordonnons à tous mariniers et matuchins conduisant leurs bateaux, de marcher à la file les uns des autres, soit en montant, soit en descendant, et de s'arranger, lorsqu'ils voudront garer de l'autre côté du rivage, et dans un des endroits de la rivière assez large, sans pouvoir doubler en quelque lieu que ce soit, hors dans les écluses, pour que le passage soit toujours libre à ceux qui vont à la rencontre, à peine contre les contrevenants de quinze livres d'amende.

ART. 8. — Les voituriers et conducteurs des bateaux montants, venant à rencontrer en pleine rivière des bateaux avalants, seront tenus de se retirer vers terre, pour laisser passer les avalants, à peine de demeurer responsables des dommages qui pourraient en arriver.

ART. 9. — Faisons défense aux mariniers, voituriers et matuchins, de barrer ni embarrasser le canal avec leurs bateaux, et de jeter l'eau d'iceux sur les levées, à peine de dix livres d'amende.

ART. 10. — Ordonnons que tous les bateaux chargés de telles marchandises que ce soit, qui se trouveront en concurrence avec les bateaux vides, tant en montant qu'en descendant, auront la préférence pour le passage qui leur sera laissé libre par les mariniers qui auront des bateaux vides, et que ces derniers seront tenus de se garer en les apercevant, de l'un des côtés du rivage, et dans un des endroits de la rivière assez large, sous peine contre les contrevenants de vingt livres d'amende.

ART. 11. — Disons que les bateaux qui seront chargés de bled, d'avoine, de foin et de poisson, auront la préférence pour le passage, et que pour le leur laisser libre, les mariniers seront tenus de se garer, comme il est dit ci-dessus, sans que, sous tel prétexte que ce soit, ils puissent retarder la marche desdits bateaux, à peine contre les contrevenants de toutes pertes, dépens, dommages et intérêts, et de trente livres d'amende.

ART. 12. — Enjoignons aux mariniers, voituriers et matuchins de battre les pieux et poinseaux de leurs bateaux, sur les revers des levées, lorsqu'ils voudront garer ou amarrer leurs bateaux, soit qu'ils soient vides ou chargés dans le jour, ou pendant leur repos, de façon que lesdites levées ne puissent être endommagées ; leur ordonnons de payer, à l'arrivée de leurs bateaux à la porte Saint-Hubert, au receveur y établi, les droits de navigation, et disons que faute de ce faire, ils resteront à ladite porte jusqu'à ce qu'ils y aient satisfait, et qu'ils seront tenus de se garer pendant ce temps, à l'effet de laisser le passage libre aux autres bateaux descendants, le tout à peine, en cas de contravention, de vingt livres d'amende.

ART. 13. — Ordonnons que les meuniers seront tenus, conformément au règlement de réformation de 1672, de laisser la liberté entière aux mariniers, tant du passage en leurs moulins, que du cours de l'eau, des canaux, écluses, portes et portereaux, sur leurs prés, terres et héritages, toutes fois et quand besoin sera, à peine de privation des indemnités fixées par ledit règlement, de toutes pertes, dommages et intérêts, et sans qu'il puisse être exigé aucune chose, à peine de cinq cents livres d'amende, de restitution du quadruple, et de punition exemplaire, en cas de récidive, contre lesdits meuniers ou fermiers.

ART. 14. — Faisons défense auxdits meuniers de mettre des hausses au-dessus de leurs vannages pour entretenir l'eau devant leurs portes, de faire refluer en aucun cas les eaux au-dessus du pont ordinaire, et de mettre leurs vannes à fond, lorsqu'elles auront été levées pour la navigation ou pour éviter les dommages que les grandes eaux pourraient causer aux ouvrages, sans au préalable en avoir été avertis, et leur enjoignons de les lever à la première réquisition qui leur en sera faite par les gardes-éclusiers ou autres employés sur le canal, à peine de cinq cents livres d'amende.

ART. 15. — Enjoignons aux chargeurs et bardeurs de pavés, bordures, pierres et autres marchandises compactes, de veiller à ce qu'il n'en tombe dans le canal, et dans ce cas, de les en retirer sur-le-champ, à peine de dix livres d'amende.

ART. 16. — Défendons à toutes personnes de retirer du canal les bois

9

canards ou autres qui peuvent tomber à l'eau lors de leur transport, soit par flottage, soit par bateaux, et de les emporter chez eux ; défendons pareillement aux meuniers qui les trouveront dans leurs claies et vannes, de s'en emparer, et leur enjoignons de les déposer sur la douve de la rivière, et d'en donner avis aux gardes-ports, à peine d'être punis suivant la rigueur des ordonnances.

Art. 17. — Faisons très-expresses inhibitions et défenses à tous bardeurs, forts des ports et porteurs en bateaux, de cabaler et faire aucuns complots entre eux, soit pour obtenir une augmentation de prix, soit pour barder dans les temps et aux heures qui leur conviendront, et de travailler avant sept heures du matin et après cinq heures du soir, à compter du jour de la Toussaint jusqu'au 1er mars, et avant cinq heures du matin et après le coucher du soleil depuis le 1er mars jusqu'au jour de la Toussaint, à peine d'être poursuivis extraordinairement.

Art. 18. — Ne pourront, lesdits bardeurs, forts de ports et porteurs en bateaux, exiger des marchands d'autres prix pour les bois qu'ils porteront des ports des rivières d'Ourcq et d'Aisne dans les bateaux que ceux qui sont d'usage ou qui seront convenus entre les marchands et eux, ou, en cas de contestation, fixés par les officiers de la maîtrise d'après les distances des lieux, et disons que dans les cas où lesdits bardeurs exigeraient plus haut prix, les jurés-compteurs ou leurs commis en dresseront leurs procès-verbaux, les affirmeront véritables et les déposeront au greffe, pour être par le procureur du roi fait contre lesdits bardeurs, etc., les poursuites de droit.

Art. 19. — Défendons auxdits bardeurs et autres de fumer ni faire du feu sur lesdits ports, d'y jurer le nom de Dieu, de s'emporter les uns contre les autres et d'avoir querelle entre eux ou avec ceux des différentes paroisses qui bardent conjointement, ou de prétendre empêcher les habitants des autres paroisses, même les femmes, de barder, à peine de trente livres d'amende et de bannissement des ports, et leur enjoignons sous les mêmes peines, d'obéir aux jurés-compteurs et à leurs commis, pour le maintien de la police et du bon ordre et relativement au bien du service.

Art. 20. — Enjoignons aux jurés-compteurs des ports et à leurs commis de dresser leurs procès-verbaux contre les contrevenants au précédent article, pour être, sur le vu d'iceux, les contrevenants punis comme perturbateurs et bannis des ports.

Art. 21. — Ordonnons aux gardes, jurés-compteurs des ports et à leurs commis, aux gardes-pêche, pêcheurs, gardes-éclusiers et à tous autres gardes, de garer et de mettre sur terre, conformément aux art. 16 et 17 du titre XXXI de l'ordonnance de 1669, les épaves dont ils auront connaissance, et d'en donner avis dans les vingt-quatre heures au plus tard au procureur du roi qui fera ses diligences à cet égard.

Art. 22. — Ordonnons à tous gardes-éclusiers, gardes-pêche, pêcheurs, et même à tous passants qui découvriront le cadavre d'une personne noyée dans la rivière, de la retirer de l'eau, et d'en avertir sur-le-champ le curé de la paroisse la plus voisine et le chirurgien le plus à proximité, afin de lui faire administrer les secours dont le gouvernement a fait répandre les instructions, à l'effet de le rappeler à la vie, et disons que les gardes seront tenus, après qu'il aura été constaté qu'il n'y a aucun espoir de succès, de mettre ce cadavre au bord de la rivière, les pieds à l'eau, de le couvrir de leur bandoulière et d'en prévenir, dans les vingt-quatre heures au plus tard, le procureur du roi, qui fera ses diligences pour être pourvu à la reconnaissance et levée dudit cadavre, avec les formalités en pareil cas requises.

Art. 23. — Enjoignons aux gardes, jurés-compteurs et à leurs commis, aux gardes généraux, gardes-éclusiers, gardes-pêche et tous autres gardes particuliers et aux huissiers, de tenir la main, chacun en son droit soi, à l'exécution de la présente ordonnance, à peine de répondre en leur propre et privé nom des contraventions qui pourraient y être faites ; et disons que ladite ordonnance sera lue, publiée, imprimée et affichée à la diligence du procureur du roi, partout où besoin sera, et notamment dans les villes, bourgs et villages du ressort de cette maîtrise et sur tous les ports le long du cours de la rivière d'Ourcq, pour être exécutée par provision, nonobstant opposition ou appellation quelconques et sans préjudice d'icelles, attendu qu'il s'agit de fait de police, et encore sur ceux de la rivière d'Aisne, où nous ordonnons que les différents articles du présent règlement qui peuvent y avoir trait ou les concerner seront également exécutés.

Fait et donné par nous, Nicolas-François Moreau d'Acqueville, avocat en parlement, conseiller du roi et de S. A. S. Mgr le duc d'Orléans, lieutenant en la maîtrise des Eaux et Forêts du duché de Valois à Villers-Cotterets, assisté et de l'avis de M. Nicolas Brice Mussart, aussi avocat en parlement, conseiller du roi et de S. A. S., garde-marteau, et prononcé par nous, lieutenant susnommé, audience tenante, en l'auditoire ordinaire de cette maîtrise et sous le scel royal d'icelle, à Villers-Cotterets, mardi dix-sept février mil sept cent quatre-vingt-quatre.

Signé à la minute : Moreau d'Acqueville, Mussart, Édard, et à l'expédition : Leclerc.

VI. — *Extrait de l'arrêté du Gouvernement concernant la largeur des chemins de halage et de flottage, le long des cours d'eau navigables et flottables.*

13 nivôse an V (2 janvier 1797).

Le Directoire exécutif, etc.......

Arrête ce qui suit :

Article premier. — Les lois et règlements de police sur le fait de la navigation et chemins de halage, seront exécutés selon leur forme et teneur.

Art. 2. — Sont, tous propriétaires d'héritages aboutissants aux rivières navigables, tenus de laisser le long des bords vingt-quatre pieds (7^m,80) pour le trait des chevaux, sans pouvoir planter arbres, tirer clôture ni ouvrir fossés plus près du bo d que de trente pieds ($9^m,75$) ; en cas de contravention, seront les fossés comblés, les arbres arrachés, et les murs démolis aux frais des contrevenants, sans préjudice des réparations et dommages qu'ils peuvent avoir occasionnés par leurs entreprises.

Art. 3. — Seront également tenus tous propriétaires d'héritages aboutissants aux rivières et ruisseaux flottables à bûches perdues, de laisser le long des bords quatre pieds ($1^m,30$) pour le passage des employés à la conduite des flots, sous les peines portées à l'art. 2.

Art. 4. — Toutes les rivières navigables et flottables et les ruisseaux servant au flottage des bois destinés à l'approvisionnement de Paris, étant propriété nationale, nul ne peut en détourner l'eau ni en altérer le cours par fossés, tranchées, canaux ou autrement. En cas de contravention, seront les ouvrages détruits réellement et de fait, et les localités réparées aux frais des contrevenants, sans préjudice des dommages résultant des pertes occasionnées par leurs entreprises.

Art. 5. — Ne sera loisible de tirer ou faire tirer sables ou autres matériaux à six toises ($11^m,69$) près du rivage des rivières navigables.

VII. — *Ordonnance concernant la navigation des rivières, des canaux et ports dans le ressort de la Préfecture de Police.*

Paris, le 25 octobre 1840.

Nous, Conseiller d'État, Préfet de police,

Vu les anciens règlements sur la police des rivières et canaux, et notamment :

Vu l'article 40, titre 27 de l'ordonnance de 1669, portant : « Défense de tirer terres, sables et autres matériaux à six toises (11 mètres 694) près des rivières navigables, à peine de 100 livres d'amende ; »

L'article 41, « qui déclare la propriété de tous les fleuves et rivières, portant bateaux, de leur fond sans artifices et ouvrages de mains, faire partie du domaine public. »

L'article 42, portant : « Défense à tous, soit propriétaires ou engagistes, de faire moulins, batardeaux, écluses, gords, pertuis, murs, plants d'arbres, amas de pierres, de terres et fascines, ni autres édifices ou empêchements nuisibles au cours de l'eau dans les fleuves et rivières navigables et flottables, et même d'y jeter aucune ordure, immondices, ou de les amasser sur les quais et rivages, à peine d'amende ; »

L'article 43, par lequel : « Il est enjoint à ceux qui ont fait bâtir des moulins, écluses, vannes, gords et autres édifices, dans l'étendue des fleuves et rivières navigables et flottables, sans en avoir obtenu la permission, de les démolir, faute de quoi il y sera procédé à leurs frais et dépens ; »

L'article 44, défendant à toutes personnes « de détourner l'eau des rivières navigables et flottables ou d'en affaiblir et altérer le cours par tranchées, fossés et canaux, à peine d'être, les contrevenants, poursuivis comme usurpateurs, et de voir les choses réparées à leurs dépens ; »

L'article 7, titre 28, qui enjoint à tous propriétaires d'héritages aboutissant aux rivières navigables de laisser le long des bords « 24 pieds au moins de largeur (7 mètres 796), pour trait des chevaux, et défend de planter arbres ou de tenir clôture ou haie plus près de 30 pieds (9 mètres 745) du côté que les bateaux se tirent, et 10 pieds (3 mètres 248) de l'autre bord, à peine de 500 livres d'amende, et d'être, les contrevenants, forcés à réparer et mettre les chemins en état à leurs frais ; »

Vu l'article 1er, chapitre 1er de l'ordonnance de 1672, qui renouvelle la défense portée par l'article 44, titre 27 de l'ordonnance de 1669, « de détourner l'eau des ruisseaux et rivières navigables et flottables, sous les mêmes peines ; »

L'article 2, renouvelant « la défense de tirer terres, sables et autres matériaux à 6 toises (11 mètres 694) près du rivage des rivières navigables, à peine de 100 livres d'amende ; »

L'article 3, portant : « Seront tous propriétaires d'héritages aboutissant aux rivières navigables tenus de laisser le long des bords 24 pieds (7 mètres 796) pour le trait des chevaux, sans pouvoir planter arbres ni tirer clôtures ou haies plus près du bord que de 30 pieds (9 mètres 745) ; et en cas de contravention seront les fossés comblés, les arbres arrachés et les murs démolis aux frais des contrevenants ; »

L'article 4, « qui défend de mettre ès-rivières de Seine, Marne, Oise, Yonne, Loing et autres y affluant, aucun empêchement au passage des bateaux et trains de bois, sous peine de dommages et intérêts ; »

L'article 9, par lequel « il est défendu de jeter dans le bassin de la rivière de Seine, le long des bords d'icelle, quais et ponts de la ville de Paris, aucuns immondices, gravois, pailles et fumiers, sous peine de punition et d'amende, et enjoint aux entrepreneurs qui auront travaillé et travailleront à la construction et rétablissement des ponts et arches ou des murs de quai, de faire incessamment enlever les décombres provenant des batardeaux qu'ils auront fait faire pour lesdits ouvrages, à peine d'amende et de répétition contre eux des salaires d'ouvriers employés à l'enlèvement desdits décombres ; »

L'article 10, portant injonction aux marchands et voituriers de « faire enlever les bateaux étant à fond d'eau, et de faire ôter de la rivière et de dessus les ports et quais les débris desdits bateaux, à peine d'amende ; »

L'article 3, chapitre 2, portant : « Aux passages des ponts et pertuis, les voituriers conduisant bateaux ou trains aval la rivière, sont tenus, avant que de passer les pertuis, d'envoyer un de leurs compagnons pour reconnaître s'il n'y a point quelque bateau ou train montant embouché dans les arches des ponts ou dans les pertuis, auquel cas l'avalant sera tenu de se garer jusqu'à ce que le montant soit passé, et que les arches et pertuis soient entièrement libres, à peine de répondre, par le voiturier avalant, du dommage qui pourrait arriver aux bateaux et trains montants ; »

L'article 5, « enjoignant au voiturier d'un bateau montant, venant à rencontrer un bateau avalant, de se retirer vers terre pour laisser passer ledit avalant, à peine de demeurer responsable du dommage causé tant au bateau qu'aux marchandises ; »

L'article 6, portant : « Pour prévenir les accidents qui pourraient arriver par la rencontre de coches et bateaux descendants avec les coches et trains de bateaux montants, sont tenus tous conducteurs de trains de bateaux montants, pour faciliter le passage desdits coches et bateaux descendants, faire voler par dessus lesdits bateaux montants la corde appelée cincenèle, et empêcher que les bacules accouplées en fin desdits trains ne s'écartent et empêchent le passage desdits coches et autres bateaux ; et sont tenus les conducteurs desdits coches descendants, pour faciliter le passage desdits coches et bateaux montants, de lâcher leur cincenèle, en sorte qu'elle passe par dessus le bateau montant, à peine aussi de toutes pertes, dommages et intérêts ; »

L'article 5, chapitre 3, « qui enjoint aux voituriers et marchands, aussitôt que leurs bateaux auront été fermés à port, d'en ôter les gouvernails, à peine d'amende ; »

L'article 9, même chapitre, « lequel défend aux forts et compagnons de rivière, qui ont accoutumé de décharger des marchandises, de le faire avant qu'ils en soient requis et préposés par les marchands, propriétaires ou leurs commissionnaires, à peine de dépens, dommages et intérêts ; »

L'article 2, chapitre 4, « qui interdit à tous marchands ou voituriers, sous quelque prétexte que ce soit, de passer eux-mêmes les bateaux sous les ponts ou par les pertuis où il y a des maîtres établis, à peine de 100 livres d'amende ; »

L'article 21, « faisant défense aux charretiers d'entrer dans le lit de la rivière pour charger les marchandises, sous peine d'amende ; »

Vu l'article 1er de l'arrêt du Conseil d'État du 24 juin 1777, qui maintient les ordonnances rendues sur le fait de la navigation, notamment celles de 1669 et 1672, et « défend à toutes personnes de faire moulins, pertuis, vannes, écluses, arches, bouchis, gords ou pêcheries, ni autres constructions ou empêchements sur ou au long des rivières et canaux navigables, à peine de 1,000 livres d'amende et de démolition des ouvrages ; »

L'article 2, renouvelant « l'injonction à tous propriétaires riverains de livrer 24 pieds (7 mètres 796) de largeur pour le halage des bateaux et traits des chevaux le long des bords des rivières et fleuves navigables, ainsi que sur les îles où il en serait besoin, et la défense de planter arbres ni haies, tirer fossés ou clôtures plus près desdits bords que 30 pieds (9 mètres 745), sous peine de 500 livres d'amende et de destruction des plantations, clôtures, etc.; »

L'article 3, par lequel « il est ordonné à tous riverains, mariniers ou autres, de faire enlever les pierres, terres, bois, pieux, débris de bateaux et autres empêchements étant de leur fait ou à leur charge, dans le lit desdites rivières ou sur leurs bords, à peine de 500 livres d'amende ; »

L'article 4, « qui défend sous les mêmes peines à tous riverains et autres de jeter dans le lit desdites rivières et canaux ni sur leurs bords, aucuns immondices, pierres, gravois, bois, pailles ou fumiers, ni rien qui puisse embarrasser et altérer le lit, et d'en affaiblir et changer le cours par tranchées ou autrement; ainsi que d'y planter aucun pieu, d'y mettre rouir du chanvre, enfin d'y tirer des pierres, terres, sables et autres matériaux plus près du bord que 6 toises (11 mètres 694); »

L'article 5, « enjoignant aux fermiers des bacs établis sur lesdites rivières de rendre les bords et chaussées desdits bacs faciles et praticables pour la navigation et les passagers; de livrer passage aux coches et bateaux, sans leur faire éprouver le moindre retard ou empêchement, à peine d'en demeurer garants et responsables; »

L'article 2, par lequel « tous les ponts, chaussées, pertuis, digues, hollandages, pieux, balises et autres ouvrages publics qui sont ou seront, par la suite, construits pour la sûreté et facilité de la navigation et du halage, sur et le long des rivières navigables, sont déclarés faire partie des ouvrages royaux; »

Vu l'article 2, paragraphe 1er du décret des 22 novembre, 1er décembre 1790, relatif aux domaines nationaux, etc., portant : « Les chemins publics, les rues et places des villes, les fleuves et rivières navigables, les rivages, lais et relais de la mer, les ports, les havres, les rades, etc., et en général toutes les portions du territoire national, qui ne sont pas susceptibles d'une propriété privée, sont considérées comme des dépendances du domaine public; »

Vu l'art. 7 de la loi du 16 brumaire an V, concernant les bacs « et bateaux à établir dans le département de la Seine; »

Vu l'art. 538 du Code civil, portant : « Les chemins, routes et rues à la charge de l'État, les fleuves et rivières navigables ou flottables, les rivages, lacs et relais de la mer, les ports, les havres, les rades et généralement toutes les portions du territoire français qui ne sont pas susceptibles d'une propriété privée sont considérés comme des dépendances du domaine public; »

Vu l'art. 10 du décret du 12 août 1807, portant : « Qu'il sera fait un règlement pour la police des bateaux et bâtiments de bains, et de ceux de blanchissage, afin de les assujettir à des règles qui assurent la facilité de la navigation; »

Vu l'art. 29, titre 1er de la loi des 19-22 juillet 1791, portant : « Sont confirmés provisoirement les règlements qui subsistent touchant la voirie, ainsi que ceux actuellement existant à l'égard de la construction des bâtiments, et relatifs à la solidité et sûreté, sans que de la présente disposition il puisse résulter la conservation des attributions ci-devant faites sur cet objet à des tribunaux particuliers; »

Vu l'art. 1er de l'arrêté du Directoire, du 13 nivôse an V, relatif aux chemins de halage sur les rivières d'Yonne, Seine, Aube et autres affluents, lequel porte : « Les lois et règlements de police sur le fait de la navigation et chemins de halage, seront exécutés selon leur forme et teneur; »

Vu l'art. 1er du décret du 22 janvier 1808, « qui déclare l'art. 7, titre 28 de l'ordonnance de 1669, applicable à toutes les rivières navigables de l'empire, soit que la navigation y fût établie à cette époque, soit que le Gouvernement se soit déterminé depuis ou se détermine à les rendre navigables ; » ·

Vu l'art. 2, section 3 du décret du 22 décembre 1789, « relatif à la constitution des assemblées primaires et des assemblées administratives, lequel charge les administrateurs de département, sous l'autorité et l'inspection du roi, de la conservation des propriétés publiques, de celle des forêts, rivières, chemins, etc.; »

Vu l'instruction de l'Assemblée nationale des 12-20 août 1790, concernant les fonctions des assemblées administratives ;

Vu l'art. 1er du décret des 21-29 septembre 1791, « relatif à la compétence du tribunal de police municipale de la ville de Paris, d'après lequel la municipalité de Paris est seule chargée du soin de faire exécuter les règlements et d'ordonner toutes les dispositions de police sur la rivière de Seine, ses ports, rivages, berges et abreuvoirs dans Paris ; »

Vu l'arrêté du Gouvernement du 19 ventôse an VI, « concernant les mesures à prendre pour assurer le libre cours des rivières et canaux navigables et flottables ; »

Vu l'art. 4 de la loi du 28 pluviôse an VIII, concernant la division du territoire français et l'administration, portant : « Le Conseil de préfecture prononce sur les difficultés qui pourront s'élever en matière de grande voirie ; »

Vu l'arrêté du Gouvernement du 12 messidor an VIII qui « règle les attributions du Préfet de police; »

Celui du 3 brumaire an IX, portant : « Que l'autorité du Préfet de police, à Paris, s'étendra sur tout le département de la Seine et les communes de Saint-Cloud, Meudon et Sèvres, en ce qui concerne les attributions y mentionnées ; »

Vu l'art. 1er de la loi du 29 floréal an X, lequel porte : « Les contraventions en matière de grande voirie, seront constatées, réprimées et poursuivies par voie administrative ; »

Vu le décret du 18 août 1810, relatif « au mode de constater les contraventions en matière de grande voirie; »

Vu les art. 112 et 113, titre IX du décret du 16 décembre 1811, « lesquels indiquent la marche à suivre pour la répression des délits de grande voirie ; »

Vu l'art. 1er du décret du 12 avril 1812, « qui déclare applicable aux canaux, rivières navigables, ports maritimes de commerce et travaux à la mer, le titre IX du décret sus-visé (16 décembre 1811); »

Vu les ordonnances royales des 2 avril et 29 octobre 1823, 7 et 25 mai 1828, 23 septembre 1829, et 25 mars 1830, « concernant les bateaux à vapeur et les machines à haute ou à basse pression; »

Vu aussi l'ordonnance du roi, du 5 juillet 1834, « concernant le commerce de charbon de bois amené par eau à Paris; »

Vu l'art. 415 du Code pénal portant : « Toute coalition de la part des ouvriers pour faire cesser en même temps de travailler, interdire le travail dans un atelier, empêcher de s'y rendre et d'y rester avant ou après certaines heures, et en général pour suspendre, empêcher, enchérir les travaux, s'il y a eu tentative ou commencement d'exécution, sera punie d'un emprisonnement d'un mois au moins et de trois mois au plus. »

Les chefs ou moteurs seront punis d'un emprisonnement de deux ans à cinq ans;

Vu enfin l'art. 416 du même Code, portant :

« Seront aussi punis de la peine portée par l'article précédent, et d'après les mêmes distinctions, les ouvriers qui auront prononcé des amendes, des défenses, des interdictions ou toutes proscriptions, sous le nom de *damnations*, et sous quelque qualification que ce puisse être, soit contre les directeurs d'ateliers et entrepreneurs d'ouvrages, soit les uns contre les autres.

» Dans les cas du présent article, et dans celui du précédent, les chefs ou moteurs du délit pourront, après l'expiration de leur peine, être mis sous la surveillance de la haute police pendant deux ans au moins et cinq ans au plus; »

Considérant qu'en rappelant les dispositions précitées des lois générales de grande voirie, sur la police des rivières et des canaux, il importe de réunir et de publier de nouveau, en les complétant, les divers règlements particuliers rendus pour le ressort de la Préfecture de police ;

Ordonnons ce qui suit :

TITRE PREMIER

NAVIGATION GÉNÉRALE SUR LES RIVIÈRES ET CANAUX

SECTION PREMIÈRE.

NAVIGATION ORDINAIRE.

CHAPITRE PREMIER.

Bateaux et trains en cours de navigation.

ARTICLE PREMIER.

Lettres de voiture.

Les conducteurs de bateaux de toute nature, transportant des marchandises dans le ressort de la Préfecture de police, ainsi que les conducteurs de trains de bois, devront être porteurs de lettres de voiture en bonne forme, dont ils justifieront à toute réquisition des préposés de la navigation.

Ces lettres de voiture indiqueront la nature et la quantité de marchandises, le lieu du chargement, l'époque du départ, les noms de l'expéditeur, du marchand ou de tout autre individu à qui les marchandises sont adressées, ainsi que celui du marinier chargé de les conduire.

Art. 2.

Inscription d'une devise sur les bateaux.

Les bateaux de toute espèce, employés à la navigation dans l'étendue du ressort de la Préfecture de police, devront porter sur leur arrière une devise ainsi que le nom et le domicile du propriétaire auquel ils appartiennent.

L'inscription sera faite en lettres blanches de 20 centimètres de hauteur sur 3 centimètres de plein et sur un fond noir.

Marque du marchand sur les trains.

Les trains de bois à brûler et à ouvrer devront porter sur le pieu de nage ou sur l'oreille, d'une manière très apparente, la marque du marchand dont ils seront la propriété.

Art. 3.

Bord des bateaux hors de l'eau.

Les bateaux bortinglés devront avoir 10 centimètres au moins de bord, non compris les bortingles.

Les autres bateaux et les toues devront avoir au moins, savoir : les bateaux 18 centimètres, et les toues 20 centimètres de bord au-dessus de l'eau.

Les bachots chargés de sables devront avoir au moins 10 centimètres de bord.

Art. 4.

Le bateau montant doit se retirer vers terre, pour laisser passer l'avalant.

Le conducteur d'un bateau montant est tenu, à la rencontre d'un bateau avalant, de se retirer vers terre pour laisser passer ce dernier.

Art. 5.

Rencontre des bateaux montants et descendants, halés par des chevaux.

Pour prévenir les accidents qui pourraient arriver par la rencontre des bateaux descendants avec des bateaux montants, les conducteurs de ces derniers bateaux devront élever leur corde de halage, ou cincenèle, de manière à ce qu'elle ne puisse nuire au passage des chevaux des bateaux descendants, et les conducteurs de bateaux descendants devront lâcher leur cincenèle, en sorte qu'elle passe sous le bateau montant.

Art. 6.

Agrès qui doivent être à bord des bateaux.

Les marchands, les voituriers par eau ou les gardiens de bateaux devront, en tout temps, avoir sur leurs bateaux une ancre suffisamment équipée, et de bonnes cordes, pour les amarrer solidement.

Art. 7.

Les bateaux en cours de navigation devront toujours, lorsqu'ils s'arrê-teront, être tenus et accotés aussi près que possible de la terre, et du bord opposé à celui de halage, sous peine, pour les conducteurs de ces bateaux, d'être poursuivis comme étant dans le cas prévu par l'art. 126 de la présente ordonnance.

Défense d'arrêter les bateaux en pleine rivière.

Ils ne pourront s'arrêter en pleine rivière à moins de circonstances de force majeure.

Art. 8.

Temps pendant lequel peut avoir lieu la navigation.

La navigation sur les rivières et canaux aura lieu depuis le point du jour jusqu'à la nuit.

Il est défendu aux mariniers, aux passeurs d'eau et à tous autres de naviguer sur la rivière ou sur les canaux pendant la nuit.

Cette défense n'est point applicable aux bateaux qui en auront été exceptés, par dispositions spéciales, comme étant affectés à un service accéléré ou pour tout autre motif exceptionnel et d'urgence; mais les conducteurs de ces bateaux devront se conformer aux dispositions des art. 128 et 129 de la présente ordonnance.

Elle ne s'applique point non plus aux embarcations naviguant la nuit en vertu d'une permission spéciale.

Art. 9.

Défense de descendre les bateaux ou trains par couplage.

Il est défendu de descendre les bateaux par couplage.

Il est aussi défendu de descendre les trains par couplage dans Paris, à partir du pont de la Tournelle.

A partir du même pont, les trains ou parties de trains de bois à brûler ou à ouvrer devront être conduits par quatre mariniers au moins.

Chapitre II.

Garages.

Art. 10.

Garage en amont du pont de Choisy.

Les bateaux et toues, venant de la Haute-Seine, sont tenus de s'arrêter au garage qui est fixé en amont du pont de Choisy, où ils ne pourront être placés sur plus de quatre rangs.

Garage du pont de Saint-Maur.

Ceux qui viennent de la Marne, devront s'arrêter au garage du pont de Saint-Maur, au bord dehors de l'île du pont, où ils ne pourront être placés sur plus de deux rangs.

Ils devront y rester jusqu'à permission de descendre.

Art. 11.

Déclaration à faire par les conducteurs de bateaux arrivés aux garages.

Les garages de Choisy et du pont de Saint-Maur sont considérés comme arrêts obligatoires, et non comme terme de voyage.

Dès leur arrivée à ces garages, les propriétaires ou conducteurs de bateaux ou toues, devront aller faire leur déclaration, et faire viser leurs lettres de voiture aux bureaux de navigation établis aux dits lieux

Ces propriétaires ou conducteurs ne pourront ensuite continuer leur route, soit pour le garage des Lions de Bercy, soit pour toute autre destination, qu'après avoir obtenu un passavant qui sera délivré par le préposé de la Navigation, suivant l'ordre des arrivages, et devra être représenté aux préposés de chacun des arrondissements de Navigation où le déchargement des bateaux s'effectuera.

Dans les permis de descendre, deux margotats ou un couplage ne seront comptés que pour une toue.

Art. 12.

Garage provisoire des bateaux à destination de la Bosse-de-Marne.

Les bateaux destinés à être mis en déchargement soit à la Bosse-de-Marne, à Alfort ou au port des Carrières, devront provisoirement se garer à l'île Poulette. Ils ne pourront ensuite être conduits aux points sus-dénommés qu'en vertu d'un permis délivré par le préposé de la Navigation, à Charenton.

Art. 13.

Délai fixé pour le stationnement des bateaux et trains dans la gare de Bercy.

Les trains et les bateaux de bois à ouvrer qui seront amenés à la gare des Lions de Bercy, ne pourront y rester plus d'un mois.

Les bateaux chargés de bois ou d'autres marchandises amenés à la gare en aval de cette dernière, ne pourront y stationner plus de quinze jours.

Art. 14.

Gares fermées de Choisy-le-Roy et de Charenton. Canal Triozon. Gare de Bercy.

Les trains ou bateaux admis dans les gares fermées de Choisy-le-Roy et de Charenton, dans le canal Triozon ou dans la gare de Bercy, ne pourront en sortir qu'avec un permis de l'Inspecteur de l'arrondissement du lieu de garage.

Art. 15.

Lieux de garage sur la rive droite de la Seine en amont de Paris, pour les trains de bois.

Sont spécialement affectés au garage des trains de bois à brûler et de bois à ouvrer, les points ci-après désignés, savoir:

Sur la rive droite de la Seine :

1° Les bords de l'île de l'Aiguillon, dans une étendue de 300 mètres en aval, et à partir du poteau formant la limite du département ;

2° La gare dite de la Folie, au-dessous du pont de Choisy, ayant une étendue d'environ 600 mètres, en laissant libre le dehors de la gare de Choisy, à partir du pont jusqu'au-dessous de l'entrée de ladite gare ;

3° Les deux gares contiguës de Chanterelle et de Chanteclair, contenant ensemble environ 1,500 mètres ;

4° Le dehors de l'île Maisons à partir de la tête de l'île jusqu'en face de la maison du passeur d'eau au Port-à-l'Anglais ;

5° La gare de l'île Poulette, à prendre de l'angle d'aval du parc du Port-à-l'Anglais jusqu'au-dessous du pont de la Bosse-de-Marne.

Les trains de bois à ouvrer pourront, en outre, être amenés au port de garage qui commence immédiatement en amont de l'île Quinquengrogne, et finit au Lion d'aval de Bercy, ainsi qu'il est expliqué à l'article 79 de la présente ordonnance.

Sur la rive gauche :

Lieux de garage sur la rive gauche de la Seine en amont de Paris, pour les trains de bois.

1° La petite gare au-dessous du lieu dit Larose, en face de Chanteclair, à partir du point vis-à-vis de la ferme de la Folie jusqu'aux sables de Vitry, en ayant soin de laisser libre la passe du petit îlot de Chanteclair ;

2° La gare dite de la Grande-Berge, à partir des sables de Vitry, jusqu'au Port-à-l'Anglais.

Les trains de bois à brûler pourront en outre être amenés au port de la Gare, commune d'Ivry, à partir de l'île aux Pouilleux, jusqu'à la limite supérieure du port de tirage fixée, quant à présent, à 620 mètres en amont du canal Triozon.

Lieux de garage pour les trains sur la Marne.

La gare dite du Grand-Haï rive droite et rive gauche, à partir du bras d'aval du canal Saint-Maur jusqu'au-dessous du même canal, si les trains le traversent, ou jusqu'au pont du halage de Creteil, si les trains ne le traversent pas, en laissant libre l'ouverture du canal.

Lorsque les trains traverseront le canal, ils pourront aussi se garer au-dessus du pont de Saint-Maur, mais ils ne devront pas être placés sur plus de deux rangs (en couplage), dans toute l'étendue de l'île de ce nom.

Il est défendu de garer les trains dans toute autre place que celles ci-dessus indiquées.

Les trains de bois de toute nature ne pourront quitter les lieux de garage ci-dessus désignés, qu'en vertu de permissions délivrées par les préposés de la Navigation.

ART. 16.

Bateaux venant de la Basse-Seine. — Garage obligatoire à la Briche.
Enregistrement des lettres de voiture au bureau de Navigation.

Les bateaux venant de la Basse-Seine, à la destination des ports de Paris ou des canaux, devront s'arrêter et se garer aux lieux qui seront désignés par l'Inspecteur de la navigation à la Briche.

Ils ne pourront continuer leur voyage qu'après avoir fait enregistrer et viser leurs lettres de voiture au bureau de Navigation, et obtenu un pas-savant pour le lieu de leur destination.

Ce passavant devra être représenté dans chaque arrondissement de Navigation où le déchargement des bateaux s'effectuera.

ART. 17.

Bateaux traversant le canal Saint-Martin pour se rendre dans les ports de Paris
ou de Bercy.

Les bateaux, venant de la Basse-Seine, qui traverseront le canal Saint-Martin pour se rendre dans les ports, soit de Paris, soit de Bercy, devront s'arrêter dans la grande gare de l'Arsenal, jusqu'à ce que les propriétaires ou conducteurs de ces bateaux aient obtenu un permis spécial de mise à port de l'Inspecteur de l'arrondissement dans lequel ils devront opérer le débarquement de leurs marchandises.

ART. 18.

Garages des bateaux vides en amont de Paris.

Les garages des bateaux vides sont établis, savoir : pour ceux qui seront destinés à remonter en Seine, le long de la plaine Maison, rive droite en face du Port-à-l'Anglais, depuis la maison du passeur d'eau jusqu'à l'alignement de l'angle d'aval du parc ; et pour ceux qui seront destinés à remonter la Marne, le long du bord dehors de l'île Martinet ou de la gare de Charenton, à partir de l'alignement de la Bosse-de-Marne en remontant jusqu'à deux longueurs de bateau en aval de l'extrémité infé-rieure du môle de garde de la gare.

Les gros bateaux ne pourront être placés, dans ces deux garages, sur plus de deux rangs parallèlement à la berge, les toues sur plus de trois rangs et les margotats sur plus de six rangs. Il est défendu de les y laisser séjourner plus de 24 heures.

Le stationnement des trains de bois à brûler et à ouvrer et des bateaux chargés est interdit aux abords des points ci-dessus désignés, et notam-ment sur la Marne en aval du pont de Charenton, soit sur la rive droite, soit sur la rive gauche, depuis l'angle d'aval du jardin de la Poste jusqu'à la Bosse-de-Marne.

Chapitre III.

Mouvements entre les gares et les ports.

§ 1er. — *Billage des bateaux au passage des Ponts de Choisy-le-Roy
et de la Bosse-de-Marine.*

Art. 19.

Bateaux qui doivent être billés.

Les bateaux, barquettes, flûtes et toues dont la longueur excédera
seize mètres devront être billés au passage des ponts de Choisy-le-Roy et
de la Bosse-de-Marne.

Le nombre des billeurs pour un bateau varie suivant la hauteur des eaux.

Lorsque les eaux auront atteint la hauteur d'un mètre à l'échelle régu-
latrice qui existe à chacun de ces ponts, les bateaux, flûtes, barquettes
et toues sus-mentionnés, devront être billés par trois mariniers au moins.
Quand les eaux seront au-dessous d'un mètre, le nombre des billeurs
pourra être réduit à deux.
Les bachots et margotats ne sont pas astreints au billage.

Art. 20.

Deux mariniers doivent rester à bord des bateaux billés.

Afin de prévenir les accidents et d'assurer les manœuvres au passage
des ponts, il devra rester deux mariniers dans chaque bateau billé, pour
le diriger.

Art. 21.

*Les mariniers peuvent biller eux-mêmes leurs bateaux quand ils sont en nombre
suffisant.*

Les mariniers pourront biller eux-mêmes leurs bateaux, quand ils seront en nombre suffisant et qu'ils auront les agrès nécessaires au billage.
Dans le cas contraire, ils devront se procurer le nombre de billeurs
prescrit ci-dessus, savoir : pour les bateaux destinés à passer sous le pont
de Choisy-le-Roy, dès leur arrivée à l'île d'Aiguillon, située à 500 mètres
en amont de ce pont; et pour ceux destinés à passer sous le pont de la
Bosse-de-Marne, dès leur arrivée à l'angle de la dernière maison du Port-
à-l'Anglais, situé à 500 mètres au-dessus du pont, point où commencera
le billage.

Art. 22.

Les billeurs doivent biller aussitôt qu'ils en sont requis.

Les billeurs devront biller les bateaux aussitôt qu'ils en seront requis
par les mariniers.
Les bateaux seront lâchés selon leur ordre d'arrivée au billage.

Art. 23.

Les billeurs sont tenus de passer les ponts.

Les billeurs pris à l'île d'Aiguillon sont tenus de passer le pont de Choisy; et ceux qui seront pris à l'angle de la dernière maison du Port-à-l'Anglais, de passer le pont de la Bosse-de-Marne. Les uns et les autres ne devront débiller qu'à une longueur de bateau en aval desdits ponts.

Rétribution.

Il sera payé à chacun d'eux soixante-quinze centimes. Si le patron d'un bateau demandait à être conduit plus loin, il serait attribué vingt-cinq centimes de supplément à chaque homme pour une distance n'excédant pas 200 mètres au-delà du pont.

Art. 24.

Gratification.

Il est défendu aux billeurs de recevoir aucune gratification, soit en vin ou autres marchandises, et conséquemment d'avoir à bord de leurs bachots aucun vase ou bouteille.

Art. 25.

L'allège d'un bateau ne donne pas lieu à un supplément de salaire.

Dans le cas où un bateau aurait été allégé en route, l'allège ne donnera lieu à aucun supplément de salaire, si elle est conduite en suspente.

Art. 26.

Défense de biller dans certains cas.

Il est défendu de biller lorsque les arches marinières se trouveront obstruées par des bateaux, coches ou trains montants ou descendants.

Distance à observer.

Il devra y avoir au moins une distance de 100 mètres entre chacun des bateaux lâchés sur bille.

Il est défendu de chercher à se gagner de vitesse.

Art. 27.

Direction du service du billage.

Les chefs des billeurs sont chargés de la direction du service, et dispensés de tout autre travail.

Art. 28.

Fixation du nombre des billeurs aux ponts de Choisy et de la Bosse-de-Marne.

Il y aura vingt-cinq billeurs pour le passage sous le pont de Choisy, et vingt-cinq pour le passage sous le pont de la Bosse-de-Marne.

Ces billeurs et leurs chefs seront nommés par nous.

Ils devront être pourvus du nombre de billes et bachots qui sera jugé nécessaire au service. Ces billes et bachots, ainsi que leurs agrès, devront être entretenus constamment en bon état.

Art. 29.

Défense aux billeurs d'aller sur les bateaux en état d'ivresse.

Il est défendu aux billeurs de se porter sur les bateaux dans un état d'ivresse pour en effectuer le billage.

Art. 30.

Inscription du tarif sur les piles des ponts.

Le tarif des prix à payer aux billeurs, en conformité de l'article 23, sera inscrit sur les piles d'avalage des ponts de Choisy et de la Bosse-de-Marne.

§ 2. — *Lâchage de bateaux sous les ponts de Paris.*

Art. 31.

Le lâchage des bateaux chargés sous les ponts de Paris se fera par les soins d'un chef des ponts.

Défense de passer les bateaux chargés sous les ponts de Paris sans l'assistance du chef des ponts.

Il est défendu à tous autres que le chef des ponts de passer les bateaux chargés sous les ponts de Paris.

Exceptions.

Sont exceptés de cette disposition les bateaux mentionnés dans l'article 19 du cahier des charges du chef des ponts, inséré à la suite de la présente ordonnance.

Art. 32.

Désignation d'un bassin pour le garage du chef des ponts.

Les bateaux arrivant à Paris, par la Seine ou par la Marne, et destinés à être déchargés à l'un des ports de cette ville, ou à la franchir en passe-debout, devront être conduits dans le bassin désigné pour le garage du chef des ponts, lequel est, quant à présent, l'espace compris entre le pont de Bercy et la patache de l'octroi, où ils ne pourront occuper plus de sept longueurs de tour sur trois rangs.

Le chef des ponts prendra les bateaux à cette station pour en faire le lâchage et les conduira directement à leur destination sans pouvoir s'arrêter nulle part.

Les mariniers sont tenus d'amarrer solidement leurs bateaux et de veiller à leur sûreté, jusqu'au moment où le chef des ponts devra en opérer le lâchage.

10

Art. 33.

Déclaration à faire au chef des ponts.

Arrivés au bassin mentionné dans l'article précédent, les mariniers ou les propriétaires devront, si leurs bateaux sont de la nature de ceux qui doivent être manœuvrés par le chef des ponts, se transporter par devant ledit chef, pour lui représenter leurs lettres de voiture, que ce dernier visera afin de constater la quantité et la nature des marchandises confiées à sa conduite, le lieu du chargement et du départ, celui de la destination et le nom du conducteur; et pour lui déclarer s'ils entendent que leurs bateaux soient conduits à l'un des ports de Paris ou en passe-debout hors de la ville.

Art. 34.

Salaire du chef des ponts.

Le salaire du chef des ponts de Paris sera perçu conformément au tarif annexé à la présente ordonnance.

Ce tarif comprend tant le lâchage que les manœuvres de bord et de terre, pour la mise à port.

Art. 35.

Défense de retarder le lâchage.

Il est défendu aux marchands ou mariniers d'empêcher ou de retarder, en aucune manière, le lâchage de leurs bateaux, quand leur tour est arrivé.

§ 3. — *Conduite des bateaux et trains à port.*

Art. 36.

Les trains ou les bateaux sortis des gares doivent être conduits directement aux lieux de destination.

Les trains et bateaux de toute espèce, destinés, soit pour l'intérieur de Paris, soit pour l'extérieur, une fois sortis des gares, devront être conduits directement à leur destination et ne pourront être laissés nulle part en approchage; toutefois les bateaux et trains à destination des canaux ou de la gare de l'Arsenal s'arrêteront, savoir :

Arrêt des bateaux destinés à entrer dans les canaux Saint-Denis et Saint-Martin.

Ceux qui seront destinés à entrer dans le canal Saint-Denis, en dehors du chenal conduisant aux écluses, sans cependant en gêner le service;

Ceux qui seront destinés à entrer par la Seine dans la gare de l'Arsenal ou dans le canal Saint-Martin, sur la rive droite du fleuve, entre le pont d'Austerlitz et le poteau indiquant la limite de l'entrée du canal, sans pouvoir former un dehors qui excède l'alignement résultant d'une ligne droite qui serait tracée de la première pile du pont d'Austerlitz à un point distant de 28 mètres du bord de l'eau, et mesuré perpendiculairement à la berge au droit du poteau sus-mentionné.

Art. 37.

Déclaration à faire par les conducteurs des bateaux ou trains pour leur entrée dans les canaux.

Les conducteurs des bateaux ou trains s'amarreront, suivant l'ordre de leur arrivée, dans les espaces ci-dessus indiqués.

Ils sont tenus de donner avis de leur arrivée et de déclarer leur tirant d'eau au bureau des éclusiers, qui leur délivreront un numéro d'ordre déterminant leur rang d'entrée, et sans lequel ils ne pourront être admis dans les canaux.

Art. 38.

Gouvernails à enlever des bateaux à leur entrée dans le canal Saint-Denis.

Lorsque les dimensions d'un bateau exigeront l'enlèvement préalable du gouvernail pour qu'il puisse entrer dans le canal Saint-Denis, cet enlèvement s'opérera au moyen de la machine établie à cet effet. Le rétablissement du gouvernail s'opérera de la même manière.

Ces opérations auront lieu alternativement, pour un bateau montant et pour un bateau descendant, d'après leur tour d'arrivée auprès de la machine.

Pour les bateaux montants, le décrochage aura lieu suivant les numéros d'ordre délivrés par l'éclusier.

Art. 39.

Maximum du tirant d'eau des bateaux dans les canaux.

Le maximum du tirant d'eau, pour les bateaux à destination des canaux, est fixé à 1 mètre 90 centimètres.

En conséquence, les bateaux d'un tirant d'eau plus considérable ne seront admis dans les écluses à l'embouchure, qu'après avoir été allégés et réduits à ce maximum.

Art. 40.

Tour d'admission dans les canaux interverti dans certains cas.

Le tour d'admission dans les canaux et l'ordre de passage aux écluses et ponts seront intervertis toutes les fois qu'un bateau ou train, étant à son rang pour passer, n'aura pas ses haleurs prêts et en nombre suffisant; dans ce cas, il cèdera son tour au bateau ou train suivant, s'il est prêt à marcher, et ainsi successivement.

Le conducteur du bateau ou train qui aura été trématé reprendra rang aussitôt qu'il aura ses haleurs.

Aucun conducteur de bateau ou train ne pourra s'engager dans les canaux sans avoir obtenu préalablement le laissez-passer des éclusiers à l'embouchure.

Dans aucun cas les éclusiers ne pourront intervertir l'ordre d'admission résultant des permis délivrés par les inspecteurs de la navigation.

Art. 41.

Halage des bateaux et trains sur les canaux.

Le halage des bateaux ou trains, sur les canaux, se fera, soit par des hommes, soit par des chevaux, et de la manière ci-après indiquée :

Sur le canal Saint-Martin, il ne pourra se faire que par des hommes.

Les bateaux chargés dont les gouvernails auront été enlevés à leur entrée dans le canal Saint-Denis devront être halés par quatre hommes au moins, ou par trois chevaux billés, partie à l'avant et partie à l'arrière.

Les bateaux connus sous les noms de besogne, marnois, picard, longuette, coche et chaland, devront être halés par quatre hommes ou par deux chevaux.

Tout autre bateau chargé d'une dimension moindre que ces derniers, devra être halé par deux hommes ou par un cheval, ainsi que chaque partie de train formant une éclusée.

Les bateaux vides devront être halés suivant leur espèce, par la moitié au moins du nombre d'hommes ci-dessus déterminé.

Indépendamment des haleurs dont il vient d'être parlé, un nombre suffisant d'hommes d'équipage devra toujours rester dans les bateaux ou sur les trains, pour assurer l'exécution des manœuvres.

Les jeunes gens âgés de moins de dix-huit ans ne seront pas comptés comme ouvriers haleurs.

Art. 42.

Mouvement des bateaux à ralentir aux abords des écluses.

Les mariniers sont tenus de ralentir, aux abords des écluses et des ponts, le mouvement de leurs bateaux ou trains, pour prévenir tout choc contre les portes des écluses et contre les ponts.

Art. 43.

Ordre de passage aux écluses des bateaux ou trains.

Sauf les exceptions ci-après, les passages aux écluses des bateaux et trains montants ou descendants, auront lieu dans l'ordre qui présentera le plus d'économie pour l'eau, c'est-à-dire que si l'écluse est pleine, le bateau descendant aura la priorité; dans l'hypothèse contraire, le bateau montant passera le premier.

Art. 44.

Ordre à observer pour les bateaux et trains au passage des ponts tournants.

Au passage des ponts tournants, les bateaux chargés et les trains auront la priorité sur les bateaux vides. Hors ce cas, le passage sera donné alternativement à un bateau ou train montant, et à un bateau ou train descendant, suivant l'ordre de leur arrivée aux abords desdits ponts.

Art. 45.

Cas d'encombrement aux 3ᵉ, 4ᵉ, 11ᵉ et 12ᵉ écluses du canal Saint-Denis.

Dans le cas d'encombrement aux troisième, quatrième, onzième et douzième écluses du canal Saint-Denis, il sera donné passage alternativement à quatre bateaux montants et à quatre bateaux descendants.

[Cas d'encombrement aux 9ᵉ, 8ᵉ et 7ᵉ écluses du canal Saint-Martin.

Il sera aussi donné passage alternativement à quatre bateaux montants et à quatre bateaux descendants, aux neuvième, huitième et septième écluses du canal Saint-Martin, dans les cas où leurs abords seraient encombrés.

Dans toute autre circonstance, il sera donné passage alternativement à deux bateaux montants et à deux bateaux descendants aux septième et huitième écluses accolées dudit canal.

Art. 46.

Les bateaux et trains doivent aller de file sur les canaux.

Tous les bateaux et trains iront de file sur les canaux, en suivant l'ordre de leur entrée, sauf les exceptions ci-après :

Exceptions.

Tout bateau ou train dont la navigation serait interrompue par force majeure, devra laisser passer les bateaux ou trains qui seront derrière lui, pour qu'ils puissent continuer leur marche. A cet effet, il devra être amarré du côté opposé à celui du halage.

Trématage.

Tout bateau ou train halé par des hommes devra se laisser trémater par les bateaux ou trains halés par des chevaux, lorsqu'il aura été atteint par eux dans le parcours d'un bief.

Les bateaux ou trains halés par des chevaux qui auront été atteints dans le parcours d'un bief, par d'autres bateaux ou trains également halés par des chevaux, devront aussi se laisser trémater par eux.

Art. 47.

Conditions pour le trématage.

Dans les cas prévus par l'article précédent, le trématage n'aura lieu qu'autant que les bateaux ou trains auront atteint celui ou ceux qui les précédaient à deux cents mètres au moins des abords des écluses.

Art. 48.

Priorité de passage pour certains bateaux.

En cas d'avarie sur les canaux, les bateaux employés au service des travaux auront le droit de passer avant tout autre bateau ou train.

Art. 49.

Bateaux ou trains arrêtés pour prendre tour au passage des ponts, etc.

Les bateaux ou trains arrêtés, dans les canaux de Saint-Denis et de l'Ourcq, pour prendre tour au passage des ponts, écluses et chenaux, seront de file sur une seule ligne; ils devront être solidement attachés par deux amarres du côté opposé au chemin de halage, qui devra être libre en tout temps.

Ils ne pourront stationner dans les cinquante mètres en amont ou en aval des ponts, écluses et chenaux.

Les dispositions du paragraphe précédent ne sont pas applicables aux gares Carrée, Saint-Denis et Circulaire, dans lesquelles il devra cependant être réservé un espace libre, d'une largeur suffisante, pour que les bateaux puissent s'y croiser, entrer dans les écluses et en sortir librement.

Sur le bassin de La Villette, comprenant la partie entre le pont tournant et la gare circulaire, les bateaux ou trains pourront stationner sur les deux rives, immédiatement en aval et en amont des angles d'évasement formant la limite du bassin, mais en laissant libre, toutefois, un espace suffisant pour que deux bateaux puissent s'y croiser.

Art. 50.

Hauteur des eaux déterminée par le passage des bateaux.

Lorsque la hauteur des eaux du bassin de La Villette (gare circulaire), mesurée à la porte d'amont de la première écluse du canal Saint-Denis, n'excédera pas de dix centimètres le tirant d'eau d'un bateau, le passage sera refusé.

Les bateaux qui se trouveront dans ce cas, devront se ranger, soit dans la gare circulaire, soit dans la gare carrée, pour laisser passer ceux qui seraient moins chargés; ils reprendront leur tour aussitôt que les eaux dudit bassin auront atteint le degré fixé pour leur navigation.

Art. 51.

Cas d'encombrement sur l'un des biefs des canaux.

Dans le cas où il y aurait encombrement sur l'un des biefs des canaux, la compagnie concessionnaire sera tenue, sur la réquisition qui lui en sera faite, de suspendre momentanément l'arrivage de nouveaux bateaux ou trains dans le bief encombré. Elle ne pourra y faire reprendre le mouvement de la navigation que lorsque l'encombrement aura cessé; et jusque-là tous les bateaux ou trains seront retenus dans les biefs les plus voisins.

Chapitre IV.

Police des bateaux et trains à port.

Art. 52.

Obligations à remplir par les conducteurs de bateaux à leur arrivée aux ports de destination.

Les mariniers conducteurs de bateaux ou de trains sont tenus, à leur arrivée aux ports de destination, d'en faire la déclaration immédiate à l'inspecteur de la navigation de l'arrondissement, auquel ils devront en outre représenter leurs lettres de voiture et les passavants obtenus aux bureaux d'arrivage.

Sur le vu de ces pièces, l'inspecteur délivrera un permis de débarquement de la marchandise ou de tirage du bois, dans lequel sera désigné l'emplacement où l'opération devra être faite, et la partie du port sur laquelle la marchandise devra être déposée.

Il est défendu de mettre les bateaux à port ailleurs qu'aux places désignées dans les permis délivrés par l'inspecteur de la navigation.

Art. 53.

Les mâts doivent être abattus.

Tout bateau à port devra avoir ses mâts abattus.

Bateau renforcé doit être muni d'un gouvernail.

Tout bateau dit renforcé devra, pendant son séjour dans les ports, être muni d'un gouvernail ou garrot.

Art. 54.

Placement des trains dans les ports de tirage.

Dans les ports de tirage de bois, les trains ne pourront être placés que de la manière ci-après indiquée, savoir :

Dans les ports du haut, rive droite : en amont du pont d'Austerlitz, sur huit rangs au plus pour les bois à brûler et sur quatre rangs au plus pour les bois à ouvrer.

Dans les ports du haut, rive gauche : en amont du pont d'Austerlitz, sur quatre rangs au plus pour les bois à brûler et sur trois rangs au plus pour les bois à ouvrer ; et en aval dudit pont, même rive, où ne devront être tirés que des bois de chauffage, les trains ne pourront être placés sur plus de quatre rangs.

Ports du bas, rive droite. Au port de Recueillage il ne devra être conduit que des bois de chauffage et les trains ne pourront y être placés sur plus de six rangs ; aux ports des Champs-Elysées et de Chaillot les trains de bois de chauffage ne pourront être placés sur plus de quatre rangs et ceux de bois à ouvrer sur plus de deux rangs.

Enfin, dans les ports du bas, rive gauche, les trains de bois de chauffage ne pourront être placés sur plus de huit rangs et ceux de bois à ouvrer sur plus de quatre rangs.

Chapitre V.

§ 1er. — *Police des ports de chargement et de déchargement.*

Art. 55.

Heures d'ouverture des ports.

Les ports de Paris et tous ceux dépendant du ressort de la Préfecture de Police seront ouverts depuis le point du jour jusqu'à la nuit.

L'ouverture et la fermeture des ports seront annoncés au son de la cloche.

Art. 56.

Marchandises à charger ou à décharger.

Il est défendu de charger ou de décharger des marchandises sur les ports avant leur ouverture et après leur fermeture.

Art. 57.

Le déchargement des bateaux, quelle que soit la nature de leur chargement, devra commencer aussitôt après l'obtention du permis et la mise à port ; il devra être continué sans interruption et avec des moyens convenables.

Délai pour le déchargement des bestiaux et l'enlèvement des marchandises.

L'enlèvement des marchandises sera effectué au fur et à mesure du déchargement.

Ces opérations devront être terminées, au plus tard, dans un délai de trois jours pour les bateaux dont le chargement n'excédera pas cent tonneaux.

Pour les bateaux d'un plus fort tonnage, le délai sera augmenté d'un jour par cinquante tonneaux de chargement.

Indication des délais dans les permis de déchargement.

Le délai accordé au marinier, pour le déchargement de son bateau et l'enlèvement des marchandises, conformément à ce qui précède, sera indiqué dans le permis de débarquement.

Les dispositions ci-dessus ne s'appliquent point aux bois amenés par bateaux ou trains, le déchargement de ces bois étant réglé par l'article 67 de la présente ordonnance.

Art. 58.

Défense concernant les marchandises déposées sur les ports.

Il est défendu de monter et de s'asseoir sur les marchandises déposées sur les ports.

Art. 59.

Défense d'empiler, de mesurer ou de scier du bois sur les ports.

Il est défendu d'empiler, de mesurer ou de scier des bois, de quelque nature que ce soit, sur les ports et berges.

Art. 60.

Passage sur les ports et berges interdit pendant la nuit. — Exceptions.

Le passage sur les ports et berges est interdit pendant la nuit.

Sont exceptés de cette défense : 1° les employés de la navigation, les préposés de l'octroi et de la douane, ainsi que les agents de la sûreté publique, qui devront représenter leur carte, dont le modèle sera déposé dans chacun des postes destiné à la garde des ports ; 2° les propriétaires ou gardiens des bateaux, mais en cas de besoin seulement pour ces derniers, qui devront d'ailleurs être munis d'une lanterne close.

Art. 61.

Dépôt sur les ports, de clous, ferraille, etc.

Les clous, la ferraille, les débris de bouteilles, de verre, de porcelaine, et tous autres objets de nature à occasionner des accidents, ne pourront être déposés sur les ports et berges autrement qu'enfermés dans des enveloppes en bon état [1].

Art. 62.

Embarquement de marchandises.

Les marchandises destinées à être embarquées ne pourront y être déposées qu'en vertu d'un permis préalable de l'inspecteur de la navigation.

---

[1] Circulaire du 30 novembre 1858.

Extrait de l'Ordonnance de Police du 1er septembre 1853.

Art. X.

Il est expressément défendu de déposer dans les rues, sur les places, quais, ports, berges, et en général sur aucune partie de la voie publique, des menus gravois, des décombres, du mâchefer, des pailles, des coquilles d'huitres, des cendres, des résidus de fabrication, de jardin, de commerce, de fruiterie et autres résidus analogues. Ces objets devront être portés directement aux voitures du nettoiement et remis aux desservants de ces voitures lors de leur passage.

Il en sera de même des bouteilles cassées, des morceaux de verre, de poterie, de faïence et de tous autres objets pouvant occasionner des accidents.

Art. XV.

Il est défendu de jeter des pailles ou des ordures ménagères à la rivière, sur les berges, sur les parapets, cordons ou corniches des ponts.

Art. 63.

Délais fixés pour l'embarquement des marchandises déposées sur les ports.

Les chargements sont soumis aux mêmes prescriptions et conditions que les déchargements, et ne pourront avoir lieu qu'avec un permis des inspecteurs de la navigation et que dans les lieux désignés par eux.

Le dépôt de la marchandise sur le port et son chargement dans un bateau devront être terminés dans un délai de trois jours pour les bateaux n'excédant pas cent tonneaux.

Pour les bateaux d'un plus fort tonnage, le délai sera augmenté d'un jour par cinquante tonneaux.

Ces délais seront indiqués dans le permis de dépôt et de chargement.

Art. 64.

Bateaux vides. — Délais fixés pour leur retrait des ports.

Les bateaux vides devront être retirés des canaux et des ports vingt-quatre heures, au plus tard, après leur entier débarquement, et conduits aux lieux de garage qui leur sont affectés.

Sont exceptés de cette disposition les bateaux vides qui doivent être remontés par le chef des ponts, aux termes de son cahier des charges.

Art. 65.

Dépotage du charbon de bois.

Le dépotage du charbon de bois s'effectuera sur les ports de déchargement, mais seulement sur les points qu'indiqueront les permis délivrés par l'inspecteur général de la navigation.

Le dépotage commencera dès la mise à port du bateau ; il sera opéré, sans discontinuer, jusqu'à complet achèvement et avec des moyens tels qu'il soit déchargé au moins 500 hectolitres de charbon par jour. Le charbon devra être enlevé du port à mesure du déchargement.

Art. 66.

Poussier de charbon restant au fond des bateaux.

Le poussier restant au fond d'un bateau après la vente ou le dépotage ne pourra être déposé sur les ports.

Art. 67.

Les bois ne peuvent rester déposés sur les berges.

Les bois ne pourront, sous aucun prétexte, être déposés sur les berges.

Délai pour l'enlèvement des bois.

Le tirage ou le débarquement et l'enlèvement des bois à brûler devront être terminés dans le délai de trois jours pour un train ou une toue et de six jours pour un bateau.

Les bois à ouvrer devront être enlevés et rentrés, chaque jour, au fur et à mesure du tirage ou du débarquement, et de manière que, quel que soit le moyen de transport employé, il n'y ait jamais à la fois sur ce point plus de bois que la quantité nécessaire pour un chargement et qu'il n'en reste point sur le port d'un jour à l'autre.

Sur les ports où existent des voies spéciales pour le tirage des bois à ouvrer, ce tirage ne pourra se faire en dehors de ces voies.

Lorsque les tirages de bois à ouvrer et de bois à brûler s'opéreront à la fois sur un même port, les tireurs de bois à brûler devront toujours laisser libres les voies destinées au tirage des bois à ouvrer.

Art. 68.

Ports de tirage des bois.

Les trains et bateaux de bois de toute espèce ne pourront être tirés ou déchargés dans Paris qu'aux ports de la Râpée, de l'Hôpital, Saint-Bernard, du Recueillage, des Invalides, des Champs-Élysées, de Chaillot et du canal Saint-Martin.

Art. 69.

Chargement ou déchargement interdit au passage des ponts et écluses du canal Saint-Denis.

Il est défendu de charger ou de décharger aucun bateau sur le canal Saint-Denis, au passage des ponts et écluses, ainsi que dans un rayon moindre de 50 mètres de distance desdits ponts et écluses.

Cette disposition n'est point applicable aux gares Carrée, Saint-Denis et Circulaire.

Art. 70.

Mise à port sur les canaux.

La mise à port des bateaux et trains aura lieu sur les canaux, suivant l'ordre des arrivages, sur tous les points autres que ceux qui, avec notre autorisation, auront été affectés, par les Compagnies concessionnaires, à des services spéciaux.

Art. 71.

Francs bords du canal Saint-Martin.

La portion du quai du canal Saint-Martin, de 5 mètres en largeur sur chaque rive, réservée, par l'article 13 de la concession, pour le public et le mouvement des marchandises, ne pourra être occupée en totalité par ces dernières.

Pour faciliter la circulation du public et le halage des bateaux, un espace de deux mètres, à partir du bord du canal, devra être constamment libre et ne pourra être occupé même momentanément.

Francs bords du bassin de La Villette.

Sur les 8 mètres de franc bord qui doivent exister autour du bassin de La Villette, conformément à l'arrêté de M. le Préfet de la Seine, du 9 mars 1822, un espace d'un mètre, à partir du bord du bassin, devra aussi rester constamment libre.

Art. 72.

Fermeture des chaînes des canaux.

Les chaînes placées aux abords des ponts et le long des sas d'écluses des canaux seront fermées chaque soir, après le coucher du soleil, par les soins des Compagnies concessionnaires.

Les autres chaînes le seront également, aux heures fixées pour la fermeture des ports, par les agents préposés à cet effet.

§ 2. — *Dispositions particulières au port de Choisy-le-Roi.*

Art. 73.

Limites du port de Choisy-le-Roy. — Son affectation.

Le port de Choisy-le-Roi, situé sur la rive gauche de la Seine, est affecté au chargement et au déchargement des marchandises.

Il commence à la naissance de la grande berge, en face du chemin vicinal, et comprend le littoral en aval sur une étendue de 1,540 mètres.

Art. 74.

Placement des bateaux au port.

Il est défendu de placer plus de deux rangs de bateaux ou trains à ce port, et d'y conduire aucun train ou bateau qui ne serait pas destiné à être tiré ou déchargé sur-le-champ.

Art. 75.

Dépôt de marchandises.

Il est défendu de déposer, sur la partie du chemin de halage qui se trouve sous le pont, aucune marchandise provenant de débarquement ou destinée à être à embarquée, et d'y faire stationner aucune voiture.

§ 3. — *Dispositions particulières au port des Carrières-Charenton.*

Art. 76.

Limites et affectation du port des Carrières-Charenton.

Le port des Carrières-Charenton est un port de chargement et de déchargement.

Il commence à la rampe d'amont du port communal, et comprend tout le littoral en aval sur une longueur de 394 mètres.

Art. 77.

Placement des bateaux à ce port.

Il ne pourra être placé plus de deux rangs de bateaux à ce port, et il est défendu d'y conduire d'autres bateaux que ceux destinés à être immédiatement déchargés.

Art. 78.

Police du port.

Il est défendu de charger des voitures sur le point appelé Port Communal.

Ces chargements devront être effectués sur la rampe d'amont, ou sur le chemin de service et de manière à ne point nuire à la circulation.

Il ne devra jamais être chargé deux voitures de front.

§ 4. — *Dispositions particulières au port de Bercy.*

Art. 79.

Division du port de Bercy.

Le port de Bercy se divise en port de garage et en port de déchargement.

Le port de garage est divisé en deux parties :

La première commence immédiatement en amont de l'île de Quinquengrogne, et se prolonge jusqu'au dernier Lion, sur une longueur de 882 mètres ; elle est affectée au garage des trains de bois à ouvrer.

La seconde commence au dernier Lion et se prolonge jusqu'à la Pancarte, sur une longueur de 422 mètres ; elle est affectée au garage des bateaux de bois, de charbon de bois, d'ardoises et plus spécialement aux bateaux chargés de vin,

Le port de déchargement s'étend depuis la Pancarte jusqu'au pont.

Art. 80.

Placement des bateaux à ce port.

Il est défendu de placer au port de déchargement plus de quatre rangs de toues, ou plus de trois rangs de bateaux.

Art. 81.

Mise à port des bateaux à Bercy.

La mise à port des bateaux et leur déchargement ne pourront avoir lieu qu'aux places indiquées sur le permis.

Cette mise à port s'opérera, autant que possible, en face des magasins auxquels les marchandises seront destinées.

Les bateaux dont les chargements seraient sans destination fixe, seront mis à port selon leur tour d'arrivage, sur les diverses parties du port qui seront libres.

Tout bateau dit renforcé pourra successivement être mis à port sur les divers points où il aurait à déposer des marchandises, lorsque d'ailleurs l'inspecteur de la navigation n'y verra point d'inconvénient.

Art. 82.

Sortie des bateaux du port.

Aucun bateau ou train, admis dans l'un ou l'autre port, ne pourra le quitter sans un permis de l'inspecteur de la navigation.

Dans le cas où des mariniers voudraient conduire leurs bateaux dans des gares particulières, ils seront tenus d'en faire la demande par écrit à l'inspecteur de la navigation, qui leur en accordera le permis.

Art. 83.

Manœuvres à faire pour la mise à port des bateaux.

Il est enjoint aux mariniers, lorsqu'ils mettront leurs bateaux à port à Bercy, soit en traversant la Seine, soit en les lâchant d'un point sur l'autre, d'avoir une ancre à l'eau et de se tenir sur corde.

Ils ne pourront se reprendre sur un bateau déjà à port, que lorsque leur propre bateau, étant étalé sur son ancre, n'aura plus besoin d'être maintenu en accotage, et seulement pendant le temps nécessaire pour fermer la corde d'amarre à terre et relever l'ancre.

Art. 84.

Amarrage des bateaux dits-renforcés.

Pendant le séjour des bateaux renforcés dans le port de Bercy, indépendamment de la corde qui devra les fermer sur les pieux d'amarre, leur ancre restera à l'eau jusqu'à ce que l'inspecteur en autorise l'enlèvement.

Art. 85.

Toues de vin. — Délais fixés pour leur séjour au port.

Les toues de vin venant en déchargement audit port n'y pourront rester plus de quinze jours, y compris celui de leur arrivée.

Les bateaux dits renforcés seront mis en déchargement dès leur arrivée à port.

La durée du stationnement, mentionné ci-dessus, sera réduite par nous suivant les circonstances qui l'exigeront.

Art. 86.

Les bateaux déchargés doivent être retirés du port.

Toute embarcation dont le déchargement aura été opéré sera immédiatement retirée du port et passée au bord dehors des autres bateaux.

Sous aucun prétexte, elle ne sera passée sur la rive opposée.

Art. 87.

Durée du stationnement des marchandises sur le port.

La durée du stationnement des marchandises sur le port et l'étendue des espaces occupés par ces marchandises varieront selon les temps, les besoins du service et l'état des lieux en rivière. Elles seront toujours restreintes dans les limites que le maire de Bercy et l'inspecteur de la navigation indiqueront de concert, toutes les fois que les circonstances l'exigeront, et de manière que les espaces nécessaires au déchargement des marchandises et aux mouvements du port soient toujours libres.

En cas de dissentiment entre le maire et l'inspecteur de la navigation, il nous en sera référé immédiatement pour être statué sur ce qu'il appartiendra.

Les marchandises déposées sur les espaces devant rester libres pour le mouvement du port, seront enlevées d'office, s'il y a lieu, à défaut par les propriétaires d'obtempérer aux réquisitions qui pourraient leur être faites à cet égard par l'inspecteur du port.

Art. 88.

Défense de charger sur la berge salpêtrée.

Le chargement et le déchargement des voitures ne devront se faire que sur le pavé et non sur la berge salpêtrée.

Art. 89.

Tirage des bois à ouvrer.

Les bois à ouvrer devront être tirés directement en chantier sans pouvoir séjourner sur le port de Bercy.

§ 5. — *Dispositions particulières au port de la Gare.*

Art. 90.

Placement des bateaux au port de la Gare.

Il ne pourra être placé au port de la Gare plus de trois rangs de toues, ou plus de deux rangs de bateaux.

Embarquement des marchandises.

Il est défendu d'embarquer des marchandises dans la partie du port en aval du canal Triozon.

Art. 91.

Défense de garer bateau ou train à moins de 50 mètres de distance de l'arche du pont de Bercy, rive gauche de la Seine.

L'arche de halage du pont de Bercy, rive gauche de la Seine, devra toujours être libre. Aucun bateau ou train ne pourra être garé à une distance moindre de 50 mètres tant en amont qu'en aval de cette arche.

§ 6. — *Dispositions particulières au port de l'Entrepôt général des vins et eaux-de-vie.*

ART. 92.

Manœuvres à faire pour mettre les bateaux à quai au port de l'Entrepôt.

Les mariniers ou conducteurs de bateaux dits renforcés sont tenus, pour mettre ces bateaux à quai, au port de l'Entrepôt général, d'avoir une ancre à l'eau et de se lâcher sur corde.

Ils ne pourront se reprendre sur un bateau déjà à port, que lorsque leur propre bateau étant étalé sur son ancre, n'aura plus besoin que d'être maintenu en accotage, et seulement pendant le temps nécessaire pour fermer la corde d'amarre à terre et relever l'ancre.

ART. 93.

Placement des bateaux à ce port.

Les bateaux et toues amenés au port de l'Entrepôt général des vins ne pourront y être placés, savoir : les bateaux sur plus de deux rangs et les toues sur plus de trois rangs.

ART. 94.

Durée du séjour des bateaux au port.

Ces bateaux et toues ne pourront rester à port plus de quinze jours ; et la durée de ce stationnement sera même réduite par nous toutes les fois que les circonstances l'exigeront.

ART. 95.

Rangement des pièces sur le port.

Pour faciliter le déchargement des bateaux et toues, les pièces de vin qui auront été déposées à terre seront, lorsque cette mesure deviendra nécessaire, engerbées jusqu'en troisième, en commençant toujours par les pièces de la plus petite jauge.

Il sera laissé, de quatre pièces en quatre pièces, un espace libre de la largeur d'un mètre au moins, pour faciliter la circulation sur le port.

§ 7. — *Dispositions particulières au port de la Briche-St-Denis.*

ART. 96.

Chargement et déchargement des bateaux.

Le chargement ou le déchargement des bateaux au port de la Briche ne pourra avoir lieu que dans l'espace qui s'étend depuis l'embouchure en Seine du canal St-Denis, jusqu'aux limites de la commune en aval.

CHAPITRE VI.

PORTS DE VENTE.

§ 1er. — *Charbon de terre.*

ART. 97.

Ports affectés à la vente du charbon de terre sur bateaux.

Les lieux affectés à la vente du charbon de terre sur bateaux sont :

Le port de St-Paul, où il ne pourra être mis en vente à la fois plus de dix-huit toues ou péniches placées sur trois rangs parallèles au quai ;

Le port d'Orsay (extrémité d'amont), où il ne pourra être placé plus de trois bateaux ou toues sur une seule longueur de bateaux ;

Et le bassin de Ménilmontant (canal Saint-Martin), où il ne pourra être placé plus de quatre toues sur deux rangs.

Port d'approchage en amont du pont d'Austerlitz.

Les bateaux destinés pour ces ports de vente pourront être amenés au nombre de huit, placés sur quatre rangs, en approchage immédiatement en amont du pont d'Austerlitz, rive droite de la Seine, mais ils n'y pourront rester que jusqu'au moment où il y aura place pour eux dans les ports de vente.

ART. 98.

Délais fixés pour la vente.

Les bateaux de charbon de terre ne pourront être amenés aux ports de vente sans un permis de l'inspecteur de la navigation ;

Ils n'y pourront rester plus de quinze jours.

A l'expiration de ce délai, ils devront être relevés et conduits dans un port de déchargement.

ART. 99.

Écriteau à placer sur les bateaux.

Les marchands sont tenus de mettre sur chacun de leurs bateaux, amenés au port de vente, un écriteau indicatif de leur nom et du lieu d'où provient le charbon.

§ 2. — *Charbons de bois.*

ART. 100.

Ports affectés à la vente du charbon de bois sur bateaux.

Les lieux affectés à la vente du charbon de bois sur bateaux dans Paris sont les ports :

De la Grève,

De l'École,

De la Tournelle,
Des Quatre-Nations,
D'Orsay,
Et le bassin d'Angoulême, rive droite, canal Saint-Martin.

Art. 101.

Défense de changer la devise des bateaux sans autorisation.

La devise et les indications que devra porter chaque bateau amené à la vente, conformément aux prescriptions de l'article 2 de la présente ordonnance, ne pourront être changées sans autorisation.

Art. 102.

Tour d'admission des bateaux aux ports de vente.

Pour déterminer, dans le cas prévu par l'article 3 de l'ordonnance royale du 5ᵉ juillet 1834, le tour d'admission aux ports de vente des bateaux de charbon de bois, l'arrivée de ces bateaux aux points de passages régulateurs sera constatée par leur inscription sur un registre ouvert à cet effet au bureau de l'inspecteur général de la navigation.

Art. 103.

Allèges.

Lorsqu'il y aura nécessité d'alléger un bateau, l'allège suivra au port de vente le bateau allégé.

Art. 104.

Jour et heure d'arrivée des bateaux à faire constater.

Les conducteurs de bateaux de charbon de bois feront constater le jour et l'heure de leur arrivée par l'inspecteur de la navigation, savoir :
À Choisy-le-Roi, pour les arrivages de la Haute-Seine ;
À Charenton, pour les arrivages par la Marne ;
À la Briche, pour les arrivages de la Basse-Seine ;
Et à La Villette, pour les arrivages des canaux de l'Ourcq et Saint-Denis.
Les inspecteurs de la navigation tiendront registre des déclarations et en délivreront extrait aux conducteurs des bateaux.

Art. 105.

Bateau non mis en vente à son tour.

Tout bateau de charbon de bois qui n'aura pas été mis à port à son tour de vente, sera remplacé par le bateau suivant et prendra un nouveau numéro.

Art. 106.

Permis pour la conduite des bateaux.

Aucun bateau de charbon de bois ne pourra être conduit dans les ports de Paris, sans un permis délivré par l'inspecteur général de la navigation sur la présentation du bulletin du bureau d'arrivage.

Art. 107.

Charbon avarié.

Lorsque du charbon aura été avarié de manière à devoir être nécessairement changé de bateau, et lorsque l'avarie aura été régulièrement constatée, ce charbon pourra, d'après notre autorisation, être mis en vente immédiatement sur le port que nous désignerons à cet effet.

Un écriteau, portant en gros caractères : *Charbon avarié,* sera placé à 'entrée du bateau.

Art. 108.

Transbordement du charbon.

Si par suite de surcharge, d'avarie, ou pour toute autre cause, on était obligé de transborder le charbon d'un bateau sur un autre, déclaration devrait en être préalablement faite au bureau de l'octroi et à celui de la navigation.

Chapitre VII.

Remontage des bateaux vides en amont de Paris.

Art. 109.

Mesures à observer pour le remontage des bateaux.

Lorsque des bateaux seront remontés en trait, la queue du trait devra toujours être maintenue par une corde d'évente.

Art. 110.

Nombre de bateaux formant un trait.

Le nombre de bateaux formant un trait ne pourra excéder cinq marnois, sept toues ou lavandières, ou enfin vingt-huit margotats sur quatorze de longueur seulement.

Chapitre VIII.

Dispositions spéciales aux Canaux.

Art. 111.

Espaces réservés pour l'approchage des bateaux et trains à destination des canaux.

Il est défendu de gêner ou d'entraver les manœuvres des bateaux et trains destinés à entrer dans les canaux.

Aucune marchandise ne pourra être chargée ou déchargée, sur la rive droite de la Seine, dans les espaces compris entre le chenal des canaux et les poteaux limitant l'étendue du port, réservés pour l'approchage des bateaux et trains destinés à entrer dans ces canaux.

Les flettes ou bachots appartenant aux bateaux entrés dans les canaux ne pourront stationner en rivière dans les espaces ci-dessus déterminées ; les points de stationnement de ces flettes ou bachots seront désignés par l'inspecteur de la navigation.

Art. 112.

Défense de battre des piquets d'amarre sur les chemins de halage.

Il est défendu de battre des piquets d'amarre pour arrêter les bateaux ou trains sur les chemins de halage ; d'amarrer les bateaux ou trains aux arbres plantés le long des canaux ; et de tenir les cordes d'amarre élevées au-dessus de terre de manière à gêner le passage sur les levées et sur les francs bords.

Art. 113.

Jet des eaux de vidange.

Il est défendu de jeter les eaux de vidange des bateaux sur les talus des levées ou sur les murs de revêtement.

Défense de se servir de crocs, etc.

Il est aussi défendu de faire usage de crocs ou autres instruments pouvant détériorer les maçonneries.

Art. 114.

Manœuvre des vannes et portes d'écluses.

Nul ne pourra manœuvrer les vannes, les portes des écluses et les ponts, si ce n'est du consentement des éclusiers et des pontonniers.

Art. 115.

Défense d'embarrasser les chemins de halage et les francs bords des canaux.

Il est défendu d'embarrasser les chemins de halage et les francs bords des canaux par des dépôts de matériaux, de marchandises ou par quelque autre objet que ce soit.

En ce qui concerne le canal Saint-Martin et le bassin de La Villette, cette défense ne s'applique qu'aux parties des francs bords qui doivent rester libres aux termes de l'article 71 de la présente ordonnance.

Il est aussi défendu de faire des ouvertures sur les francs bords sous quelque prétexte que ce puisse être.

Art. 116.

Radeaux servant au tirage des bois.

Les radeaux stationnant sur les canaux devront porter une plaque indicative du nom de leur propriétaire.

Pendant la saison du tirage des bois, ces radeaux devront être solidement amarrés, lorsqu'on n'en fera point usage.

A l'époque où le tirage des bois est terminé, ils devront être mis en gare, et ne pourront, sous aucun prétexte, séjourner sur la voie publique.

Art. 117.

Défense de faire paître les bestiaux sur les chemins de halage, etc.

Il est défendu de faire paître les bestiaux sur les chemins de halage des canaux, les levées et leurs dépendances ; de parcourir ces chemins et levées avec des voitures, charrettes ou bêtes de somme ; d'abreuver les bestiaux ailleurs que dans les abreuvoirs ; de faire rouir du chanvre dans les canaux ou dans les contre-fossés en dépendant ; et d'y laver du linge ailleurs que dans les bateaux affectés à cette destination.

Art. 118.

Bachots dépendant d'embarcations naviguant sur les canaux.

Il est défendu aux mariniers de louer ou prêter leurs bachots pour s'en servir sur les canaux, et de les employer à tout autre service qu'à celui de l'embarcation dont lesdits bachots dépendent.

Art. 119.

Défense de puiser de l'eau dans les canaux.

Il est défendu de puiser de l'eau dans les canaux appartenant à des particuliers, sans une autorisation spéciale des propriétaires, sauf le cas d'incendie.

Art. 120.

Conduite des chevaux sur les ponts mobiles.

Il est défendu à tous conducteurs de chevaux, attelés ou non, de les mener autrement qu'au pas en traversant les ponts mobiles établis sur les canaux.

Art. 121.

Défense de rester sur les tabliers des ponts pendant la manœuvre.

Il est défendu de monter sur les bateaux et trains naviguant ou stationnant sur les canaux.

Il est également défendu de rester sur le tablier des ponts pendant la manœuvre, et de passer sur les portes des écluses autres que celles qui seront disposées à cet effet.

Exceptions.

Sont exceptés de ces défenses les agents du service de la navigation et ceux des Compagnies concessionnaires, ainsi que les personnes employées au service des bateaux et trains.

SECTION II.

NAVIGATIONS SPÉCIALES

CHAPITRE IX.

Navigation accélérée.

ART. 122.

Inscription à mettre sur les bateaux.

Tout bateau appartenant à un service de transports accélérés portera, en gros caractères, près du nom du bateau, les mots : Service accéléré, les noms et domicile de l'entrepreneur et la date de l'autorisation spéciale qu'il a obtenue.

Le patron du bateau sera porteur d'une lettre de voiture signée de l'entrepreneur et portant les mêmes énonciations que la plaque. Il sera tenu de la présenter aux éclusiers, pontonniers et autres agents du service de la navigation toutes les fois qu'il en sera requis.

Le bateau sera, de plus, surmonté par une flamme rouge, destinée à le faire reconnaître de loin.

Il est défendu aux bateaux qui n'appartiennent pas à un service accéléré, dûment autorisé, de porter tout ou partie des signes distinctifs mentionnés au présent article.

ART. 123.

Défense de marcher accouplés.

Les bateaux accélérés ne pourront jamais marcher accouplés ; ils doivent toujours être halés séparément.

ART. 124.

Trématage des bateaux.

Les bateaux accélérés jouiront du droit de trématage en cours de navigation et de priorité de passage aux ponts et aux écluses.

Toutefois, la priorité de passage est réservée en faveur des bateaux qui seraient chargés pour le service de l'État, et qui seraient arrivés à la tête des écluses ou à celle des ponts avant le bateau accéléré.

ART. 125.

Cas où un bateau doit céder le pas à un autre.

Lorsqu'un bateau accéléré atteindra, en chemin, un bateau marchant moins vite, le charretier de celui-ci devra laisser tomber sa corde et céder le bord de l'eau à l'autre charretier, lequel, de son côté, devra forcer le pas.

Art. 126.

[Défense d'empêcher le passage des bateaux.]

Tout marinier qui, étant arrêté, s'opposera au passage des bateaux qui le suivent, ou qui, étant en marche, empêchera de passer devant lui les bateaux ayant droit de le faire, sera considéré comme ayant embarrassé la voie publique et poursuivi comme tel.

Art. 127.

Bateaux ayant droit de priorité au passage des ponts et des écluses.

A égalité de vitesse :
Les coches et barques transportant des voyageurs ;
Les bateaux chargés pour le service de l'État ou pour des travaux relatifs à la navigation ;
Les bateaux dont le chargement consistera en blés, farines, sucres bruts ou raffinés, glace, poissons frais, sel ou chaux vive,
Jouiront du droit de priorité de passage aux ponts et aux écluses.

Art. 128.

Fanaux à placer sur les bateaux.

Les bateaux voyageant la nuit porteront un fanal sur l'avant et un fanal sur l'arrière, et la lumière devra s'étendre jusqu'au-delà des chevaux de tirage.

Art. 129.

Fanaux portatifs à allumer dans certaines circonstances.

Indépendamment de l'éclairage dont il est parlé dans l'article précédent, les conducteurs des bateaux devront être munis de fanaux portatifs qu'ils allumeront avant d'entrer dans le sas des écluses, et qu'ils n'éteindront qu'après en être sortis.

Chapitre X.

Bateaux à vapeur.

Art. 130.

Permis de navigation.

Aucun bateau à vapeur ne pourra être admis à naviguer dans le ressort de la Préfecture de police qu'après l'accomplissement des formalités suivantes :
1° Le bateau devra être visité par la Commission de surveillance instituée à cet effet ;

2° Le propriétaire devra avoir reçu la notification exigée par l'article 2 de l'ordonnance royale du 2 avril 1823, et être pourvu d'un permis de navigation.

Dans la demande que devra nous adresser ce propriétaire pour réclamer la visite de son bateau, il est tenu d'indiquer les dimensions dudit bateau ;

Son tirant d'eau ;

Le service auquel il est destiné ;

La force de l'appareil moteur évaluée en chevaux ;

Et la pression, exprimée en atmosphères, sous laquelle l'appareil moteur fonctionnera.

Art. 131.

Conditions spéciales.

En nous adressant le procès-verbal de sa visite, la Commission nous proposera les conditions spéciales qu'elle jugera devoir être imposées, tant pour la sécurité des passagers, dans le cas où le bateau serait destiné au transport des voyageurs, que dans l'intérêt de la liberté de la navigation et de la conservation des établissements ou des travaux d'art en rivière.

Art. 132.

Conditions générales.

Indépendamment de ces conditions spéciales, sur lesquelles nous nous réservons de statuer, les bateaux à vapeur sont, en outre, assujettis aux conditions générales de sûreté suivantes.

Art. 133.

Soupapes de sûreté.

Les chaudières des machines à vapeur doivent être munies de deux soupapes de sûreté de même dimension, facilement accessibles, et dont une sera disposée de manière à rester sans cesse visible pour le public. Ces soupapes seront chargées, soit directement, soit par l'intermédiaire d'un levier, mais toujours, dans l'un et l'autre cas, d'un poids unique.

Ce poids, après avoir été vérifié, sera frappé d'une marque indiquant sa valeur en chiffres. Il est expressément défendu d'employer tout autre poids, sous aucun prétexte.

Art. 134.

Rondelles.

Chaque chaudière sera munie de rondelles métalliques fusibles au degré déterminé par les règlements et correspondant au numéro du timbre de la chaudière, et ces rondelles devront avoir un couvercle non assujetti pour les conserver en bon état et les garantir de toute atteinte, de manière qu'il soit toujours facile de reconnaître, à la première inspection, les numéros et les timbres octogones dont elles sont frappées.

Il devra y avoir toujours à bord des rondelles métalliques de rechange, afin de pouvoir remplacer sur-le-champ celles qui viendraient à se fondre.

ART. 135.

Manomètre.

Il sera en outre adapté à chaque chaudière un manomètre à mercure, construit avec soin, et dont la graduation fera connaître la tension de la vapeur, exprimée en atmosphères et fractions d'atmosphère.

Ce manomètre sera toujours à air libre pour les chaudières à basse pression.

Il devra toujours y avoir dans le bateau un manomètre de rechange.

ART. 136.

Appareils indicateurs.

Les chaudières seront munies d'indicateurs servant à faire connaître extérieurement le niveau de l'eau dans leur intérieur. A cet effet, il sera adapté à chaque chaudière deux, au moins, des trois appareils suivants : 1° des tubes indicateurs en verre ; 2° des flotteurs ; 3° des robinets indicateurs.

Ces appareils devront être constamment entretenus en bon état et il devra toujours y avoir à bord des bateaux, des tubes indicateurs de rechange, pour remplacer immédiatement ceux qui viendraient à être cassés.

. La ligne d'eau, ou le niveau que l'eau devra avoir habituellement dans la chaudière, sera indiquée à l'extérieur par un trait marqué d'une manière très apparente sur le corps de la chaudière.

ART. 137.

Local de l'appareil moteur.

Le local de l'appareil moteur sera séparé des salles des passagers par des cloisons en planches très solidement construites et entièrement revêtues d'une doublure en feuilles de tôle, à recouvrements, d'un millimètre d'épaisseur, au moins.

Le sol et les parois extérieures du local où l'on fait la cuisine devront être également revêtus en tôle.

ART. 138.

Soutes à charbon.

Les soutes à charbon devront être isolées et séparées du foyer et des chaudières, de manière que le feu ne puisse jamais s'y communiquer. Il devra être ménagé autour des soutes un espace libre, afin que l'air y puisse circuler facilement.

Art. 139.

Cheminées.

Lorsque les cheminées seront à bascule sans contre-poids, il sera établi sur le pont de chaque bateau à vapeur, et d'une manière solide, un support destiné à soutenir la cheminée lorsqu'on est obligé de la baisser pour passer sous les ponts.

Art. 140.

Bastingues sur le pont.

Le pont de chaque bateau devra être garni de garde-corps en bastingues, dont la lisse devra être à une hauteur suffisante pour la sûreté des passagers.

Art. 141.

Gardes en fer pour les tambours.

Les tambours qui, de chaque côté du bateau, envelopperont les roues, seront munis de gardes en fer descendant assez près de la surface de l'eau pour empêcher les embarcations de s'engager dans les palettes de ces roues.

Art. 142.

Ligne de flottaison.

Une ligne de flottaison sera tracée en couleur tranchante sur les flancs du bateau, vers les hanches et les joues, par les soins et aux frais du propriétaire, et d'après les indications de la Commission de surveillance des bateaux à vapeur.

Art. 143.

Canot de sauvetage.

Chaque bateau à vapeur devra être muni d'un canot de sauvetage dont la longueur ne pourra être moindre de 4 mètres et la largeur de 1 mètre 60 centimètres.

Ce canot sera suspendu au bateau ou conduit à la traîne.

Dans le premier cas, il devra être préalablement constaté par la Commission de surveillance qu'il est disposé de manière à être instantanément mis à l'eau, au besoin.

Bouée de sauvetage.

Il y aura à bord une bouée de sauvetage en liége, du poids de 10 à 15 kilogrammes, suspendue à l'arrière, et une hache en bon état, à portée du timonier.

Boîte fumigatoire.

Il y aura également dans chaque bateau à vapeur une boîte fumigatoire pour qu'on puisse, au besoin, administrer des secours aux personnes qui seraient retirées de l'eau en état d'asphyxie.

Cette boîte devra être conforme à celles qui sont employées sur la Seine, dans Paris, pour l'administration des secours publics, d'après les instructions du Conseil de salubrité.

Art. 144.

Ancres et cordes d'amarre.

Les bateaux à vapeur seront, en outre, pourvus de deux ancres et de cordes d'amarre suffisantes. Ces ancres devront constamment être disposées pour être mouillées immédiatement, au besoin.

Art. 145.

Registre de bord.

Il devra y avoir en tout temps, à bord de chaque bateau, un registre dont toutes les pages seront cotées et paraphées par l'autorité qui aura délivré le permis de navigation, et sur lequel les passagers auront la faculté de consigner leurs observations, en ce qui concerne la marche du bateau, les avaries ou accidents quelconques, et la conduite de l'équipage.

Art. 146.

Tableau à placer dans la salle des passagers.

Dans chaque salle où se tiennent les passagers, il sera placé un tableau indiquant :

1° La durée moyenne des voyages, tant en montant qu'en descendant, et en ayant égard à la hauteur des eaux ;

2° Le temps durant lequel le bateau devra stationner aux différents lieux déterminés pour les embarquements ;

3° Le nombre maximum des passagers qui pourront être reçus dans le bateau ;

4° La facilité qu'ont les passagers de consigner leurs observations sur le registre prescrit par l'article précédent ;

5° Les lieux de départ et d'arrivée, et ceux où les bateaux touchent en route ;

6° Les prix des voyages.

Une copie du permis de navigation et des dispositions de la présente ordonnance, relatives aux bateaux à vapeur, seront en outre affichées dans les salles où se tiennent les passagers.

Art. 147.

Composition de l'équipage.

Il y aura toujours à bord de chaque bateau à vapeur destiné à recevoir des passagers :

1° Un capitaine ;
2° Des hommes d'équipage en nombre suffisant ;
3° Un mécanicien ;
4° Un ou plusieurs chauffeurs.

Art. 148.

Capitaines et mécaniciens doivent être nommés par l'Administration.

Les capitaines et les mécaniciens des bateaux à vapeur devront être agréés par l'Administration.

A cet effet, ils sont tenus de se présenter devant la Commission de surveillance, afin que celle-ci puisse s'assurer s'ils réunissent les conditions requises, et nous proposer leur admission, s'il y a lieu.

Art. 149.

Le capitaine est responsable du bon ordre.

Le capitaine est responsable du maintien du bon ordre et de la police à bord de son bateau. Il commande les hommes de l'équipage et est chargé de la direction du bateau.

Art. 150.

Mécaniciens. — Leurs attributions.

Le mécanicien est chargé de la surveillance et de la conduite de l'appareil moteur ; il veillera, notamment, avec le plus grand soin, à ce que l'alimentation des chaudières se fasse bien et compense, à chaque instant, la dépense de la vapeur et toutes les pertes d'eau, afin qu'en aucun cas les parois des chaudières ne puissent rougir. Il dirigera les chauffeurs.

Chauffeurs.

Le mécanicien et les chauffeurs devront, chacun en ce qui le concerne, observer, pour la conduite des machines et celle du feu, toutes les mesures de précaution prescrites par l'instruction ministérielle du 19 mars 1824, modifiée par celle du 27 mai 1830.

Instructions à afficher.

Ces instructions seront affichées dans le local de la machine.

Art. 151.

Heures de départ.

Les bateaux à vapeur ne pourront opérer leur départ qu'aux heures fixées par nous.

Cloche d'avertissement.

On ne pourra faire sonner la cloche qu'un quart d'heure seulement avant le départ.

Art. 152.

Charge des bateaux.

La charge totale du bateau sera réglée de manière que la ligne de flottaison ne puisse jamais être submergée.

Il est expressément défendu d'admettre dans chaque bateau un nombre de passagers supérieur à celui qui aura été fixé par le permis de navigation, bien cependant que la ligne de flottaison n'ait pas encore été atteinte.

Art. 153.

Embarquement et débarquement des voyageurs.

Tout embarquement ou débarquement de voyageurs dans les ports, se fera au moyen d'un petit pont double, jeté du bateau sur le quai, et garni de rampes des deux côtés.

Dans le cas où le quai se trouvant d'avance occupé par des bateaux à vapeur, un nouveau bateau ne pourrait y avoir de place, et serait obligé de se ranger le long d'un autre bateau, celui-ci sera tenu de souffrir le passage des voyageurs, et ce passage s'effectuera au moyen d'un pont, semblable à celui dont il vient d'être parlé, jeté d'un bateau sur l'autre.

L'usage de simples planches est formellement interdit.

Art. 154.

Marche des bateaux à ralentir dans certains cas.

Les capitaines devront ralentir la marche de leur bateau, lorsqu'ils passeront près des points sur lesquels des bateaux ou trains se trouveraient réunis et garés.

Art. 155.

Mesures de précaution en cas d'embarquement en cours de voyage.

Toutes les fois que, durant le trajet, le capitaine d'un bateau à vapeur aura à prendre ou à débarquer des voyageurs, il devra faire cesser entièrement le jeu des roues.

Art. 156.

Cas où il faut sonner la cloche.

Les capitaines des bateaux à vapeur feront sonner la cloche à l'approche des ponts, des pertuis et des ports de débarquement.

Ils feront également sonner la cloche dans les passes où la rencontre de deux bateaux pourrait occasionner des accidents.

Art. 157.

Bateaux se rendant en sens opposé sur un même point.

Lorsque deux bateaux à vapeur allant en sens inverse viendront faire escale sur le même point, le bateau descendant devra prendre le large, et le bateau montant devra tenir le côté de la terre.

Art. 158.

Bateaux marchant dans un même sens.

Quand deux bateaux à vapeur allant dans le même sens se rapprocheront, celui qui sera en avant devra serrer le chenal de navigation à droite, et celui qui sera en arrière devra serrer le chenal à gauche.

Art. 159.

Manœuvre à faire en cas de rencontre d'un trait montant.

Lorsqu'un bateau à vapeur rencontrera en route un trait montant, ou des bateaux billés avalant par des chevaux, il devra prendre le bord opposé au chemin de halage.

Art. 160.

Défense de surcharger les soupapes.

Il est expressément défendu de surcharger les soupapes de sûreté, de chercher à empêcher ou à retarder la fusion des rondelles par un moyen quelconque, et de faire fonctionner la machine sous une pression supérieure à celle qui est indiquée dans le permis de navigation, notamment pour chercher à gagner de vitesse à l'approche d'un autre bateau.

Art. 161.

Déclarations à faire par les capitaines.

Les capitaines sont tenus de déclarer aux autorités locales des points de départ et d'arrivée, après chaque voyage, tous les faits parvenus à leur connaissance, qui pourraient intéresser la sûreté de la navigation, ainsi que les accidents ou les contraventions qui seraient de nature à être constatés par des procès-verbaux.

Art. 162.

Visa du registre de bord.

Au moment du départ et de l'arrivée des bateaux à vapeur, l'inspecteur du port se fera présenter le registre prescrit par l'article 145 de la présente ordonnance et le visera. Il s'assurera, en outre, de la présence à bord du capitaine, du mécanicien et des chauffeurs; enfin il vérifiera si le bateau n'est pas surchargé de manière à faire plonger la ligne de flottaison.

Art. 163.

Mesures de sûreté prescrites par les autorités locales.

Les propriétaires ou capitaines de bateaux à vapeur ne pourront se prévaloir du permis de navigation qui leur aura été délivré, pour se refuser à se conformer aux mesures de sûreté que les autorités locales jugeraient utile de leur prescrire, afin de compléter le régime de précautions sur toute la ligne de navigation.

Art. 164.

Visites trimestrielles.

Tout propriétaire de bateau à vapeur devra, lorsqu'il en sera requis par nous, suspendre son service pour que la Commission de surveillance fasse les visites trimestrielles prescrites par l'ordonnance royale du 2 avril 1823, ou tout autre visite que nous croirions devoir ordonner dans l'intérêt de la sûreté publique.

Art. 165.

Un bateau ne peut changer de service sans autorisation.

Aucun bateau à vapeur ne pourra être employé à un autre service que celui pour lequel il aura été autorisé, à moins d'une nouvelle permission spéciale.

Art. 166.

Bateaux venant d'un autre département.

Tout bateau à vapeur venant d'un autre département, avec un permis de navigation, sera soumis aux visites de la Commission de surveillance du département de la Seine, laquelle s'assurera si toutes les conditions imposées par le permis de navigation sont exécutées, et proposera de plus toutes celles qu'elle jugera nécessaires.

Art. 167.

Cas de retrait de la permission donnée aux capitaines et aux mécaniciens.

L'autorisation délivrée par nous aux capitaines et mécaniciens leur sera retirée dans les cas de négligence ou d'imprudence de nature à compromettre la sûreté des voyageurs, sans préjudice des poursuites judiciaires qui pourraient être intentées contre eux et des dommages et intérêts dont ils pourraient être passibles, conformément à la loi et notamment aux termes des art. 319 et 320 du Code pénal.

Art. 168.

Le permis de navigation peut être retiré.

Le permis de navigation pourra aussi être retiré suivant les circonstances à raison des accidents causés ou des imprudences habituellement commises par l'équipage ou le propriétaire du bateau à vapeur.

Chapitre XI.

Passages d'eau.

Art. 169.

Permis pour passages d'eau.

Il est défendu d'établir des passages d'eau sans autorisation.

Art. 170.

Bacs et bachots.

Les bacs et bachots employés au service des passages d'eau devront être solidement établis ; et les chemins, porte-chemins, trailles, cordages et agrès, être constamment entretenus en bon état.

Art. 171.

Tarif des droits de passage.

Les fermiers des passages d'eau sont tenus d'afficher, de l'un et de l'autre côté de la rivière, sur un plateau placé en lieu apparent, le tarif des droits de passage.

Il leur est défendu d'exiger de plus fortes sommes sous les peines de droit.

Chapitre XII.

Bachotage.

Art. 172.

Stationnement sur les cours d'eau publics des bachots, chaloupes, etc.

Les bachots, doubles bachots, batelets, galoupilles, chaloupes et tous autres bateaux analogues, employés à naviguer sur les cours d'eau publics du ressort de la Préfecture de police, ne pourront y stationner qu'en vertu d'une permission délivrée en notre nom par l'inspecteur général de la navigation.

Cette permission pourra être retirée en cas d'abus.

Art. 173.

Les bachots, chaloupes, etc., doivent avoir un numéro.

Lesdites embarcations devront porter le numéro d'ordre indiqué dans la permission, et ce numéro devra être peint à droite et à gauche de l'avant et de l'arrière, en dehors du bateau et au-dessus de là ligne de flottaison, en chiffres arabes, d'une hauteur de 20 centimètres et de 3 centimètres de plein, de couleur blanche sur écusson noir de 25 centimètres de hauteur sur 50 centimètres de largeur.

Les chaloupes naviguant à la voile devront en outre porter sur leur toile, peint en noir, en chiffres de même espèce et de mêmes dimensions qu'il vient d'être expliqué, le numéro d'ordre qui leur aura été donné.

Art. 174.

Embarcations sans numéro.

Toute embarcation qui sera trouvée sur les cours d'eau publics, du ressort de la Préfecture de police, sans porter l'écusson indicatif du numéro de la permission, sera immédiatement consignée à la diligence des préposés de la navigation, qui dresseront en outre procès-verbal de la contravention.

Art. 175.

Les permissions pour bachots sont personnelles.

Les permissions indiqueront les lieux de garage ; elles seront personnelles et ne pourront être transférées avec la propriété de l'embarcation ; elles ne seront accordées que pour des bateaux dont le bon état aura été constaté et ne seront valables que pour un an.

Toutes celles qui ont été délivrées jusqu'à ce jour sont et demeurent annulées.

Art. 176.

Maximum des dimensions des batelets, chaloupes, etc.

Il est défendu d'employer ou de faire stationner sur les cours d'eau publics des chaloupes, batelets et autres embarcations qui n'auraient pas au moins cinq mètres de longueur et un mètre vingt-cinq centimètres de largeur [1].

---

[1] N° 55   Paris, 10 juillet 1853.

2ᵉ DIVISION

1ᵉʳ bureau.

Nous, Préfet de police,

Vu l'article 176 de l'ordonnance de police du 25 octobre 1840, ainsi conçu :

Il est défendu d'employer « ou de faire stationner, etc. »

Vu le rapport de M. l'Inspecteur principal de la navigation et des ports, en date du 18 juin dernier, duquel il résulte que de nombreuses réclamations lui ont été adressées au sujet de l'interdiction dont se trouvent frappées les embarcations de dimensions moindres que celles énoncées dans l'article ci-dessus visé ;

Considérant qu'à l'époque où l'ordonnance du 25 octobre 1840 a été rendue, les personnes qui se servaient, pour leurs plaisirs, de canots et d'autres embarcations légères étaient peu expérimentées dans l'art de conduire ; qu'aujourd'hui les choses ont complètement changé de face et que la plupart des canotiers du département de la Seine ont acquis une grande habileté ; qu'il est possible, dès lors, sans compro-

Art. 177.

Amarrage des bachots, batelets, etc.

Les bachots, batelets, etc., devront être solidement enchaînés tous les soirs au lieu de garage indiqué par la permission.

Les bachots d'équipage, dépendant d'embarcations d'une plus grande dimension, devront être attachés aux bateaux qu'ils sont destinés à desservir, et porter les mêmes numéros et les mêmes devises que ces bateaux.

Il ne pourra être fait usage desdits bachots d'équipage, pendant la nuit, qu'en cas d'avarie ou d'accident, et pour porter secours sur la rivière.

Art. 178.

Bachot destiné à conduire le public.

Les bachots destinés à conduire le public devront être à fond plat et de construction solide.

Ils devront en tout temps être munis de leur gouvernail sans barre, et de deux paires de rames, d'une écope, d'un croc, d'un cordage avec une petite ancre ou grapin, et de bancs pour asseoir les voyageurs.

Ces bachots ne pourront, dans aucun cas, porter de voiles de quelque espèce que ce soit.

Avant leur affectation au service public, ils devront être soumis à la visite et vérification de l'inspecteur général de la navigation.

Tout bachot reconnu en mauvais état sera consigné.

Art. 179.

Conduite des bachots publics.

Les bachots publics ne devront être conduits que par des mariniers munis de notre permission spéciale, et âgés de 21 ans au moins.

---

mettre les intérêts de la sûreté publique, d'admettre à naviguer sur les cours d'eau, dans l'étendue du ressort de la Préfecture de police, des canots, chaloupes, etc., de dimensions moindres que celles prescrites par cette même ordonnance ;

Ordonnons ce qui suit :

ARTICLE PREMIER.

Maximum des dimensions des embarcations, tels que canots, chaloupes, etc.

Les dispositions de l'article 176 de l'ordonnance de police du 25 octobre 1840, sont et demeurent rapportées.

Art. 2.

Le minimum des dimensions des embarcations qui seront admises à naviguer ou à stationner sur les cours d'eau publics, dans l'étendue du ressort de la Préfecture de police, est fixé à 4 mètres de longueur et 90 centimètres de largeur ; mais les embarcations construites dans ces dimensions ne pourront, sous aucun prétexte, porter des voiles ; elles devront être conduites à l'aviron seulement.

Le Préfet de Police,
Signé : PIÉTRI.

Par le Préfet, le Secrétaire général,
Signé : DE SAULXURE.

Art. 180.

Bachoteurs.

Les bachoteurs sont tenus, lorsqu'ils conduisent le public, d'être porteurs de notre permission, et de la représenter chaque fois qu'ils en sont requis.

Il leur est expressément défendu de monter sur leurs bachots en état d'ivresse, sous peine de retrait de leur permission.

Art. 181.

Nombre de personnes à admettre dans les bachots.

Les bachots ordinaires dont la dimension est communément de 8 mètres de longueur sur 2 mètres de largeur et 55 centimètres de profondeur, ne pourront recevoir plus de 12 personnes, non compris le conducteur.

Quant aux embarcations dont la dimension serait moindre ou supérieure, le nombre de passagers qu'on pourra y embarquer sera fixé par l'inspecteur général de la navigation ; dans tous les cas, ce nombre sera inscrit sur les deux côtés extérieurs du bachot, en lettres rouges de 20 centimètres de hauteur et de 3 centimètres de plein sur un fond blanc.

Il est défendu à tout bachoteur de recevoir dans son bachot un plus grand nombre de personnes que celui qui sera fixé en conformité des dispositions qui précèdent.

Les passagers devront rester assis dans les bachots jusqu'au moment du débarquement.

Art. 182.

Débarquement des passagers.

Les bachoteurs ne devront opérer le débarquement des passagers qu'aux lieux qui présenteront sécurité et facilité pour cette opération.

Les localités où se trouveront des planches, chemins, porte-chemins, etc., devront être préférées à toutes autres.

TITRE II

POLICE DES RIVIÈRES, DES CANAUX, DES PORTS ET DES BERGES

Chapitre XIII.

ÉTABLISSEMENTS PUBLICS OU PARTICULIERS.

§ 1er. — *Dispositions communes aux divers établissements.*

ART. 183.

Défense de faire un établissement sans permission.

Il est défendu de faire aucun établissement, flottant ou adhérent au sol, soit dans le lit des rivières et canaux, soit sur les ports et berges, sans en avoir préalablement obtenu l'autorisation.

§ 2. — *Bateaux à lessives.*

ART. 184.

Chemins conduisant aux bateaux.

Les propriétaires de bateaux à lessive sont tenus d'établir des chemins solides et bordés de garde-fous à hauteur d'appui, pour faciliter l'accès de ces bateaux.

Porte-chemins.

Les embarcations destinées à supporter les chemins devront avoir au moins trois mètres de longueur sur deux mètres de largeur.

ART. 185.

Obligations imposées aux propriétaires des bateaux à lessive.

Les bateaux à lessive devront en tout temps être solidement amarrés et munis de cordes, crocs, perches, etc., pour porter secours en cas de besoin.

Dans le même but, un bachot muni de ses agrès devra toujours être attaché à chacun de ces établissements.

Les propriétaires desdits bateaux sont en outre tenus d'avoir constamment à bord de leurs établissements un gardi en bon geur, agréé par l'Administration, et une boîte de secours en bon état.

ART. 186.

Les bateaux à lessive ne pourront être modifiés dans leurs constructions sans une autorisation spéciale.

§ 3. — *Établissements de bains.*

Art. 187.

Obligations imposées aux entrepreneurs de bains.

Les bains seront disposés de manière qu'il y ait toujours au moins la moitié de leur étendue où les baigneurs puissent prendre pied.

Les entrepreneurs de bains devront placer, au pourtour, des cordes solidement attachées, afin de donner au baigneurs la facilité de circuler avec sûreté et commodité, et un filet assez fort pour empêcher de passer sous les bateaux ; ce filet devra toujours être tendu.

Ils devront aussi entourer le bain de manière qu'on n'en puisse sortir pour se baigner au dehors ; et établir des chemins solides, bordés de garde-fous à hauteur d'appui, pour arriver dans l'établissement.

Lesdits entrepreneurs devront encore tenir leurs établissements en bon état, et garnis de tous les ustensiles nécessaires, tels que cordes, crocs, perches, filets, etc.; se pourvoir d'une boite de secours pour chaque établissement, et l'entretenir constamment en bon état; avoir continuellement un bachot, muni de ses agrès, pour porter des secours en cas de besoin ; n'ouvrir les bains au public qu'après qu'ils auront été visités par l'inspecteur général de la navigation, et reconnus être en bon état ; les fermer depuis dix heures du soir jusqu'au point du jour, et y établir chaque soir des moyens d'éclairage suffisants pour qu'une surveillance active puisse y être exercée et pour prévenir tout accident ; ne pas exiger des prix d'entrée plus élevés que ceux qui seront fixés par la permission ; afficher à l'extérieur de la porte d'entrée et dans un lieu apparent de chaque établissement de bains, un extrait, certifié par l'inspecteur général de la navigation, de la permission qui leur aura été délivrée, lequel extrait devra énoncer le tarif des prix de l'établissement et les conditions principales imposées par la permission.

Art. 188.

Défense d'introduire des chiens dans les bains.

Il est défendu d'introduire des chiens dans les établissements de bains.

Art. 189.

Epoque fixée pour la clôture des bains.

Les propriétaires d'établissements de bains sur la Seine et la Marne sont tenus de ne nuire en aucune manière au service des rivières, des berges et des ports. Ils devront retirer au 30 septembre de chaque année, époque fixée pour la clôture de la saison des bains, les bateaux, fonds de bois, planches, pieux, perches et autres objets dépendant de leurs établissements'; conduire les bateaux dans les gares, et ne laisser les autres objets déposés sur les ports et berges, sous quelque prétexte que ce soit.

§ 4. — *Puisoirs et abreuvoirs publics.*

Art. 190.

Porteurs d'eau à bretelle.

Il est défendu aux porteurs d'eau à bretelle de puiser à la rivière ailleurs qu'aux puisards autorisés à cet effet.

Art. 191.

Chevaux.

Les chevaux ne pourront être conduits aux abreuvoirs en rivière que par des hommes âgés de 18 ans au moins.

Ils devront être menés au pas, et un seul homme ne pourra en conduire plus de trois à la fois.

Il est défendu de se tenir debout sur les chevaux.

L'accès des abreuvoirs en rivière est interdit pendant la nuit.

Chapitre XIV.

DES DIVERSES OPÉRATIONS QUI SE FONT EN RIVIÈRE OU SUR LES CANAUX.

§ 1er. — *Tirage du sable.*

Art. 192.

Défense de tirer du sable en rivière sans permission.

Il est défendu de tirer du sable en rivière, sans une permission délivrée par nous.

Bachots employés au tirage.

Le tirage du sable à la main ne peut avoir lieu qu'au moyen de doubles bachots solidement établis, d'où le sable ne pourra être transbordé.

Le sable devra être directement conduit du lieu de tirage au port de déchargement, d'où il devra être enlevé immédiatement et au plus tard dans un délai de vingt-quatre heures.

Art. 193.

Lieux où le tirage est interdit.

Il est défendu de tirer du sable à une distance moindre de 50 mètres en amont, et de 30 mètres en aval des ponts ; et à moins de 12 mètres des murs de quai et des berges.

Il est aussi défendu d'en tirer à une distance moindre de 20 mètres des bains ou écoles de natation.

§ 2. — *Repêchage des bois ou autres marchandises naufragées.*

ART. 194.

Permissions pour pêcher du bois.

Nul ne pourra se livrer habituellement et hors le cas de naufrage et d'avarie, au repêchage des bois, dans l'étendue du ressort de la Préfecture de police, sans une autorisation qui sera délivrée par nous sur la présentation du commerce.

ART. 195.

Déclarations à faire pour ceux qui auraient repêché des bois ou autres marchandises.

Il est enjoint à tous ceux qui auront repêché des bois, des débris de bateaux, des marchandises ou autres objets naufragés, d'en faire la déclaration dans les vingt-quatre heures, savoir : à Paris, aux commissaires de police, à l'inspecteur général de la navigation, ou aux inspecteurs particuliers de ce service ; et dans les communes riveraines de la Seine ou de la Marne, aux maires, aux préposés de la navigation ou à la gendarmerie.

Ces déclarations devront nous être immédiatement transmises.

Les objets repêchés seront consignés pour être rendus à leurs propriétaires, après justification de leurs droits, et acquittement des frais de repêchage et autres auxquels ces objets auront pu donner lieu.

Les repêcheurs qui s'attribueraient, cacheraient ou vendraient tout ou partie des objets repêchés, seront, ainsi que les acheteurs ou recéleurs, poursuivis ' uformément aux lois.

§ 3. — *Déchirage des bateaux.*

ART. 196.

Défense de déchirer des bateaux sans permission.

Il est défendu de déchirer des bateaux sur les berges, les ports et chemins de halage, sans une permission spéciale délivrée en notre nom, par l'inspecteur général de la navigation.

Cette permission indiquera les points sur lesquels les déchirages devront avoir lieu.

Nous nous réservons de délivrer directement, s'il y a lieu, toute permission qui aurait pour objet d'autoriser des déchirages, dans Paris, sur d'autres points que ceux ci-après désignés, savoir :

Le port de la Rapée, sur les parties dont la désignation suit :

1° A partir de l'angle d'aval de la pompe sur une longueur de 28 mètres, en descendant la Seine ;

2° A partir de l'embouchure en rivière de l'égout Traversière, jusqu'au point affecté comme garage d'attente aux bateaux chargés de charbon de terre ;

Le port de l'Hôpital, sur une longeur de 116 mètres, à partir de la maison n° 5, ou de l'extrémité d'amont de la balustrade placée sur le bord de la route, en descendant la Seine ;

L'île des Cygnes et le canal Saint-Martin.

Art. 197.

Temps fixé pour le déchirage.

Le déchirage des bateaux s'effectuera immédiatement après leur mise à port ; il sera continué sans interruption et avec un nombre d'ouvriers suffisant pour que, dans tous les cas, le déchirage de chaque bateau et l'enlèvement des débris soient terminés dans la journée.

Art. 198.

Enlèvement des clous et autres débris.

Les clous et autres débris provenant du déchirage des bateaux, devront être enlevés au fur et à mesure des déchirages, de manière à n'occasionner aucun accident ou embarras sur les ports, sur les berges ou sur tout autre point de la voie publique.

Chapitre XV.

Ouvriers des Ports.

Art. 199.

Les ouvriers des ports doivent avoir une médaille.

Les ouvriers travaillant sur la rivière et sur les ports, sont tenus de se pourvoir d'une médaille qui leur sera délivrée sur un certificat de l'inspecteur général de la navigation.

Ils devront porter leur médaille d'une manière apparente pendant le travail.

Art. 200.

Ouvriers exceptés de l'obligation d'avoir une médaille.

L'obligation de se munir d'une médaille ne s'applique point aux ouvriers attachés au service particulier du destinataire de la marchandise.

Elle ne s'applique point non plus aux ouvriers employés accidentellement par les marchands de bois ou de charbon de terre, sur les ports affectés exclusivement au débarquement de ces marchandises. Lesdits ouvriers pourront être employés par les marchands, à la charge par ces derniers d'en faire la déclaration à l'inspecteur de la navigation de l'arrondissement, dans les vingt-quatre heures au plus tard.

Art. 201.

Défense aux ouvriers de charger ou décharger des marchandises sans en être requis.

Il est défendu aux ouvriers de charger ou de décharger des marchandises sur les rivières, les canaux ou les ports, avant d'en être requis par les marchands, les propriétaires ou leurs commissionnaires.

Art. 202.

Défense aux ouvriers de se coaliser pour faire cesser ou interdire le travail.

Il est aussi défendu aux ouvriers de se coaliser pour faire cesser ou interdire le travail sur les ports ou berges, sur les rivières ou les canaux, sous peine d'être poursuivis conformément aux articles 415 et 416 du Code pénal. Aux termes de ces articles, les ouvriers qui prendraient part à ces coalitions peuvent être condamnés à un emprisonnement de un à trois mois, et les chefs ou moteurs à un emprisonnement de deux à cinq ans; ils peuvent en outre être mis sous la surveillance de la haute police.

Chapitre XVI.

Des glaces et grosses eaux.

Art. 203.

Déblaiement des ports et berges.

Lorsque l'Administration jugera qu'il y a danger de débordement sur les ports, ou que la rivière commencera à charrier des glaces, les marchandises de toutes natures et les matériaux tels que pierres, moellons, pavés, bois, fers ou autres objets qui pourraient occasionner des accidents, seront immédiatement enlevés des ports, des berges et des abords de la rivière.

Tout dépôt interdit.

Le dépôt de semblables objets sur les points ci-dessus est formellement interdit pendant tout le temps des glaces et grosses eaux.

Déchargement des bateaux hors des gares ou des canaux.

A la même époque, les bateaux qui ne se trouveraient pas dans les gares ou dans les canaux, devront être immédiatement déchargés, et les marchandises enlevées par les propriétaires ou gardiens desdits bateaux. Cette double opération devra être faite sans interruption, même pendant les jours de fête et les dimanches ; et en cas de péril imminent, elle sera continuée pendant la nuit.

Art. 204.

Amarrage.

Les marchands et voituriers par eau, les gardiens de bateaux et les propriétaires d'établissements sur la rivière sont particulièrement tenus, en temps de glaces et grosses eaux, de fermer et amarrer ces bateaux et établissements avec de bonnes et fortes cordes aux organeaux et pieux placés le long des ports et quais.

Art. 205.

Bateaux à déchirer.

Les bateaux qui seront jugés hors d'état de servir, seront déchirés sur place ou dans les endroits désignés par l'inspecteur général de la navigation.

Les autres bateaux qui pourraient faire craindre quelque accident, seront pareillement déchirés; mais ils ne pourront l'être que d'après les ordres que nous en donnerons.

Les débris en provenant seront vendus, conformément aux dispositions de l'ordonnance du roi du 23 mai 1830, s'ils ne sont pas immédiatement enlevés par les propriétaires; et le produit de la vente, déduction faite de tous les frais, sera versé à la caisse de la Préfecture, où il restera provisoirement déposé à la disposition de qui de droit.

TITRE II

DISPOSITIONS GÉNÉRALES

Chapitre XVII.

Art. 206.

Travaux en rivière.

Il ne pourra être commencé aucun travail public ou particulier dans le lit des rivières et canaux, ni sur les ports, quais ou berges, sans notre autorisation spéciale.

Art. 207.

Défense d'établir des moulins, écluses, batardeaux, etc., sans permission.

Il est défendu d'établir des moulins, batardeaux, écluses, gords, pertuis, murs, plants d'arbres, amas de pierres, de terre, de fascines ni aucun autre empêchement au cours de l'eau dans les rivières et canaux, sans y être spécialement autorisé.

Art. 208.

Défense de détourner l'eau des rivières et canaux.

Il est défendu de détourner l'eau des rivières et canaux, ou d'en affaiblir et altérer le cours par tranchées ou fossés ou par quelque autre moyen que ce soit.

Art. 209.

Défense de rien jeter dans les rivières et dans les canaux.

Il est défendu de jeter dans les rivières et canaux ou de déposer sur leurs bords, des graviers, pierres, bois, immondices, pailles ou fumiers, ainsi que tout autre objet qui pourrait embarrasser les berges ou altérer le lit desdites rivières et canaux, sans autorisation de notre part.

Art. 210.

Pierres, bois, pieux, etc., à faire retirer de l'eau.

Il est enjoint à tous riverains, mariniers ou autres, de faire enlever les pierres, bois, pieux, débris de bateaux et autres empêchements étant de leur fait ou à leur charge, dans le lit des rivières et canaux ou sur leurs bords.

Bateaux coulés bas. — Balise à placer sur les bateaux en fond.

Les marchands, les voituriers par eau ou tous autres dont les bateaux auront coulé bas, soit dans la rivière, soit dans les canaux, sont tenus, aussitôt après l'évènement, de faire placer sur ces bateaux une balise surmontée d'un drapeau rouge.

Ils devront ensuite faire procéder, sans le moindre retard, au relevage des bateaux et au repêchage des marchandises, des agrès et de tous autres objets qui seraient restés au fond de l'eau.

Art. 211.

Espaces à laisser libres au bord des rivières.

Il est enjoint aux propriétaires d'héritages aboutissant aux rivières navigables de laisser, le long de leurs bords, 7 mèt. 796 pour trait des chevaux de halage.

Il est défendu de planter des arbres ou des haies, de creuser des fossés ou d'établir des clôtures à une distance moindre de 9 mèt. 745 des bords desdites rivières.

Art. 212.

Stationnement de bateaux défendu.

Il est défendu de faire stationner des bateaux sur les rivières et canaux, soit pour transbordement de marchandises, soit pour tout autre motif, sans une autorisation spéciale.

Art. 213.

Bateaux et trains doivent être fermés de l'avant et de l'arrière.

Les bateaux et toues, les trains de bois de chauffage et autres, devront être fermés de l'avant et de l'arrière, soit dans les gares, soit dans les ports, avec bonnes et suffisantes cordes attachées à des organeaux ou à des pieux d'amarre; il est défendu d'amarrer plus d'un couplage de trains avec les mêmes cordes.

Art. 214.

Défense de s'approcher des établissements de bains.

Il est défendu à toutes personnes étant en bachot ou batelet, de s'approcher des bains ou écoles de natation, sous peine, pour le propriétaire du bachot, de se voir retirer sa permission et sans préjudice des poursuites à exercer contre les contrevenants.

Art. 215.

Défenses relatives au garage des bateaux.

Il est défendu, même dans les lieux de garage, de placer des bateaux ou trains devant les points affectés aux passages d'eau et devant les abreuvoirs publics.

Art. 216.

Défermage des bateaux.

Il est défendu de défermer les bateaux ou les trains, sans le consentement des propriétaires ou conducteurs, si ce n'est à la réquisition de l'inspecteur de la navigation.

Art. 217.

Défense de monter sur les bateaux, les trains, etc.

Il est défendu de monter sur les bateaux chargés ou vides, sur les bachots, sur les radeaux, ainsi que sur les trains de toute nature, soit pour pêcher, soit pour tout autre motif étranger au service desdits bateaux, bachots, radeaux ou trains.

Art. 218.

Organeaux et pieux d'amarre.

Il est défendu d'arracher, de fatiguer ou d'embarrasser les organeaux et les pieux d'amarre.

Art. 219.

Placement des cordes d'amarre sur les ports.

Les conducteurs de bateaux ou trains, ou tous autres mariniers, son tenus de placer leurs cordes d'amarre, sur les ports et berges, de manière à ne pas gêner la circulation.

Il est défendu de faire passer des voitures sur ces cordes, sans prendre les précautions nécessaires pour éviter de les détériorer.

Art. 220.

Défense de faire du feu sur les ports.

Il est défendu de faire du feu sur les ports, quais et berges, sans autorisation.

Art. 221.

Défense de pêcher pendant la nuit.

Il est défendu de pêcher pendant la nuit.

Art. 222.

Gardiens de bateau.

Tout bateau, chargé ou vide, devra avoir un gardien pour jeter l'eau. Il sera placé d'office des gardiens sur les bateaux qui n'en auraient pas aux frais des propriétaires ou conducteurs de ces bateaux.

Art. 223.

Bateaux à mettre à terre.

Les bateaux ne pourront être mis à terre, même pour cause de réparation, sans une autorisation spéciale.

Art. 224.

Lavage du linge.

Il est défendu de laver du linge à la rivière, dans Paris, ailleurs que dans les bateaux à lessive ; et de le faire sécher sur les ports et berges.

Art. 225.

Baigneurs.

Il est défendu de se baigner dans les canaux.

Dans Paris, il est défendu de se baigner en rivière ailleurs que dans les établissements de bains, à moins d'une autorisation spéciale délivrée par nous.

Hors de Paris, il est défendu de se baigner nu en rivière.

Les contrevenants seront conduits à la Préfecture de police, ou devant les maires ou les commissaires de police des communes du ressort.

Art. 226.

Les contraventions à la présente ordonnance seront constatées par des procès-verbaux ou rapports.

Dans tous les cas où les contraventions seront de nature à compromettre la liberté de la circulation ou la sûreté, il sera pris d'office et aux frais des contrevenants, les mesures propres à faire cesser le dommage, telles que l'enlèvement des marchandises et autres obstacles qui existeraient sur les ports, berges, chemins de halage ou dans le lit des rivières et canaux ; le remontage, le lâchage ou le déchargement des bateaux naviguant sans autorisation ou en dehors des conditions prescrites.

Les contraventions aux dispositions des lois et règlements de grande voirie ci-dessus visés, et aux articles de la présente ordonnance qui en dérivent, seront déférées au Conseil de préfecture.

Les contraventions aux autres dispositions de la présente ordonnance seront déférées au tribunal de simple police.

Art. 227.

La présente ordonnance sera imprimée et affichée.

Les Sous-Préfets des arrondissements de Sceaux et de Saint-Denis, les maires des communes du ressort de la Préfecture de police ; les ingénieurs des Ponts et Chaussées et leurs conducteurs, les commandants de la gendarmerie et de la garde municipale, les commissaires de police, le chef de la police municipale, l'inspecteur général de la navigation et les préposés sous leurs ordres, ainsi que les préposés de l'octroi, sont chargés, chacun en ce qui le concerne, d'en surveiller et d'en assurer l'exécution.

Le Conseiller d'État, Préfet de Police,

Signé : G. Delessert.

VIII. — *Règlement de navigation du canal de l'Ourcq.*

1er novembre 1840.

Compagnie des Canaux.

Article premier.

Les bateaux naviguant sur le canal de l'Ourcq ne pourront avoir au maximum, hors-œuvre, que *trois mètres de largeur et vingt-huit mètres de longueur.*

Les bateaux actuellement existant qui auraient des dimensions supérieures, devront être réduits à celles voulues, dans le délai de trois mois.

Tous les bateaux auront des gouvernails dont la longueur maximum est fixée à deux mètres ; ils seront garnis au moins de deux échelles métriques placées au milieu sur chaque rive, et ils auront un numéro qui servira de devise.

Art. 2.

Les marchandises ne devront, dans aucun cas, dépasser en largeur le bordage des bateaux.

Art. 3.

Les bateaux en service accéléré, conduits par des chevaux, devront avoir chacun un marinier pour conducteur en remonte comme en descente.

Les mariniers pourront naviguer par convoi de trois bateaux, au maximum, sous la condition expresse que les amarres des couplages laisseront, au minimum, un espace de dix mètres entre les bateaux, et qu'en marche chacun d'eux restera constamment à la barre de son gouvernail pour le manœuvrer avec soin, de manière à éviter tout frottement contre les berges.

Art. 4.

Les mariniers de service ordinaire n'ayant pas de chevaux à la descente, pourront naviguer par convoi de deux bateaux.

Chaque convoi sera conduit à la remonte par un marinier aidé d'une femme ou d'un jeune homme âgé au moins de quinze ans.

A la remonte, les bateaux seront disposés de telle sorte que les amarres de couplage laissent entre eux un espace de dix mètres au minimum, et il y aura toujours une personne à la barre de chaque gouvernail.

A la descente, les bateaux seront accouplés comme à l'ordinaire et conduits par un seul marinier par convoi, et ce marinier devra veiller constamment à ce que les convois se maintiennent dans le milieu du canal ; les bateaux, dans ce cas, pourront être dégarnis de leur gouvernail.

Art. 5.

Les convois de bateaux en service accéléré, comme ceux des bateaux en service ordinaire, devront conserver entre eux une distance de deux cents mètres au moins.

Il est expressément défendu aux mariniers de garnir l'avant de leurs bateaux de planches ou autres pièces de bois destinées à les tenir éloignés de la berge du halage et de se servir de pieux ou gaffes pointues qu'ils enfoncent dans les berges ou dans les fonds du canal pour diriger leurs bateaux à la descente.

Art. 6.

Pendant les mois de juin, juillet, août et septembre, le plus fort tirant d'eau des bateaux ne pourra excéder *quatre vingts centimètres* ; pendant les autres mois de l'année, il ne pourra excéder *quatre-vingt-dix centimètres*.

Art. 7.

Tout bateau s'arrêtant, devra se ranger du côté opposé au halage pour laisser passer les bateaux qui seraient derrière lui.

Les bateaux en service ordinaire devront se laisser trémater par les bateaux en service accéléré, et en général, les bateaux d'une marche lente devront céder le pas aux bateaux marchant plus vite.

Dès l'instant que les mariniers entendront le cor de chasse du bateau-poste, spécialement destiné au transport des voyageurs, ou dès l'instant qu'ils apercevront ce bateau, ils devront s'arrêter et ranger leurs bateaux du côté opposé au halage, de manière à ne point arrêter ni gêner ledit bateau-poste dans sa marche.

Les mariniers devront, en outre, se conformer aux injonctions des employés de la Compagnie, toutes les fois que ces derniers leur prescriront d'arrêter et de ranger leurs bateaux pour faciliter le passage du bateau-poste.

Art. 8.

Sur toute la ligne du canal, les bateaux ne pourront stationner la nuit que dans les gares ou dans les parties en ligne droite d'une longueur de deux cents mètres au minimum.

Dans les lieux de stationnement entre La Villette et Meaux, un bateau seul devra être amarré par les deux bouts, et un convoi devra avoir trois amarres, une à chaque extrémité, et la troisième au milieu.

Art. 9.

Les mariniers seront tenus d'aider les employés de la Compagnie, quand ils en seront requis pour la manœuvre des écluses, ponts-levis et barrage ; ils devront compléter la manœuvre immédiatement après le passage de leurs bateaux.

Art. 10.

Les patrons devront toujours être porteurs de feuilles de route qui leur sont données par les agents de la Compagnie, et dont ils doivent se munir au lieu de leur départ en remonte comme en descente.

Ils devront toujours être porteurs semblablement des procès-verbaux de jaugeage de leurs bateaux qui leur seront délivrés par MM. les contrôleurs du canal de l'Ourcq.

Ils seront tenus de représenter ces feuilles de routes et procès-verbaux de jaugeage à la première réquisition des agents de la Compagnie.

Art. 11.

Il est expressément défendu d'écoper les bateaux de manière à jeter l'eau sur les ports, les murs des quais et les berges du canal.

Il est expressément défendu de jeter dans le canal ou les bassins, et de déposer sur les ports et les chemins de halage les immondices ou résidus provenant du nettoiement des bateaux.

Art. 12.

Pour la mise à port des bateaux et le dépôt des marchandises, soit sur le canal, soit au bassin de La Villette, les mariniers devront se conformer aux indications qui leur seront données par les agents de la Compagnie. Ils ne pourront, en conséquence, décharger la marchandise de leurs bateaux sur le halage ou sur un point des ports ou du bassin de La Villette qui ne leur aurait pas été désigné par lesdits agents de la Compagnie.

ART. 13.

Les mariniers qui voudraient naviguer de nuit sur le canal de l'Ourcq, devront préalablement en obtenir l'autorisation de la Compagnie ; ils s'adresseront à cet effet au bureau du contrôle de La Villette.

Tout bateau naviguant pendant la nuit sur le canal de l'Ourcq, devra être éclairé au moyen d'une lanterne qui sera allumée, en toute saison, aussitôt le coucher du soleil et tenue en cet état jusqu'au jour.

ART. 14.

Tout conducteur de bateau qui contreviendra à ces dispositions, sera passible du droit du tarif au maximum annexé à la loi du 20 mai 1818, sans préjudice de l'application des dispositions pénales déterminées par les lois et règlements de l'administration publique.

La différence des tarifs en vigueur avec le maximum à percevoir comme pénalité, sera versée au bureau de bienfaisance de la commune formant la résidence du contrôleur dans l'arrondissement duquel aura eu lieu la contravention.

ART. 15.

Les contraventions au présent règlement seront constatées par des procès-verbaux dressés par les cantonniers et autres employés de la Compagnie.

MAXIMUM DU TARIF DES DROITS DE NAVIGATION ANNEXÉ A LA LOI DU 20 MAI 1818.	f.	c.
Par Tonneau et par distance, savoir :		
1° Les pailles, fourrages, engrais, sables, moellons, plâtre, pierre à plâtre, pierre à chaux	»	10
2° Le bois à brûler, pierre de taille, grès ou pavés	»	20
3° Le charbon de terre, le charbon de bois, les lattes, échalas, bois ouvrés, chaux vive, tuiles, briques, etc.	»	25
4° La farine, le blé, le vin, les fruits, légumes secs ou verts, le sel et les épiceries, et généralement toutes les marchandises non portées dans les articles précédents.	»	50

Paris, 1er novembre 1840.

Pour la Compagnie des canaux de Paris :

Le Secrétaire général,
DUPIN.

Le Président,
HAINGUERLOT.

13

IX. — *Ordonnance concernant le transport, par eau, des Huiles de pétrole et autres matières inflammables.*

Paris, le 10 mai 1873.

Nous, Préfet de Police,

Vu : 1° la décision ministérielle du 26 décembre 1872 et les instructions contenues dans la lettre de M. le Ministre des travaux publics, en date du 26 avril 1873, relative à l'exécution de cette décision ;

2° Les arrêtés du Gouvernement des 12 messidor an VIII et 3 brumaire an IX, et la loi du 10 juin 1853, qui règlent les attributions du Préfet de police,

Ordonnons ce qui suit :

Article premier. — Tout bateau chargé, en totalité ou en partie, de pétrole et de ses dérivés, d'huiles de schiste ou de goudron, d'essences ou hydrocarbures quelconques, classés comme substances très inflammables par l'article 1er du décret du 27 janvier 1872, et circulant sur les voies navigables du ressort de la Préfecture de police, est soumis aux prescriptions des articles qui suivent.

Dans ces prescriptions, tout ce qui est dit des pétroles s'applique également aux autres matières mentionnées au paragraphe précédent.

Art. 2. — Le bateau est tenu d'arborer, au haut de son mât, un pavillon noir.

Art. 3. — Lorsque les pétroles sont embarqués en France, le patron est tenu de faire connaître, vingt-quatre heures par avance, le moment du départ du bateau à l'agent de la navigation qui doit autoriser l'embarquement, ainsi qu'il est dit à l'article 7, et de lui soumettre une déclaration écrite indiquant la quantité et la nature des pétroles, ainsi que l'itinéraire à suivre jusqu'à destination.

Lorsque les pétroles sont chargés hors de France, cette déclaration est faite, sans délai, à l'éclusier le plus voisin de la frontière.

Art. 4. — Tout bateau portant une quantité quelconque de pétrole doit avoir à bord au moins deux mariniers et se faire haler par des chevaux marchant avec relais, en nombre voulu pour l'exercice du droit de trématage et de priorité de passage aux écluses et aux ponts mobiles.

Art. 5. — Il lui est expressément interdit de naviguer de nuit et de séjourner dans les villes, dans les ports ou dans les biefs contenant une agglomération de bateaux.

Art. 6. — En général, les bateaux portant des pétroles doivent se tenir éloignés, à 50 mètres au moins, de tous autres bateaux, et, réciproquement, il est interdit à ces derniers de stationner à une moindre distance des premiers.

Toutefois, dans les ports de Paris, cette distance pourra être réduite, conformément aux indications données, dans chaque cas particuliers, par le service d'inspection de la navigation, lorsque les bateaux à protéger seront chargés uniquement de pierres, de sable ou de matières incombustibles.

ART. 7. — Aucun chargement ni déchargement de pétrole ne peut être commencé sans l'autorisation écrite d'un agent de la navigation.

Ces opérations ne peuvent avoir lieu que de jour et doivent être poursuivies, sans désemparer, avec la plus grande célérité possible, de telle sorte qu'aucun colis ne reste sur le quai pendant la nuit.

Un approvisionnement suffisant de sable doit, d'ailleurs, être déposé à proximité des emplacements où se font habituellement les chargements et déchargements.

ART. 8. — Les essences de pétrole doivent être contenues dans des vases métalliques hermétiquement fermés.

L'usage des bonbonnes ou touries en verre et en grès n'est autorisé, pour le transport des pétroles, qu'autant qu'elles sont protégées par un bon revêtement extérieur.

Les pétroles renfermés dans des bonbonnes sont débarqués et embarqués séparément, avec les précautions particulières prescrites par les agents de la navigation.

ART. 9. — Il est interdit de faire usage de feu, de lumières et d'allumettes, ainsi que de fumer à bord des bateaux portant des pétroles.

La même défense s'applique aux emplacements où se font le chargement et le déchargement.

Tout feu ou toute lumière nécessaires à la préparation des aliments ou au chauffage des mariniers, doivent être placés sur les digues, à au moins 50 mètres de l'extrémité du bateau.

ART. 10. — Les frais de toute nature, occasionnés spécialement par les mesures de précaution mentionnées aux articles précédents, sont acquittés solidairement par le patron ou le consignataire de la marchandise, sur état dressé par un agent de la navigation.

ART. 11. — Les contraventions aux dispositions qui précèdent seront constatées par des procès-verbaux ou rapports qui nous seront adressés à telle fin que de droit, et il sera pris envers les contrevenants telles mesures de police administrative qu'il appartiendra.

ART. 12. — Il sera adressé ampliation de cette ordonnance :

1° A M. le Préfet de la Seine ;

2° A M. le Président de la Chambre de commerce de Paris ;

3° A MM. les Ingénieurs de la navigation de la Seine et des canaux.

ART. 13. — L'Inspecteur général de la navigation et des ports et les agents sous ses ordres sont chargés de l'exécution de la présente ordonnance, qui sera imprimée, publiée et affichée.

Le Préfet de police,

L. RENAULT.

Par le Préfet de police,
Le Secrétaire général,
L. DE BULLEMONT.

X. — *Liste résumée des arrêtés et règlements principaux concernant les voies de navigation et applicables aux canaux de la ville de Paris.*

1. — Ordonnances royales de 1415 et de 1520. (Prescriptions générales sur la marche des bateaux, les chemins de halage, etc.)

2. — Ordonnance royale du 13 août 1669. (Prescriptions diverses sur les distances à observer pour l'extraction de matériaux près des rivières navigables, sur la construction de moulins sur les cours d'eau, etc.).

3. — Ordonnance du roi du 4 août 1731 (ayant pour but d'empêcher la destruction des berges, bornes et ouvrages d'arts).

4. — Arrêt du Conseil du 16 décembre 1759. (Bestiaux conduits en pâturage sur les voies publiques.)

5. — Ordonnance royale de 1672. (Règlement de police locale, Paris.)

6. — Ordonnance du bureau des finances, 2 août 1774. (Cordages attachés aux arbres des voies publiques, etc.)

7. — Arrêt du Conseil d'État du 24 juin 1777. (Règlement général sur la navigation de la rivière de Marne et autres rivières navigables.)

8. — Loi des 14-22 décembre 1789. (Relative à la constitution et aux attributions des municipalités, art. 50.)

9. — Loi des 16-24 août 1790, titre XI. (Relative à l'organisation judiciaire et municipale. Pouvoir 7.)

10. — Loi du 11 septembre 1790, art. 6, etc. (L'administration en matière de grande voirie appartiendra aux Corps administratifs.)

11. — Décrets des 22 novembre, 1er décembre 1790. (Relatifs aux domaines nationaux et aux voies publiques qui sont considérées comme des dépendances du domaine public.)

12. — Loi du 22 juillet 1791, titre Ier. (Maintien des anciens règlements.)

13. — Loi du 28 septembre 1791. (Coupe ou détérioration des arbres sur les voies publiques. Défense d'inonder l'héritage de son voisin.)

14. — Arrêté du Directoire exécutif du 13 nivôse an V (2 janvier 1797). concernant la largeur des chemins de halage et de flottage, le long des cours d'eau navigables et flottables.

15. — Arrêté du Directoire exécutif, du 19 ventôse, an VI. (Mesures pour assurer le libre cours des rivières et des canaux, promulgation nouvelle des anciennes ordonnances-lois.)

16. — Loi du 28 pluviôse an VIII. (17 février 1800, art. 2, 4, etc., établissement et compétence des conseils de préfecture.)

17. — Arrêté du gouvernement du 12 messidor an VIII (1er juillet 1800), qui détermine les fonctions du Préfet de police. Voir principalement les art. 32-34, etc. Cet arrêté doit être rapproché des décrets des 10-24 octobre 1859 qui limitent les attributions des Préfets de la Seine et de Police.

18. — Arrêté du gouvernement du 3 brumaire an VIII (25 octobre 1800). (Autorité du Préfet de police étendue aux communes de Saint-Cloud, Meudon et Sèvres.)

19. — Loi du 29 floréal an X (19 mai 1802), relative aux contraven-

tions en matière de grande voirie. A été interprétée et complétée par de nombreux arrêtés de la Cour de cassation et du Conseil d'État. C'est en vertu de son article 1er combiné avec l'art. 11 de l'arrêt du Conseil de 1777 que les réparations des dommages causés aux ouvrages d'art des canaux de la ville de Paris peuvent faire l'objet de poursuites.

20. — Décret du 22 janvier 1808. (Rendant applicable dans toute la France l'ordonnance de 1669.)

21. — Décret du 18 août 1810. (Relatif au mode de constater les contraventions en matière de grande voirie.)

22. — Décret du 16 décembre 1811. (Même objet. Agents aptes à verbaliser.)

23. — Décret du 12 avril 1812. (Déclarant applicable aux canaux le décret précédent.)

24. — Loi du 23 mars 1842. (Modération des amendes. Agents chargés de faire les constatations.)

25. — Ordonnance du Préfet de police du 25 octobre 1840. (Concernant la police de la navigation, des rivières, des canaux et des ports dans le ressort de la Préfecture de police.)

26. — Ordonnance royale du 23 mai 1843. (Navigation à vapeur).

27. — Décret du 26 août 1852.

28. — Loi du 21 juillet 1856. (Navigation à vapeur.)

29. — Règlement ministériel du 5 juin 1857. (Navigation à vapeur entre Paris et le Havre. Canal Saint-Denis.)

30. — Ordonnance de police du 10 mai 1865. (Navigation du canal Saint-Martin.)

31. — Ordonnance du 10 février 1866. (Éclairage des bateaux à vapeur entre Paris et le Havre. Canal Saint-Denis.)

32. — Ordonnance de 1867. (Éclairage des bateaux sans vapeur.)

33. — Ordonnance du 21 juillet 1867. (Ancres mouillées en rivière.)

34. — Ordonnance du 20 juin 1867. (Concernant les petites embarcations, les régates et les joutes, etc.)

35. — Loi du 18 juin 1870,

36. — Décret du 12 août 1874,

37. — Décret du 31 juillet 1875,

38. — Ordonnances de police des 10 mai 1875 et 9 novembre 1875,

39. — Décision du Ministre des travaux publics du 12 septembre 1877,

} concernant le transport par eau des matières dangereuses.

TROISIÈME PARTIE

Arrêtés et décrets relatifs à l'alimentation
et à l'exploitation.

I. — *Arrêté préfectoral prescrivant les visites annuelles.*

14 mai 1851.

Nous, Représentant du Peuple, Préfet de la Seine,

Vu les traités de concession des canaux de l'Ourcq, de Saint-Denis et de Saint-Martin ;

Vu divers arrêtés par lesquels nous avons prescrit l'exécution, par les Compagnies concessionnaires, de travaux et mesures conservatoires à leur charge sur les lignes desdits canaux ;

Vu les rapports des Ingénieurs du Service municipal sur le résultat des injonctions administratives signifiées auxdites Compagnies ;

Vu l'art. 614 du Code civil sur les obligations de l'usufruitier ;

Considérant qu'il est utile tant à la conservation foncière de la propriété desdits canaux et de leurs dépendances, qu'à l'exécution rigoureuse des charges de la concession et des mesures de travaux d'art prescrits postérieurement à la concession, que des visites périodiques soient faites par les agents de l'Administration municipale, concurremment avec ceux des Compagnies concessionnaires ;

Arrêtons :

Article premier. — Il sera procédé au moins une fois par an, au printemps, à la reconnaissance domaniale et à la visite des ouvrages composant la rivière d'Ourcq, le canal du même nom, le canal Saint-Denis et le canal Saint-Martin, de concert avec les personnes qui seront désignées par les Compagnies concessionnaires ; l'Ingénieur en chef Directeur du Service municipal représentera l'Administration municipale. Toutefois il pourra être suppléé par l'Ingénieur de la 2ᵉ division. Il sera toujours nécessairement accompagné du Préposé aux acquisitions et de l'Inspecteur des canaux et machines.

Il sera dressé procès-verbal contradictoire de ces visites et reconnaissances, et l'Ingénieur en chef Directeur nous adressera ensuite, avec ce procès-verbal, telles propositions qu'il croira convenables, tant au point de vue de la conservation de la propriété qu'à celui de l'exécution des travaux et mesures imposés aux Compagnies concessionnaires.

Art. 2. — Les frais de ces tournées seront supportés, en ce qui concerne les agents de la Ville, sur le fonds d'entretien des Eaux de Paris.

Art. 3. — Ampliation du présent arrêté sera adressée aux Compagnies des canaux susdésignés, qui sont invitées à nous faire connaître leurs délégués pour la prochaine tournée.

Ampliations en seront également remises aux Ingénieur-Directeur, Préposé aux acquisitions et Contrôleur des canaux.

Fait à Paris, le 14 mai 1851.

Signé : Berger.

II. — *Décision de M. le Ministre des travaux publics, supprimant la navigation sur la partie inférieure de la rivière d'Ourcq entre Mareuil et la Marne.*

Paris, le 8 juillet 1852.

Monsieur le Préfet, le Conseil général des Ponts et Chaussées a été appelé à examiner la demande présentée tant par la Compagnie des canaux de l'Ourcq et de Saint-Denis, que par la ville de Paris, à l'effet d'obtenir : la *première*, à être déchargée de l'entretien de la partie inférieure de la rivière de l'Ourcq ; la *seconde*, à faire prononcer la suppression de la navigation sur cette partie de la rivière.

A la suite d'un examen approfondi, le Conseil :

En ce qui concerne la demande de la Compagnie :

Considérant qu'après la réception définitive des travaux, *administrativement* prononcée en 1839, la Compagnie était fondée, aux termes de l'art. 5 de la transaction de 1824, à demander que la ville de Paris reprît pour son compte la jouissance de la partie inférieure de la rivière d'Ourcq, ainsi que les charges qui s'y rattachent ;

Considérant, toutefois, que la Compagnie paraît avoir conservé, depuis ladite réception, la jouissance de tous les droits utiles de la rivière sans accomplir en même temps les obligations qui dérivaient pour elle de cette jouissance prolongée ;

Que c'est en excipant de cette circonstance que la ville de Paris a demandé qu'avant d'être déchargée de toute responsabilité à cet égard, la Compagnie fût tenue de remettre la rivière en état ;

Considérant que dans une telle situation des choses et pour ne point préjuger le débat contentieux qui s'en est suivi, il importe de réserver les droits de la Ville aussi bien que ceux de la Compagnie quant à la fixation du terme qui doit être assigné à la jouissance et à la responsabilité de cette dernière.

En ce qui concerne la demande de la ville de Paris :

Considérant que la loi du 29 floréal an X, en ordonnant la dérivation des eaux de l'Ourcq dans un nouveau canal, a *virtuellement* posé le principe de la suppression de la navigation sur la partie inférieure de cette rivière ;

Que ce principe a postérieurement été consacré d'une manière formelle par l'ordonnance du 23 juin 1824, laquelle n'a fait de réserve que sur *l'époque où l'ancienne navigation pourrait être supprimée d'après les travaux du canal, eu égard aux intérêts du commerce ;*

Considérant que les termes de cette ordonnance, rapprochés de ceux de la transaction de 1824, qu'elle avait pour objet d'homologuer, démontrent avec évidence que, dans la pensée du Souverain, l'époque de la suppression ne devait être subordonnée qu'à celle de la réception définitive des travaux du canal ;

Considérant que le fait de cette réception, *administrativement* prononcée en 1839, appuyée du fait plus concluant encore de la cessation depuis plus de vingt ans de toute navigation sur la partie inférieure de la rivière, témoigne assez, sans qu'il soit besoin de recourir à une enquête, que le moment prévu par ladite ordonnance pour la suppression légale de l'ancienne navigation est depuis longtemps arrivé.

En ce qui concerne la question relative aux conséquences légales de cette suppression :

Considérant que la suppression de la navigation sur la partie inférieure de la rivière de l'Ourcq ne suffit pas dans l'espèce, ainsi que vous paraissez le croire, Monsieur le Préfet, pour faire passer de plein droit cette partie de rivière dans la catégorie ordinaire des cours d'eau non navigables ni flottables dont le curage incombe à la charge des riverains ;

Que depuis la cessation de la navigation, la partie inférieure de l'Ourcq a toujours servi de décharge, comme elle doit à l'avenir continuer de le faire, au trop-plein accidentel du canal navigable ;

Que pour assurer cette destination d'une manière complète, il ne suffit pas de réserver à la ville de Paris, suivant vos propositions, Monsieur le Préfet, le droit de rejeter les eaux surabondantes du canal dans l'ancienne rivière et d'y interdire tout établissement d'usines ; qu'il importe encore, dans l'intérêt même de la Ville, qu'elle puisse assurer à ces eaux un lit convenablement curé, sans être obligée de s'en rapporter sur ce point à la vigilance des tiers ; d'où il suit que la partie inférieure de la rivière doit être considérée comme une dépendance nécessaire du canal navigable, comme une annexe dont la ville de Paris doit conserver la libre disposition, c'est-à-dire la jouissance et les charges, ainsi qu'elle l'a formellement exprimé elle-même dans les articles 5 et 6 de la transaction de 1824, ainsi qu'elle le reconnaissait indispensable en acquérant les droits du duc d'Orléans sur cette partie de rivière ;

A été d'avis à l'unanimité :

1° Que la Compagnie était fondée, aux termes de l'art. 5 de la transaction de 1824, à demander que la ville de Paris reprît pour son compte la jouissance et les charges qui se rattachent à la partie inférieure de la rivière d'Ourcq ;

Que la question de savoir si les effets de cette reprise peuvent, en l'état des choses, remonter jusqu'à la réception définitive des travaux du canal, devait provisoirement demeurer réservée pour ne point préjuger l'issue du débat pendant entre la Ville et la Compagnie ;

2º Que sans qu'il soit besoin de recourir à une enquête et par application de l'art. 4 de l'ordonnance du 23 juin 1824, combiné avec le fait de la réception définitive des travaux du canal, prononcée en 1839, il pouvait être immédiatement déclaré qu'à l'avenir la navigation demeurera supprimée en droit comme elle l'est depuis longtemps en fait sur la partie inférieure de l'Ourcq ;

3º Que cette partie de la rivière ayant été acquise en 1824 par la ville de Paris comme une annexe indispensable du canal navigable dont il importait dans son intérêt qu'elle pût avoir la libre disposition, rien ne devait être changé, sauf la suppression de la navigation, ni aux avantages ni aux charges qui dérivent pour elle de son contrat d'acquisition.

Cet avis, Monsieur le Préfet, m'a paru parfaitement motivé, et j'ai l'honneur de vous informer que je l'ai adopté par décision du 30 juin dernier.

Je vous prie de prendre en ce qui vous concerne, les mesures nécessaires pour assurer l'exécution de cette décision.

Recevez, Monsieur le Préfet, l'assurance de ma considération la plus distinguée.

Le Ministre des travaux publics,

Pour le Ministre et par autorisation :

Le Secrétaire général ,

Signé : BOULAGE.

III. — *Arrêté déterminant le forfait d'entretien de la rivière d'Ourcq et de ses affluents.*

25 janvier 1854.

LE PRÉFET DE LA SEINE,

Vu l'art. 14 du traité du 19 avril 1818, relatif à l'entretien du canal de l'Ourcq, par la Compagnie concessionnaire ;

Vu les art. 5 et 9 du traité du 24 avril 1824, relatif à la rivière d'Ourcq, dont la jouissance est transportée à la Compagnie pour la durée de la concession du canal ;

Vu la décision du Ministre des travaux publics, en date du 30 juin 1852, déclarant la navigation supprimée sur la partie inférieure de la rivière d'Ourcq, entre Mareuil et la Marne ;

Vu le rapport de l'Ingénieur en chef Directeur du Service municipal, en date du 10 février 1853, proposant de fixer à 3,000 fr. par an l'allocation par la Ville à la Compagnie, pour l'entretien de ladite rivière, comprenant dans cet entretien toutes les portions des affluents, tels que le Clignon, la

Collinance, la Thérouenne, la Beuvronne, etc., pour le curage desquelles portions la ville de Paris peut être tenue comme propriétaire du canal et de l'ancienne rivière ;

Vu la lettre en date du 19 avril 1853, par laquelle la Compagnie des canaux accepte les propositions de l'Administration municipale, spécialement en ce qui concerne les frais d'entretien annuel, tant de la partie inférieure de la rivière d'Ourcq, que de ses affluents, moyennant la rétribution annuelle de 3,000 fr. ;

Vu la délibération du Conseil municipal en date du 13 mai 1853 ;

ARRÊTE :

ARTICLE PREMIER. — L'entretien annuel, le curage et les manœuvres sur la rivière d'Ourcq, et sur tous les affluents de la rivière et du canal, charges auxquelles la Ville peut être tenue en sa qualité de propriétaire du canal et de l'ancienne rivière, sont confiés à la Compagnie des canaux de telle sorte que celle-ci soit complètement substituée à la Ville pour le temps restant à courir de la concession en toutes les obligations résultant des traités de 1818, 1824 et 1842.

Il sera payé pour lesdits entretiens, curage et manœuvre, une somme fixe de 3,000 francs par an. Cette somme sera imputée sur le crédit spécialement affecté à cet entretien (exercice 1853 et années suivantes).

L'Ingénieur en chef Directeur du Service municipal de Paris est chargé de surveiller l'exécution du présent arrêté et de dresser les certificats de payement de l'allocation par trimestre.

Fait à Paris, le 25 janvier 1854.

Signé : G.-E. HAUSSMANN.

IV. — *Prises d'eau dans la rivière de Marne.*

DÉCRETS D'AUTORISATION.

1° *Prise d'eau au barrage d'Isles-les-Meldeuses (Seine-et-Marne).*

11 avril 1866.

NAPOLÉON, par la grâce de Dieu et la volonté nationale, EMPEREUR DES FRANÇAIS,

A tous présents et à venir, salut.

Sur le rapport de notre Ministre Secrétaire d'État au département de l'agriculture, du commerce et des travaux publics :

Vu la demande présentée par le Préfet de la Seine, au nom de la ville de Paris, à l'effet d'obtenir :

1° La concession d'un volume d'eau de 300 à 500 litres par seconde à prendre dans la Marne, au barrage d'Isles–les–Meldeuses, commune de Congis, département de Seine–et–Marne, pour augmenter à l'étiage le produit du canal de l'Ourcq et les moyens d'alimentation des fontaines publiques de Paris et des canaux Saint-Denis et Saint-Martin;

2° L'autorisation de se servir de la chute créée par le barrage pour mettre en mouvement la machine qui élèverait dans le canal le volume d'eau concédé;

Vu l'avant-projet présenté pour l'établissement de la machine et de la conduite destinée à élever les eaux et à les amener dans le canal;

Vu les pièces de l'enquête à laquelle cet avant-projet a été soumis dans l'arrondissement de Meaux, conformément à l'ordonnance réglementaire du 18 février 1834, et notamment l'avis de la Commission d'enquête en date du 10 avril 1865;

Vu les pièces de l'enquête *de commodo et incommodo* qui a été ouverte au sujet de la prise d'eau dans la commune de Congis pour le département de Seine-et-Marne, dans celle de Neuilly-sur-Marne pour le département de Seine-et-Oise, qui a été publiée et affichée dans les communes intéressées;

Vu les pièces de l'enquête ouverte dans le département de la Seine, et notamment l'avis de la Commission d'enquête en date du 7 février 1866;

Vu les rapports des Ingénieurs, en date des 30 novembre, 8 décembre 1864, 6–8 février 1865 et 17 février 1866;

Vu l'avis du Conseil général des Ponts et Chaussées, en date du 14 août 1865;

Vu la loi du 3 mai 1841;

Notre Conseil d'État entendu;

AVONS DÉCRÉTÉ ET DÉCRÉTONS CE QUI SUIT :

ARTICLE PREMIER. — La ville de Paris est autorisée : 1° à prendre dans la rivière de Marne, au barrage d'Isles-les–Meldeuses, un volume d'eau de cinq cents litres au plus par seconde, qui sera versé dans la partie du canal de l'Ourcq, voisine de la prise d'eau; 2° à utiliser la chute créée par le barrage pour mettre en mouvement la machine qui servira à élever ce volume d'eau dans le canal.

Cette autorisation est accordée aux conditions suivantes :

ART. 2. — La jouissance du volume d'eau concédé et de la force motrice du barrage sera entièrement subordonnée aux besoins de la navigation de la Marne : elle pourra être réduite ou même momentanément suspendue, si ces besoins l'exigent, sans que la Ville puisse élever aucune réclamation; la même préférence est réservée à la prise d'eau faite aujourd'hui dans la Marne pour le service de la ville de Meaux, mais pour la quantité d'eau seulement dont elle a actuellement la jouissance.

ART. 3. — La machine destinée à élever les eaux dérivées sera placée sur la rive droite du petit bras de la Marne, de manière à ne pas anticiper sur la largeur de ce bras, en travers duquel il sera établi un barrage fixe arasé à la hauteur nécessaire pour la navigation.

Les eaux seront amenées à la machine au moyen d'une dérivation spéciale ouverte sur la rive droite en dehors du lit de la rivière, et en tête de laquelle il sera construit un vannage de prise d'eau.

La ville de Paris se conformera d'ailleurs, pour l'emplacement de la machine, les dispositions et dimensions du barrage fixe et du vannage de la prise d'eau, au projet qu'elle devra soumettre à l'approbation de notre Ministre de l'agriculture, du commerce et des travaux publics.

Art. 4. — La manœuvre du vannage de prise d'eau sera faite sous la surveillance des agents de la navigation de la Marne, qui auront au besoin le droit de l'effectuer eux-mêmes. Elle sera réglée de manière que la machine n'élève ou ne consomme que les eaux qui ne seraient pas nécessaires à ce service et au service de la ville de Meaux, dans la proportion indiquée en l'article 2, et que le volume d'eau élevé n'excède dans aucun cas le maximum fixé à l'article 1er ci-dessus. La machine sera dans tous les cas arrêtée dès que les eaux descendront en amont du barrage, au-dessous du niveau fixé pour la navigation.

Il est expressément interdit aux agents de la Ville de s'immiscer en rien, sans un ordre de l'Administration, dans les manœuvres relatives au service de la navigation.

Art. 5. — Les travaux ayant pour objet d'élever et de conduire dans le canal de l'Ourcq les eaux dérivées sont déclarés d'utilité publique. La ville de Paris est, en conséquence, autorisée à acquérir, en se conformant aux titre II et suivants de la loi du 3 mai 1841, les terrains nécessaires à leur exécution.

Art. 6. — Les travaux à faire dans le lit de la rivière seront exécutés sous le contrôle et sous la surveillance de l'Administration.

Ils devront être terminés dans le délai de deux ans, à dater de la notification du présent décret.

Après leur achèvement, l'ingénieur de la navigation de la Marne rédigera, en présence de l'autorité locale et du délégué de la ville de Paris, un procès-verbal de récolement desdits travaux. S'ils sont exécutés conformément aux dispositions prescrites, ce procès-verbal sera dressé en trois expéditions. L'une de ces expéditions sera déposée aux archives de la Préfecture du département de Seine-et-Marne, la seconde sera remise à la ville de Paris, et la troisième adressée à notre Ministre de l'agriculture, du commerce et des travaux publics.

Art. 7. — Les ouvrages en lit de rivière seront entretenus constamment en bon état, aux frais et par les soins de la ville de Paris, qui devra déférer, sans délai, aux réquisitions qui lui seront faites à cet égard par l'Administration.

Art. 8. — Le volume d'eau concédé par l'art. 1er servira d'abord à assurer autant que possible, en toute saison, à chacun des canaux Saint-Denis et Saint-Martin, tant en eaux anciennes qu'en eau nouvelle, le volume de quinze cents pouces d'eau que les traités des 19 avril 1818 et 12 novembre 1821 leur ont attribué en temps ordinaire. Le surplus sera ajouté au volume d'eau que la ville de Paris s'est réservé par les mêmes traités et par les conventions additionnelles du 1er février 1841.

Le complément fourni en eau nouvelle aux deux canaux sera exclusivement affecté aux besoins de la navigation. Il ne pourra, dans aucun cas, excéder le produit de la machine, et cessera d'être fourni lorsque, par une cause quelconque, celle-ci sera en chômage.

Toutefois, les dispositions du présent décret ne pourront, en aucun cas, créer aux concessionnaires ou à leurs ayants droit plus de droits qu'ils n'en tiennent des traités antérieurs.

ART. 9. — Les droits des tiers sont et demeureront expressément réservés.

ART. 10. — La ville de Paris sera tenue de payer à la caisse du receveur des contributions indirectes, tant pour le volume d'eau dérivé de la Marne que pour l'usage de la force motrice créée par le barrage, une redevance annuelle d'un franc.

ART. 11. — Faute par la ville de Paris de se conformer aux conditions qui lui sont imposées, l'Administration se réserve, suivant les circonstances, de prononcer sa déchéance ou de mettre son usine en chômage. Elle prendra, dans tous les cas, les mesures nécessaires pour faire disparaître aux frais de la Ville, en ce qui concerne la voie navigable, tout dommage provenant de son fait, sans préjudice de l'application, s'il y a lieu, des dispositions pénales relatives aux contraventions en matière de grande voirie.

Il en sera de même dans le cas où, après s'être conformée aux dispositions prescrites, la Ville formerait quelque entreprise nouvelle sur la rivière ou changerait l'état des lieux sans y être préalablement autorisée.

Dans tous les cas, la redevance stipulée à l'art. 10 sera due à partir du jour fixé pour l'achèvement des travaux jusqu'au jour où la révocation de la présente autorisation aura été notifiée à la Ville.

ART. 12. — Si, à quelque époque que ce soit, l'Administration reconnait nécessaire de prendre, dans l'intérêt de la navigation, des dispositions qui privent d'une manière temporaire ou définitive la ville de Paris de tout ou partie des avantages à elle concédés, la Ville n'aura droit à aucune indemnité et pourra seulement réclamer la remise de tout ou partie de la redevance qui lui est imposée.

Si ces dispositions doivent avoir pour résultat de modifier d'une manière définitive les conditions du présent décret, elles ne pourront être prises qu'après l'accomplissement de formalités semblables à celles qui ont précédé ledit décret.

ART. 13. — Notre Ministre Secrétaire d'État au département de l'agriculture, du commerce et des travaux publics, et notre Ministre Secrétaire d'État au département des finances, sont chargés, chacun en ce qui le concerne, de l'exécution du présent décret.

Fait au palais des Tuileries, le 11 avril 1866.

NAPOLÉON.

Par l'Empereur :

Le Ministre Secrétaire d'État au département de l'agriculture, du commerce et des travaux publics,

Signé : Armand Béhic.

Pour ampliation :

Le Conseiller d'État, Secrétaire général,

De Boureuille.

2° Prise d'eau au moulin de Trilbardou (Seine-et-Marne).

11 avril 1866.

NAPOLÉON, par la grâce de Dieu et la volonté nationale, Empereur des Français,

A tous présents et à venir, salut.

Sur le rapport de notre Ministre Secrétaire d'État au département de l'agriculture, du commerce et des travaux publics ;

Vu la demande présentée au nom de la ville de Paris, à l'effet d'obtenir l'autorisation de prendre dans la Marne, au moulin de Trilbardou, situé dans la commune de ce nom, département de Seine-et-Marne, et appartenant à la Ville, un volume d'eau de cinq cents litres par seconde, qui serait refoulé au moyen de machines hydrauliques et à vapeur, dans la partie adjacente du canal de l'Ourcq, pour augmenter le débit de ce canal et les moyens d'alimentation des fontaines publiques de Paris et des canaux Saint-Denis et Saint-Martin ;

Vu les pièces de l'enquête ouverte sur cette demande dans les départements de Seine-et-Marne, de Seine-et-Oise et de la Seine, conformément à l'ordonnance réglementaire du 18 février 1834 ;

Vu notre décret de ce jour qui autorise l'établissement d'une prise d'eau semblable sur la même rivière au barrage d'Isles-les-Meldeuses ;

Vu notre décret du 16 avril 1862, portant règlement du moulin de Trilbardou ;

Vu les rapports des Ingénieurs en date des 1-9 août, 10-14 août, 16-23 août 1865 ;

Vu l'avis du Conseil général des Ponts et Chaussées du 9 octobre 1865 ;

Vu la loi du 3 mai 1841 ;

Notre Conseil d'État entendu ;

Avons décrété et décrétons ce qui suit :

Article premier. — La ville de Paris est autorisée à prendre dans la Marne, au moulin de Trilbardou, un volume d'eau de cinq cents litres au plus par seconde, qui sera élevé, tant au moyen de la force motrice du moulin qu'à l'aide d'un moulin à vapeur dans la partie du canal de l'Ourcq voisine de l'usine.

Cette autorisation est accordée aux conditions suivantes :

Art. 2. — La jouissance du volume d'eau concédé sera entièrement subordonnée aux besoins de la navigation de la Marne ; elle pourra être réduite ou même momentanément suspendue, si ces besoins l'exigent, sans que la Ville puisse élever aucune réclamation.

Art. 3. — La ville de Paris demeure soumise, en ce qui concerne le régime hydraulique du moulin de Trilbardou, à toutes les dispositions du décret du 16 avril 1862, portant règlement de cette usine.

Art. 4. — La manœuvre de la prise d'eau sera faite sous la surveillance des agents de la navigation de la Marne qui auront, au besoin, le droit de l'effectuer eux-mêmes. Elle sera réglée de manière que les machines n'élèvent ou ne consomment que les eaux qui ne seraient pas nécessaires à ce service, et que le volume d'eau élevé n'excède jamais le maximum fixé à l'article premier ci-dessus.

Les machines seront, dans tous les cas, arrêtées dès que les eaux descendront en amont du barrage au-dessous du niveau légal de la retenue du moulin, tel qu'il est fixé par l'art. 2 du décret précité du 16 avril 1862.

Art. 5. — La prise d'eau concédée par le présent décret est déclarée d'utilité publique.

Art. 6. — Le volume d'eau concédé par l'article premier servira d'abord à assurer, autant que possible, en toute saison, à chacun des canaux Saint-Denis et Saint-Martin, tant en eaux anciennes qu'en eau nouvelle, le volume de quinze cents pouces (1,500 p.) d'eau que les traités des 19 avril 1818 et 12 novembre 1821 leur ont attribué en temps ordinaire : le surplus sera ajouté au volume d'eau que la ville de Paris s'est réservé par les mêmes traités et par les conventions additionnelles du 1er février 1841.

Le complément fourni en eau nouvelle aux deux canaux sera exclusivement affecté aux besoins de la navigation ; il ne pourra, dans aucun cas, excéder le produit de la machine et cessera d'être fourni lorsque, par une cause quelconque, celle-ci sera en chômage.

Toutefois, les dispositions du présent décret ne pourront, en aucun cas, créer aux concessionnaires ou à leurs ayants droit plus de droits qu'ils n'en tiennent des traités antérieurs.

Art. 7. — La ville de Paris sera tenue de payer à la caisse du receveur des contributions indirectes, pour la nouvelle concession qui lui est faite, une redevance annuelle d'un franc.

Art. 8. — Faute par la ville de Paris de se conformer aux conditions qui sont imposées, l'Administration se réserve, suivant les circonstances, de prononcer sa déchéance ou de mettre son usine en chômage. Elle prendra dans tous les cas les mesures nécessaires pour faire disparaître, aux frais de la ville de Paris, en ce qui concerne la voie navigable, tout dommage provenant de son fait, sans préjudice de l'application, s'il y a lieu, des dispositions pénales relatives aux contraventions en matière de grande voirie ; il en sera de même dans le cas où, après s'être conformée aux dispositions prescrites, la Ville formerait quelque entreprise nouvelle sur la rivière, ou changerait l'état des lieux sans y être préalablement autorisée.

Dans tous les cas, la redevance stipulée à l'art. 7 sera due à partir du jour fixé pour l'achèvement des travaux, jusqu'au jour où la révocation de la présente autorisation aura été notifiée à la Ville.

Art. 9. — Les droits des tiers sont et demeurent expressément réservés.

Art. 10. — Si, à quelque époque que ce soit, l'Administration reconnaît nécessaire de prendre, dans l'intérêt de la navigation, des dispositions qui privent d'une manière temporaire ou définitive la ville de Paris de tout ou partie des avantages à elle concédés, la Ville n'aura droit à aucune indemnité et pourra seulement réclamer la remise de tout ou partie de la redevance qui lui est imposée.

Si ces dispositions doivent avoir pour résultat de modifier d'une manière définitive les conditions du présent décret, elles ne pourront être prises qu'après l'accomplissement de formalités semblables à celles qui ont précédé ledit décret.

Art. 11. — Notre Ministre de l'agriculture, du commerce et des travaux publics, et notre Ministre des finances sont chargés, chacun en ce qui le concerne, de l'exécution du présent décret.

Fait au palais des Tuileries, le 11 avril 1866.

Signé : NAPOLÈON.

Par l'Empereur :

Le Ministre Secrétaire d'État au département de l'agriculture, du commerce et des travaux publics,

Signé : Armand Béhic.

Pour ampliation :

Le Conseiller d'État, Secrétaire général,

De Boureuille.

———

Le Sénateur, Préfet de la Seine,

Vu la délibération du Conseil municipal de Paris, en date du 8 avril 1879, portant qu'il y a lieu : 1° de mettre en vente, par voie d'adjudications publiques, en 15 lots, et sur la mise à prix totale de 1,691 fr. 20 c., environ 9,200 fagots et 20 stères de bois de corde existant sur les rives des canaux de l'Ourcq et de Saint-Denis et disponibles pour l'année 1879; 2° d'autoriser la ville de Paris à procéder désormais par adjudication publique, sans vote spécial du Conseil municipal pour chaque affaire, aux ventes de bois et autres menus produits des propriétés du service des Eaux, dont le montant n'atteindrait pas la somme de 500 fr. ;

Vu le cahier des charges dressé en vue de la vente par les Ingénieurs du service municipal ;

Vu l'état estimatif déterminant la composition et la valeur de chaque lot ;

Vu le décret du 25 mars 1852, sur la décentralisation administrative, et la loi du 24 juillet 1867 sur les Conseils municipaux ;

Vu le rapport de l'Inspecteur général des Ponts et Chaussées, Directeur des Travaux ;

Arrête :

Article premier. — La délibération du Conseil municipal de la ville de Paris, en date du 8 avril 1879, ci-dessus visée est approuvée.

En conséquence, la ville de Paris est autorisée à mettre en vente, par voie d'adjudications publiques, en 15 lots et sur la mise à prix de seize cent quatre-vingt-onze francs vingt centimes (1,691 fr. 20 c.), environ 9,200 fagots et 20 stères de bois de corde existant sur les rives des canaux de l'Ourcq et de Saint-Denis, disponibles pour l'année 1879, et ce, aux clauses et conditions du cahier des charges sus-visé.

ART. 2. — Il sera procédé désormais par voie d'adjudications publiques, sans vote du Conseil municipal pour chaque affaire, aux ventes de bois et autres menus produits du service des Eaux, dont le montant n'atteindra pas la somme de 500 fr. (cinq cents francs).

ART. 3. — La somme de seize cent quatre-vingt-onze francs vingt centimes (1,691 fr. 20 c.) sera portée en recette au chap. 21, art. 2, du budget de la ville de Paris, pour l'exercice 1879.

ART. 4. — L'Inspecteur général des Ponts et Chaussées, Directeur des Travaux de Paris, est chargé de l'exécution du présent arrêté dont ampliation sera remise : 1° au Secrétariat général de la Préfecture (1re Division, 1er bureau), pour insertion au *Recueil des Actes administratifs*; 2° à la Direction des Finances ; 3° au Receveur municipal ; 4° aux Ingénieurs en chef des Eaux et Egouts (1re et 2e Divisions).

Fait à Paris, le 8 mai 1879.

Signé : **F. HEROLD.**

Pour ampliation :

Le Secrétaire général de la Préfecture,

Signé : **J.-G. VERGNIAUD.**

QUATRIÈME PARTIE

Décisions de principe rendues au contentieux.

---

1. — *Réglementation des usines de la rivière d'Ourcq.*

Compétence du Préfet de la Seine.

USINES SITUÉES SUR LE TERRITOIRE DU DÉPARTEMENT DE SEINE-ET-MARNE.

AVIS DU CONSEIL D'ÉTAT.

Séance du 14 novembre 1860.

La section des travaux publics, de l'agriculture et du commerce qui a pris connaissance d'une lettre en date du 29 août 1860, par laquelle Son Excellence M. le ministre, secrétaire d'État au même département, demande l'avis de la section sur la question de savoir à qui, du Préfet de la Seine ou du Préfet de Seine-et-Marne, appartient le droit de réglementer les usines situées sur la rivière de l'Ourcq, dans le territoire du département de Seine-et-Marne.

Vu la demande adressée au Préfet de Seine-et-Marne, le 21 octobre 1842, pour le règlement du moulin de Lizy ;

Vu les pièces qui se rapportent à l'instruction de ladite demande, et notamment la lettre du Préfet de la Seine au Préfet de Seine-et-Marne, en date du 6 août 1844 ;

Vu les demandes analogues présentées par divers intéressés ;

Vu les procès-verbaux des enquêtes ouvertes sur ces demandes, les avis des maires et des commissions d'hygiène publique et toutes les autres pièces de l'instruction ;

Vu le projet de règlement préparé par le Préfet de Seine-et-Marne ;

Vu le procès-verbal de la conférence ouverte entre les Ingénieurs du département de Seine-et-Marne et l'Ingénieur en chef du service municipal de Paris, en date du 7 octobre 1853 ;

Vu la lettre du Préfet de la Seine au Préfet de Seine-et-Marne, en date du 17 mars 1859 ;

Vu le rapport en réponse des Ingénieurs du département de Seine-et-Marne, en date des 6-9 septembre 1859 ;

Vu la lettre du Préfet de Seine-et-Marne à Son Excellence M. le Ministre de l'agriculture, du commerce et des travaux publics, en date du 15 septembre 1859 ;

Vu le rapport de l'Inspecteur général et l'avis du Conseil général des Ponts et Chaussées, en date des 31 mai, 21 juin 1860 ;

Vu les lettres-patentes du roi Louis XV, en date du 7 décembre 1766, portant réunion de l'ancien canal de l'Ourcq à l'apanage de la maison d'Orléans ;

Vu la loi du 29 floréal an X, ordonnant l'ouverture d'un canal de la dérivation de la rivière de l'Ourcq ;

Vu l'arrêté du 25 thermidor an X, relatif à la construction dudit canal, et notamment l'article 5 ainsi conçu : « Le Préfet du département de la Seine est chargé de l'administration générale des travaux, même pour les parties du canal de dérivation qui sont situées hors du département de la Seine » ;

Vu la loi du 20 mai et l'ordonnance royale du 10 juin 1818 ;

Vu l'ordonnance royale du 10 décembre 1823, portant autorisation au duc d'Orléans de céder à la ville de Paris l'ancien canal de l'Ourcq ;

Vu la transaction conclue le 11 avril 1824, entre le duc d'Orléans et la ville de Paris, portant cession à la ville de Paris des droits et actions possédés par le duc d'Orléans « sur le lit de la rivière d'Ourcq, sur ses eaux, son littoral et droit de halage, sa navigation et ses dépendances » ;

Vu l'ordonnance royale du 23 juin 1824, portant approbation de ladite cession ;

Vu les lois des 12-20 août 1790 et 28 septembre, 16 octobre 1791 ;

Vu la loi du 28 pluviôse an VIII ;

Considérant que nos lois ont conféré à l'administration publique le droit de réglementer, dans un but d'utilité générale, les cours d'eau et les usines qui en dépendent, et que ce droit de police, pour les affaires qui ne sont pas réservées au pouvoir central, est exercé par les Préfets, chacun dans son département ;

Que, par conséquent, c'est au Préfet de Seine-et-Marne qu'il appartient de rendre dans les cas où il peut être statué par arrêté préfectoral, les règlements auxquels peut donner lieu, sur le territoire du département de Seine-et-Marne, le régime de la rivière et du canal de l'Ourcq et des usines qui en dépendent ;

Que c'est également au Préfet de Seine-et-Marne qu'appartient l'instruction des affaires du même genre, dans le cas où il doit être statué par décret impérial ;

Qu'il faudrait, pour attribuer au Préfet de la Seine ces mêmes fonctions hors de son département, que cette dérogation aux règles de notre organisation administrative résultât d'une loi spéciale ;

Que c'est à tort qu'on invoquerait en ce sens l'article 5 sus-visé de l'arrêté du 25 thermidor an X ; qu'en effet, cet arrêté s'appliquait exclusivement aux travaux d'ouverture du nouveau canal de l'Ourcq ; que la disposition précitée n'avait d'autre but que d'assurer, par l'unité de direction, la bonne exécution et le prompt achèvement des travaux ; et qu'il était naturel d'ailleurs, ces travaux intéressant principalement la ville de Paris, d'en centraliser la direction entre les mains du Préfet de la Seine, à raison de sa qualité d'administrateur de la ville de Paris.

Considérant qu'on invoquerait également en vain les droits résultant pour la ville de Paris, des actes de cession ci-dessus visés ;

Qu'en effet, ce n'est pas en vertu de son autorité préfectorale, mais en sa qualité d'administrateur de la ville de Paris, et au nom de cette Ville, que le Préfet de la Seine peut exercer les droits dont il s'agit, que son rôle doit se borner par conséquent à représenter les intérêts de la ville de Paris, à titre purement privé et à la condition de se conformer, dans la gestion du canal, et dans les actes auxquels elle peut donner lieu aux mesures prescrites au point de vue des intérêts généraux, soit par les décrets de l'Empereur, soit par les Préfets des départements traversés ;

Considérant qu'il est convenable d'ailleurs, à raison de l'importance des intérêts de la ville de Paris que le Préfet de la Seine soit toujours entendu dans l'instruction et appelé à produire ses observations sur les projets de règlement préparés ;

Est d'avis :

Que les difficultés qui se sont élevées entre M. le Préfet de la Seine et M. le Préfet de Seine-et-Marne doivent être résolues dans le sens des observations qui précèdent.

II. — *Décision ministérielle annulant un arrêté du Préfet de l'Oise, portant règlement des eaux de l'Ourcq.*

Paris, le 17 janvier 1863.

Monsieur le Préfet, j'ai examiné en Conseil général des Ponts et Chaussées les pièces relatives à la réclamation que vous m'avez fait l'honneur de m'adresser contre le projet de règlement, récemment mis à l'enquête dans le département de l'Oise, pour remplacer un précédent arrêté préfectoral du 18 juillet 1853, portant règlement des eaux de l'Ourcq.

A la suite de cet examen, d'accord avec le Conseil, j'ai reconnu, monsieur le Préfet, que la rivière d'Ourcq, ainsi que le font valoir MM. les Ingénieurs du service municipal, étant la propriété exclusive de la ville de Paris, elle échappe sur tout son parcours à l'action des propriétaires riverains.

En conséquence, j'invite par le courrier du jour M. le Préfet de l'Oise à rapporter l'arrêté préfectoral du 18 juillet 1853 et à mettre à néant les pièces de l'instruction destinée à remplacer cet arrêté par un décret.

Recevez, monsieur le Préfet, l'assurance de ma considération la plus distinguée.

Le Ministre de l'Agriculture, du Commerce et des Travaux Publics,

Signé : ROUHER.

III. — *Décret au contentieux.*

(Tabard.)

Compétence du Préfet de la Seine sur le canal et la rivière canalisée de l'Ourcq.

4 août 1864.

NAPOLÉON, par la grâce de Dieu et la volonté nationale, EMPEREUR DES FRANÇAIS, à tous présents et à venir salut ;

Sur le rapport de la section du contentieux :

Vu la requête sommaire et le mémoire ampliatif présentés pour le sieur François Tabard, négociant, demeurant à la Ferté-Milon, ladite requête et ledit mémoire enregistrés au secrétariat de la section du contentieux de notre Conseil d'État, les 31 juillet et 26 août 1862 et tendant à ce qu'il nous plaise :

Interprétant l'arrêté consulaire du 25 thermidor an X et le décret du 4 septembre 1807, annuler, pour excès de pouvoirs, un arrêté en date du 11 octobre 1859, par lequel le Préfet du département de la Seine a autorisé, dans le département de l'Aisne, les travaux à faire pour opérer le détournement des eaux provenant des égouts de la ville de la Ferté-Milon, qui, en se déversant directement dans la rivière d'Ourcq, altéraient les eaux destinées à l'alimentation de la ville de Paris ;

Ledit pourvoi fondé :

1° Sur ce que le Préfet du département de la Seine, hors de son département, ne peut agir que comme représentant les intérêts de la ville de Paris et non comme dépositaire de l'autorité publique ;

2° Sur ce qu'en admettant qu'il ait des pouvoirs hors de son département, en vertu des dispositions précitées, ces pouvoirs s'appliqueraient seulement au canal de l'Ourcq, et non pas à la partie canalisée de la rivière d'Ourcq ;

3° Sur ce qu'en tout cas l'arrêté de 1859 avait pour résultat de modifier le régime d'un affluent de la rivière d'Ourcq ;

Vu l'arrêté attaqué ;

Vu la requête en intervention présentée au nom de la ville de Paris, représentée par le Préfet du département de la Seine, à ce dûment autorisé par délibération du Conseil municipal en date du 20 mai 1864, ladite requête enregistrée, comme ci-dessus, le 14 juillet 1863, et tendant à ce qu'il nous plaise : recevoir l'intervention de l'exposante ; au fond, maintenir l'arrêté attaqué et condamner le sieur Tabard aux dépens par les motifs que ledit arrêté rentre dans la limite des pouvoirs délégués par l'Administration centrale au Préfet du département de la Seine, aux termes de l'arrêté du 25 thermidor en X et du décret du 4 septembre 1807 ; qu'il résulte des conventions additionnelles aux traités de concession des canaux de l'Ourcq et de Saint-Denis, en date du 1er février 1841, que la portion canalisée de la rivière d'Ourcq fait partie intégrante du canal de l'Ourcq ; enfin, que les travaux ont été exécutés pour purifier les eaux destinées à l'alimentation de la ville de Paris, non pas sur un affluent, mais sur les dépendances du canal ;

Vu les observations de notre Ministre des travaux publics, lesdites observations enregistrées, comme ci-dessus, le 18 février 1864, et tendant à l'annulation de l'arrêté attaqué, ensemble la lettre du Préfet du département de la Seine, le rapport de l'Inspecteur général des Ponts et Chaussées et l'avis du Conseil général des Ponts et Chaussées transmis par notre Ministre ;

Vu les nouvelles observations présentées pour la ville de Paris, enregistrées, comme ci-dessus, le 28 mai 1864, et par lesquelles elle déclare persister dans les précédentes conclusions ;

Vu notre décret en date du 27 mai 1862, qui a confirmé l'arrêté de conflit pris par le Préfet du département de l'Aisne, dans l'instance pendante entre le sieur Tabard et la ville de Paris, en tant qu'il revendique, pour l'autorité administrative, le droit de déterminer le sens et la portée de l'arrêté du 25 thermidor an X, du décret du 4 septembre 1807 et de l'ordonnance royale du 10 juin 1818 ;

Vu le plan du projet de détournement des égouts de La Ferté-Milon ;

Vu les autres pièces produites et jointes au dossier ;

Vu la loi du 7-14 octobre 1790 ;

Vu la loi du 29 floréal an X, qui autorise l'ouverture d'un canal de dérivation de la rivière d'Ourcq ;

Vu l'arrêté du Gouvernement du 25 Thermidor suivant, concernant les travaux relatifs à la dérivation de la rivière d'Ourcq ordonnée par la loi ci-dessus visée ;

Vu le décret en date du 4 septembre 1807, concernant l'administration des Eaux de Paris et du canal de l'Ourcq ;

Vu l'ordonnance royale du 10 juin 1818, qui approuve le traité passé le 19 avril précédent entre la ville de Paris et les sieurs de Saint-Didier et Vassal, ledit traité portant concession pour 99 ans du canal de l'Ourcq, aux charges, clauses et conditions qui y seront énoncées ;

Vu l'ordonnance royale du 14 mai 1842, qui approuve les conventions additionnelles au traité de concession du canal de l'Ourcq, passées le 1er février 1841 ; lesdites conventions imposant à la Compagnie concessionnaire l'exécution de plusieurs travaux, notamment la canalisation de la rivière d'Ourcq entre Mareuil et le Port-aux-Perches ;

Ouï M. Thureau-Dangin, auditeur, en son rapport ;

Ouï Me Saligny, avocat du sieur Tabard, et Me Jagerschmidt, avocat de la ville de Paris, en leurs observations ;

Ouï M. Faré, Maître des Requêtes, Commissaire du Gouvernement, en ses conclusions ;

En ce qui touche l'intervention de la ville de Paris :

Considérant que la ville de Paris a intérêt au maintien de l'arrêt attaqué, que dès lors son intervention est recevable ;

Au fond :

Considérant que le décret du 4 septembre 1807 dispose, par ses art. 1er et 2, que les eaux destinées à l'alimentation de la ville de Paris, et

notamment celles du canal de l'Ourcq, seront réunies en une seule administration, et que cette administration sera exercée par le Préfet du
département de la Seine, sous l'autorité du Ministre de l'intérieur ;

Qu'il résulte de ces dispositions, ainsi que de l'ensemble de la législation spéciale qui a régi de tout temps l'administration des Eaux de Paris,
que le Préfet du département de la Seine a le droit d'ordonner, dans le lit
ou sur le bord du canal de l'Ourcq, les travaux destinés à assurer l'alimentation de la ville de Paris ;

Considérant qu'en vertu des conventions additionnelles au traité de
concession du canal de l'Ourcq, la Compagnie concessionnaire s'est engagée à compléter les travaux du canal de l'Ourcq, en canalisant la rivière
d'Ourcq entre Mareuil et le Port-aux-Perches ; que cette portion canalisée
de la rivière fait partie intégrante du canal, et que le Préfet du département de la Seine doit avoir sur elle les mêmes pouvoirs que sur ce canal ;

Considérant que, par l'arrêté attaqué, le Préfet du département de la
Seine a ordonné sur les dépendances de la partie canalisée de la rivière
d'Ourcq, des travaux destinés à empêcher que les eaux provenant des
égouts de la ville de la Ferté-Milon ne corrompissent, en se déversant
directement dans la rivière, les eaux destinées à l'alimentation de la ville
de Paris ; que dès lors le Préfet du département de la Seine n'a pas excédé
la limite de ses pouvoirs ;

Notre Conseil d'État au contentieux entendu ;

AVONS DÉCRÉTÉ ET DÉCRÉTONS CE QUI SUIT :

ARTICLE PREMIER. — L'intervention de la ville de Paris est admise.

ART. 2. — La requête du sieur Tabard est rejetée.

ART. 3. — Le sieur Tabard est condamné aux dépens.

ART. 4. — Notre Garde des sceaux, Ministre secrétaire d'État au
département de la Justice et des Cultes, et notre Ministre secrétaire d'État
au département de l'Agriculture, du Commerce et des Travaux publics,
sont chargés, chacun en ce qui le concerne, de l'exécution du présent
décret.

Approuvé le 4 août 1864.

Signé : NAPOLÉON.

IV. — *Décret au contentieux.*

(Billard.)

RÈGLEMENT DES USINES DE LA RIVIÈRE D'OURCQ

Compétence du Préfet de la Seine.

26 novembre 1864.

NAPOLÉON, par la grâce de Dieu et la volonté nationale, EMPEREUR DES
FRANÇAIS.

A tous présents et à venir salut.

Sur le rapport de la section du contentieux :

Vu la requête sommaire et le mémoire ampliatif présentés par le Préfet du département de la Seine, agissant en vertu des pouvoirs qu'il tient de la législation particulière au régime des eaux de l'Ourcq, et comme exerçant l'administration des eaux destinées à l'alimentation de Paris et spécialement de celles du canal de l'Ourcq dans tout leur parcours, ladite requête et ledit mémoire enregistrés au secrétariat de la section du contentieux de notre Conseil d'État, les 2 novembre 1863 et 6 janvier 1864, et tendant à ce qu'il nous plaise :

Attendu que, par une décision en date du 1er août 1863, notre Ministre de l'agriculture, du commerce et des travaux publics a renvoyé au Préfet du département de Seine-et-Marne, l'instruction de la réclamation du sieur Billard, propriétaire d'un moulin situé sur la rivière d'Ourcq à Ocquerre, département de Seine-et-Marne, contre un arrêté du Préfet du même département du 30 mai 1861, portant règlement des eaux dudit moulin ;

Attendu que la décision a été prise en violation des droits conférés au Préfet du département de la Seine par la loi du 29 floréal an X, l'arrêté du Gouvernement du 25 thermidor de la même année et le décret du 4 septembre 1807, qui ont attribué exclusivement au Préfet l'administration de la police de la rivière et du canal de l'Ourcq, même en dehors des limites de son département ;

Annuler cette décision pour excès de pouvoirs, annuler ensemble l'arrêté précité du Préfet du département de Seine-et-Marne.

En conséquence, ordonner que la réclamation du sieur Billard sera renvoyée au Préfet du département de la Seine pour être instruit sur cette réclamation, comme sur celles de tous propriétaires riverains du canal de l'Ourcq relative au régime des eaux de ce canal.

Vu la décision attaquée :

Vu les observations de notre Ministre de l'agriculture, du commerce et des travaux publics, en réponse à la communication qui lui a été donnée de recours ci-dessus visé ; lesdites observations enregistrées comme ci-dessus le 17 septembre 1864, et tendant à ce qu'il nous plaise rejeter six recours comme non recevables par le motif que toute revendication d'attribution par un Préfet vis-à-vis d'un Ministre, échappe à la juridiction contentieuse ;

Subsidiairement, rejeter au fond ledit recours, attendu que si les dispositions invoquées par le Préfet du département de la Seine lui ont conféré des attributions spéciales, en ce qui concerne les travaux de dérivation et de canalisation de l'Ourcq, aucune de ces dispositions ne lui a donné le pouvoir d'exercer hors de son département les droits de police qui appartiennent à l'Administration sur les cours d'eaux et les usines ;

Vu les autres pièces produites et jointes au dossier ;

Vu la loi des 7, 14 octobre 1790 ;

Vu la loi du 29 floréal an X, qui autorise l'ouverture du canal de la dérivation de la rivière d'Ourcq ;

Vu l'arrêté du Gouvernement, en date du 25 thermidor suivant, concernant les travaux relatifs à la dérivation de ladite rivière :

Vu le décret du 4 septembre 1807, concernant l'administration des Eaux de Paris et du canal de l'Ourcq ;

Ouï Me Pascalis, maître des requêtes, en son rapport ;

Ouï Me Jagerschmidt, avocat du Préfet de la Seine en ses observations ;

Ouï M. Taré, maître des requêtes, commissaire du Gouvernement, en ses conclusions ;

Considérant que si le Préfet du département de la Seine estime, qu'aux termes de la législation relative à l'administration des eaux de la rivière d'Ourcq, il lui appartient de procéder au règlement de l'usine du sieur Billard située dans le département de Seine-et-Marne, la revendication de cette attribution ne peut être portée devant nous par voie contentieuse.

Notre Conseil d'État au contentieux, entendu,

Avons décrété et décrétons ce qui suit :

ARTICLE PREMIER. — La requête du Préfet de la Seine et rejetée.

ART. 2. — Notre garde des sceaux, Ministre secrétaire d'État au département de la justice et des cultes, et notre Ministre secrétaire d'État au département de l'agriculture, du commerce et des travaux publics, sont chargés, chacun en ce qui le concerne, de l'exécution du présent décret.

Approuvé, le 6 janvier 1865,

Signé : NAPOLÉON.

Par l'Empereur :

Le Garde des sceaux,
Ministre secrétaire d'État au département de la justice et des cultes,

Signé : BAROCHE.

Le Conseiller d'État secrétaire général du Conseil d'État,

Signé : DE LA NOUE BILLAUT.

Pour copie conforme :

Le Chef de la division du secrétariat général au Ministère
de l'agriculture, du commerce et des travaux publics,

Signé : DELLÉ.

V. — *Chômage des moulins de la rivière d'Ourcq.*

1° *Arrêté du Conseil de préfecture de Seine-et-Marne.*

Séance publique du 28 novembre 1866.

Présents : M. FALRET DE TUITE, Vice-Président ; MM. FICHET et DE BEFFROY DE LA GRÈVE, Conseillers ; M. SENS, Secrétaire général, Commissaire du Gouvernement.

LE CONSEIL,

Vu l'assignation donnée à la requête de M. Édouard-Charlemagne Desplanques, meunier, demeurant à Lizy-sur-Ourcq, par exploit de Baudin, huissier à Paris, le 13 juin 1864, à la Compagnie concessionnaire du canal de l'Ourcq, pour obtenir payement d'une somme de cinq mille francs, représentant le préjudice causé au sieur Desplanques, par trente-deux jours de chômage de son usine, du 13 mars au 14 avril 1864, à la suite de la rupture d'une berge du canal de l'Ourcq, en aval de cette usine ;

Vu les notes et renseignements produits à l'appui de la demande ;

Vu le mémoire, en réponse, adressé le 25 octobre 1864 au Conseil de préfecture au nom des concessionnaires des canaux de l'Ourcq et de Saint-Denis, tendant à établir que la Compagnie n'étant qu'usufruitière, ne saurait être responsable des conséquences d'un cas de force majeure ;

Vu l'arrêté du Conseil, en date du 18 janvier 1865, désignant M. Moquet, ingénieur à Meaux, comme seul expert à l'effet de rendre compte du dommage, de l'évaluer et d'en examiner les causes pour connaître qui en doit la réparation ;

Vu le rapport dressé par M. Moquet, le 21 juillet 1865, enregistré ;

Vu le mémoire présenté par le sieur Desplanques, pour appeler en cause, en tant que de besoin, la ville de Paris, nu-propriétaire du canal de l'Ourcq ;

Vu les nouvelles observations de la Compagnie des canaux ;

Vu le rapport de MM. les Ingénieurs du service municipal des Travaux publics de la ville de Paris, des 25 et 27 décembre 1865 ;

Vu la délibération du Conseil municipal de la ville de Paris, du 4 mai 1866 ;

Vu le mémoire de M. le Préfet de la Seine, au nom de la ville de Paris, en date du 25 octobre 1866, tendant à établir la responsabilité complète et absolue de la Compagnie des Canaux, depuis le 1er juillet 1818, pour la remise qui lui a été faite du canal de l'Ourcq, et, par suite, concluant à ce que la Ville soit mise hors de cause dans l'instance Desplanques ;

Vu le traité passé le 19 avril 1818 entre la ville de Paris et les concessionnaires des canaux de l'Ourcq et de Saint-Denis ;

Vu la loi du 28 pluviôse an VIII et la loi du 21 juin 1865 ;

Ouï M. Fichet, Conseiller rapporteur ;

Ouï Me Legavre, avoué à Melun, au nom du sieur Desplanques, et Me Carette, aussi avoué à Melun, au nom de la Compagnie des Canaux ;

Ouï M. Sers, Commissaire du Gouvernement, en ses conclusions ;

Après avoir délibéré :

Considérant que le principe de l'indemnité réclamée par le sieur Desplanques n'est pas contesté ; qu'il est établi que les évaluations données par l'expert, dans son rapport, ont été calculées d'après une moyenne des produits annuels de l'usine de Lizy, mais qu'elles ne représentent pas réellement le dommage causé par le chômage de cette usine du 13 mars au 14 avril 1864 ; qu'il résulte des renseignements et justifications produits, tant dans l'instruction qu'à l'audience de ce jour, que la somme de cinq mille francs, montant de la demande, n'est pas exagérée ;

Considérant que la Compagnie concessionnaire est formellement tenue, aux termes de l'art. 14 de son traité, de supporter toutes les réparations du canal de l'Ourcq, de quelque nature qu'elles soient ; que, dans la circonstance même, la Compagnie l'a reconnu en supportant toutes les dépenses de réparations qu'a nécessitées la rupture de la berge du 13 mars 1864, sans élever aucune réclamation contre la ville de Paris ;

Considérant que la Compagnie, en prenant la concession dans les conditions où se trouvait le canal, sans faire de réserves, a accepté toutes les charges pouvant résulter de sa situation ;

Considérant que l'art. 20 du traité susvisé, qui prévoit le cas de force majeure invoqué par la Compagnie concessionnaire dans son mémoire, n'était applicable qu'à l'exécution des travaux d'établissement du canal terminés au 1er juillet 1818 ;

ARRÊTE :

La Compagnie concessionnaire des canaux de l'Ourcq et de Saint-Denis est condamnée à payer la somme de cinq mille francs au sieur Desplanques, pour toute indemnité à raison du chômage causé au moulin de Lizy qu'il exploite sur la rivière d'Ourcq, du 13 mars au 14 avril 1864.

La Compagnie concessionnaire est également condamnée aux frais dus à M. Moquet, expert, lesquels sont taxés à 81 fr. 25 c.

Prononcé en audience publique, à Melun, le 28 novembre 1866.

Signé : *Le Président,* FALRET DE TUITE ;

Le Rapporteur, FICHET ;

Le Secrétaire-greffier, Th. LHUILLIER.

Pour expédition conforme :

Le Secrétaire général,

SERS.

2° *Arrêté du Conseil de préfecture du département de la Seine.*

Séance publique du 5 août 1868.

Présents : M. DIEU, Président ; MM. MARGUERIE, JARRY, TRONCHON, Conseillers ; M. GENTEUR, Auditeur au Conseil d'État, Commissaire du Gouvernement.

LE CONSEIL,

Vu la requête enregistrée au greffe le 31 janvier 1868, par laquelle les sieur et dame Merlieux, meuniers, demeurant à Lizy-sur-Ourcq, ayant Me Prévot pour avoué, quai des Orfèvres, n° 18, exposent qu'ils ont acheté, par acte passé devant Me Benoît, notaire à Lizy-sur-Ourcq, le 18 décembre 1834, de madame d'Harville, trois moulins situés à Lizy sur la rivière d'Ourcq, pour lesquels ils ont fait de grandes dépenses de reconstruction et d'amélioration, et en ont joui sans trouble jusqu'en 1853, époque où la Compagnie des Canaux a commencé à exécuter dans la rivière d'Ourcq des travaux qu'elle a continués les années suivantes, ainsi que des travaux d'entretien qui devront se renouveler annuellement ; que lesdits travaux causent aux réclamants des pertes d'eau et un chômage considérable; pourquoi ils concluent qu'il plaise au Conseil condamner solidairement la ville de Paris et la Compagnie des Canaux de l'Ourcq et de Saint-Denis, dont le siège est à Paris, rue Saint-Georges, passage Laferrière, n° 3, à leur payer pour réparation du préjudice causé à leur usine par les travaux exécutés depuis 1853, une somme de 10,000 francs, et à cesser pour l'avenir toutes nouvelles causes de dommages ;

Vu la délibération, en date du 20 avril 1868, par laquelle le Conseil municipal de Paris a décidé qu'il y a lieu par ladite Ville de défendre à l'instance dont il s'agit ;

Vu le mémoire enregistré au greffe le 29 avril 1868, par lequel le sénateur, Préfet de la Seine, soutient, au nom de la ville de Paris, que cette dernière ne peut être mise en cause dans l'instance ; que c'est à la charge de la Compagnie concessionnaire des Canaux de l'Ourcq et de Saint-Denis seule qu'incombent les charges de la rivière d'Ourcq inférieure touchant les redevances et indemnités ; que cette Compagnie s'est engagée, par une lettre du 19 novembre 1852, moyennant compensation par la Ville, à payer aux héritiers d'Harville, auteurs des sieur et dame Merlieux, la redevance annuelle de 550 francs en exécution de l'arrêt du 5 février 1672 ; que cette lettre a été ratifiée par l'arrêt administratif du 25 janvier 1854 qui substitue la Compagnie à la Ville pour toutes les obligations qui lui incombent en qualité de propriétaire de l'ancienne rivière, et stipule en outre, une allocation annuelle de 3,000 francs à la Compagnie ; qu'à l'occasion de l'instance introduite devant les tribunaux civils par les demandeurs contre la ville de Paris et la Compagnie, cette dernière a renouvelé, par une lettre du 27 avril 1865, la déclaration que les charges afférentes à la partie inférieure de la rivière de l'Ourcq, touchant les redevances et indemnités, ne concernent pas la Ville, ajoutant qu'elle allait demander au Tribunal de mettre la Ville hors de cause ; pourquoi il conclut à ce qu'il plaise au Conseil prononcer la mise hors de cause de la ville de Paris;

Vu l'arrêté préfectoral, en date du 25 janvier 1854, substituant la Compagnie des canaux à la ville de Paris pour la jouissance et les charges relatives à la rivière de l'Ourcq, pour tout le temps restant à courir de la concession, moyennant une somme annuelle et fixe de 3,000 francs à payer par la Ville à la Compagnie ;

Vu la lettre précitée du 27 avril 1865 ;

Vu l'engagement, en date du 15 novembre 1852, par lequel le sieur Hainguerlot consent à se charger des travaux à exécuter dans l'Ourcq, moyennant un abonnement de 3,000 francs par an;

Vu les avis des Ingénieurs du Service municipal, en date des 25-26 mars et 2-4 avril 1868 ;

Vu la requête en défense enregistrée au greffe le 3 juin 1868, par laquelle la Compagnie des canaux de l'Ourcq et de Saint-Denis soutient que les réclamants sont mal fondés dans leur réclamation ; qu'en exécutant les travaux dans la rivière de l'Ourcq, elle les a exécutés au lieu et place de la ville de Paris, qui seule pourrait être tenue des dommages allégués; que la Compagnie n'est qu'usufruitière emphythéote du canal, dont la pleine propriété appartient à la Ville : qu'au surplus, en exécutant des travaux d'entretien dans la rivière, elle n'a fait qu'user d'un droit qui ne saurait lui être contesté ; que tout ce à quoi la Compagnie est tenue c'est d'acquitter la redevance de 500 fr. affectée par l'arrêt de 1672 aux moulins de Lizy, et dont le sieur Merlieux poursuit l'attribution à son profit ; que la Compagnie offre d'acquitter cette somme à qui par justice sera ordonné ; pourquoi elle conclut à ce qu'il plaise au Conseil rejeter purement et simplement la requête des époux Merlieux, et donner acte que la Compagnie offre de payer à qui par justice sera ordonné la redevance attribuée aux moulins de Lizy ;

Vu les déclarations en date des 4-6 juin 1868, par lesquelles Me Prévot, avoué des époux Merlieux, et la Compagnie des canaux de l'Ourcq et de Saint-Denis ont reconnu avoir pris connaissance des pièces susvisées ;

Vu les pièces et documents mentionnés aux requêtes, et notamment l'arrêt de règlement du 5 février 1672 ;

Vu la loi du 16 septembre 1807, article 2 ;

Vu la loi du 28 pluviôse an VIII, article 4 ;

Vu la loi du 21 juin 1865 et le décret du 12 juillet suivant ;

Ouï, dans la séance du 23 juillet 1868, M. Domergue, conseiller, en son rapport ; Me Méline, avocat du sieur Merlieux, le sieur Toussaint, mandataire et Me Lefèvre-Pontalis, avocat de la Compagnie des canaux, en leurs observations orales à l'audience, et Me Genteur, Commissaire du Gouvernement, en ses conclusions ;

Après en avoir délibéré conformément à la loi ;

En ce qui touche le chef de réclamation tendant à faire cesser pour l'avenir toute nouvelle cause de dommage :

Considérant que le Conseil n'a ni qualité ni pouvoir pour prescrire ou défendre l'exécution de travaux publics, et qu'aux termes de l'art. 4 de la loi du 28 pluviôse an VIII, il doit se borner à régler le chiffre des indemnités dues pour les dommages qui ont été causés ;

En ce qui touche le chef des réclamations tendant à ce que la ville de Paris et la Compagnie concessionnaire soient tenues solidairement de payer aux époux Merlieux une somme de 10,000 fr. pour le préjudice que les requérants prétendent leur avoir été causé depuis 1853 par les travaux de curage, d'entretien et autres effectués dans la partie inférieure de la rivière d'Ourcq :

Considérant que ces travaux exécutés dans l'intérêt de la navigation, en vertu de la décision de M. le Ministre des travaux publics, en date du 8 juillet 1852, n'excèdent pas les droits que la ville de Paris tient de l'arrêt de règlement du 5 février 1672, dont les avantages et les obligations lui ont été transmis par la transaction du 24 avril 1824, intervenu avec M. le duc d'Orléans ;

Considérant qu'au point de vue des travaux dont il s'agit, la ville de Paris n'a d'autre obligation envers les riverains de la rivière d'Ourcq que d'effectuer le payement des indemnités annuelles inscrites dans l'arrêt susmentionné du 5 février 1672 ;

Considérant que la Compagnie concessionnaire subrogée, pour lesdits travaux, redevances et indemnités, en tous les droits et obligations de la ville de Paris, offre de payer la rente annuelle de 500 fr. attribuée par l'arrêt du 5 février 1672 aux propriétaires des moulins de Lizy, actuellement possédés par les époux Merlieux, entre les mains de qui par justice sera ordonné ;

D'où il suit que les époux Merlieux, qui ne peuvent avoir plus de droits que ceux de qui ils tiennent lesdits moulins, ne sont pas fondés à demander une indemnité spéciale et à leur profit exclusif pour un dommage prévu d'avance dans l'arrêt de règlement de 1672, et souverainement réglé envers les propriétaires des moulins à la redevance annuelle de 500 fr.;

Qu'au moyen de l'offre faite par la Compagnie concessionnaire de payer à qui de droit cette redevance, il est donné pleine satisfaction pour la réparation du dommage dont il s'agit ; qu'au surplus la contestation sur la question de savoir à qui des époux Merlieux ou de leurs vendeurs doit être payée la redevance d'indemnité, n'appartenant pas à la juridiction du Conseil de Préfecture, il n'échet de statuer sur la prétention des requérants à la recevoir pour le dommage qu'ils soutiennent avoir prouvé ;

En ce qui touche les dépens :

Considérant que les requérants succombent sur la totalité de leurs prétentions et doivent supporter tous les dépens ;

ARRÊTE :

ARTICLE PREMIER. — La requête des sieur et dame Merlieux est rejetée.

ART. 2. — Il est donné acte aux parties de l'offre faite par la Compagnie concessionnaire des canaux de l'Ourcq et de Saint-Denis d'acquitter entre les mains de qui par justice sera ordonné, la redevance annuelle de 500 fr. attribuée aux propriétaires des moulins de Lizy par l'arrêt du règlement de la rivière d'Ourcq, en date du 5 février 1672.

ART. 3. — Les époux Merlieux sont condamnés aux dépens.

Fait et prononcé en séance publique, à l'Hôtel de Ville de Paris, le 5 août 1868.

Ont signé : MM. DIEU, *Président ;*

DOMERGUE, *Rapporteur,*

BOURDONNEAU, *Commis-greffier.*

CONSEIL DE PRÉFECTURE

DU DÉPARTEMENT DE LA SEINE

Séance du 9 decembre 1875.

LE CONSEIL DE PRÉFECTURE,

Vu le procès-verbal du 24 septembre 1874, par lequel M. Bécourt, attaché au service de la navigation, a constaté que la veuve Pétré, demeurant à Lizy-sur-Ourcq, département de Seine-et-Marne, avait construit un mur de clôture et planté un arbre dans la zône de servitude de halage de la rivière d'Ourcq au lieu dit le Bras-du-Moulin, territoire de la commune de Lizy-sur-Ourcq ;

Vu la décision du 27 octobre 1874, par laquelle M. le Préfet de la Seine défère au Conseil de préfecture le procès-verbal susvisé ;

Vu le certificat du maire de Lizy-sur-Ourcq, en date du 15 octobre 1874, constatant la notification à la dame veuve Pétré du procès-verbal susvisé avec citation devant le Conseil de préfecture ;

Vu la requête du 4 janvier 1875, contenant les moyens de défense de la dame veuve Pétré qui allègue qu'étant domiciliée dans le département de Seine-et-Marne et que le fait de la contravention relevée contre elle ayant eu lieu sur le territoire du même département, ce n'est pas au Conseil de préfecture de la Seine, mais à celui du département de Seine-et-Marne qu'il appartient de statuer sur ladite contravention ;

Vu les avis des inspecteurs de la navigation en date des 20 et 25 janvier 1875 ;

Vu les conclusions de M. le Préfet de la Seine, en date du 28 janvier 1875, tendant au maintien de la compétence du Conseil de préfecture de la Seine ;

Vu l'arrêté des consuls en date du 25 thermidor an X, le décret de l'Empereur du 4 septembre 1807 et l'ordonnance royale du 24 juin 1824, relative à l'acquisition par la ville de Paris des droits du duc d'Orléans sur la rivière d'Ourcq ;

Vu l'art. 3 du règlement de police du 17 février 1784 pour la navigation sur la rivière d'Ourcq, ordonnant aux propriétaires riverains de laisser chacun en droit soi, dix-huits pieds au moins pour le marchepied halage et conservations des levées, à peine de 25 livres d'amende ;

Vu l'ordonnance d'août 1669 et l'arrêt du Conseil du 24 juin 1877 (art. 3 et 4), qui punissent d'une amende de 500 livres tout fait de nature à porter atteinte à la liberté de la navigation ;

Vu l'art. 29 de la loi des 19-22 juillet 1791 ;

Vu la loi du 29 floréal an X ;

Vu la loi du 23 mars 1842 ;

Vu l'ordonnance de police du 25 octobre 1840 ;

Vu la loi du 21 juin 1865 et le décret du 12 juillet suivant ;

Ouï M. Mouton-Duvernet, conseiller, en son rapport,

M. Delaison, avocat de la dame Pétré, en ses observations orales, et M. Thirria, commissaire du Gouvernement, en ses conclusions

Après en avoir délibéré conformément à la loi ;

Considérant que le fait constaté par le procès-verbal susvisé constitue une contravention aux lois et règlements sur la navigation, notamment aux dispositions de l'arrêté du Conseil du 24 juin 1777 ; attendu que tout usage des rivières navigables ou de leurs dépendances, dans des conditions prohibées par les règlements, constitue une atteinte à la liberté de la navigation ;

Considérant que les actes du Gouvernement qui attribuent au Préfet de la Seine l'administration du canal et de la rivière d'Ourcq n'ont pu avoir pour effet d'attribuer au Conseil de préfecture de la Seine la connaissance des contraventions commises, en dehors du département de la Seine, sur la rivière d'Ourcq et ses dépendances .

ARRÊTE :

Le Conseil de préfecture se déclare incompétent pour connaître du procès-verbal dressé contre la dame veuve Pétré.

Fait et prononcé à Paris, le 9 décembre 1875, en séance publique où étaient présents :

MM. DUVERNET, Président ;
BIDAULT, LANÇON, Conseillers ;
THIRRIA, Commissaire du Gouvernement ;
RAMIN, Commis-greffier.
Signé : MM. DUVERNET, RAMIN.

CINQUIÈME PARTIE

Tarifs de navigation, stationnement et garage.

I. — CANAL DE L'OURCQ.

1° — Maximum du tarif des droits de navigation à établir sur le canal de l'Ourcq, d'après le traité de concession[1].

Par tonneau et par distance de cinq kilomètres :

1° Les pailles, fourrages, engrais, sable, moellons, plâtre, pierre à plâtre, pierre à chaux, seront assujettis à un droit qui ne pourra excéder (dix centimes), ci . . . . 0 fr. 10

2° Le bois à brûler, pierre de taille, grès ou pavé (vingt-centimes), ci. 0 20

3° Le charbon de terre, le charbon de bois, les lattes, échalas, bois ouvrés, chaux vives, tuiles, briques, etc., (vingt-cinq centimes), ci. 0 25

4° La farine, le blé, le vin, les fruits, légumes secs ou verts, le sel ou les épiceries, et généralement toutes les marchandises non portées dans les articles précédents (cinquante centimes), ci. 0 50

[1]. Voir annexe n° 4, page 22.

2° — *Tarif sur le canal de l'Ourcq fixé par la Compagnie des Canaux pour l'année 1862 et modifié à compter du 1ᵉʳ janvier 1867.*

(Ce tarif a été modifié et est réduit actuellement aux chiffres des tableaux suivants 3° et 4°).

MARCHANDISES EN DESCENTE

ACTUELLEMENT AUX CHIFFRES DU TABLEAU SUIVANT :

Bois à brûler.

Bois à brûler, dur	par tonne et par distance de 5 kilomètres	0ᶠ18
Bois à brûler, blanc	................idem..................	0 18
Fagots	.............idem...........	0 10
Fagots blancs, bâtards	...........idem......	0 10
Bourrées et souches	.............idem............	0 10
Margotins	...............idem..........	0 10

Sciage, bois ouvré.

Sciage dur	par tonne et par distance de 5 kilomètres	0ᶠ22
Sciage blanc	................idem..............	0 22
Étaux	...............idem..........	0 15
Grumes	...............idem..........	0 15
Charpentes et traverses	...............idem..........	0 15
Lattes	..........idem..........	0 25
Bardeaux	..............idem.............	0 25
Échalas	...............idem..........	0 15

Combustibles divers.

Charbon de bois	par tonne et par distance de 5 kilomètres	0ᶠ10
Charbon de terre	..............idem.............	0 04
Tourbe carbonisée	..............idem.............	0 04
Tourbe en nature, poussier de charbon de bois	...............idem..........	0 03

Matériaux.

Pavés de toute nature	par tonne et par distance de 5 kilomètres	0ᶠ01
Pierres de taille	...............idem..........	0 04
Moellons...... par tonne (¹)	embarqués au-dessus de Mareuil } pour tout le parcours	0 35
	embarqués au-dessous de Mareuil }	0 50
Tuiles............ id.	embarquées au-dessus de Lizy } pour tout le parcours	0 35
Briques........... id.	embarquées au-dessous de Lizy }	0 50
Chaux vive	par tonne et par distance de 5 kilomètres	0 01
	de la borne 5 et au-dessous	0 10
Plâtre	de la borne 5 jusqu'à la borne 24, par tonne et par dist.	0 05
Pierre à plâtre	de la borne 24 jusqu'à la borne 48.......idem	0 02
	au-dessus de la borne 48............idem	0 01
Sable et terre	par tonne et à forfait pour tout le parcours	0 25

Grains et farines.

Blé		
Farine	} par tonne et par distance de 5 kilomètres	0ᶠ06
Issues		
Avoine		

Diverses.

Paille et fourrages	par tonne et par distance de 5 kilomètres	0ᶠ05
Légumes verts ou secs	...............idem..........	0 01
Poudrettes	...............idem..........	0 10
Liquides, épiceries, sel et marchandises non portées au tarif	...............idem..........	0 06
Marchandises transbordées au confluent	...............idem..........	0 04

MARCHANDISES EN REMONTE

Les engrais liquides payeront :

1° Ceux qui ne dépasseront pas la borne 30, par tonne et par distance		0ᶠ04
2° Ceux qui atteindront la borne 55	...............idem..........	0 02
3° Et ceux qui dépasseront ladite borne 55	...............idem..........	0 01
Toutes les autres marchandises	...............idem..........	0 04

NOTA . — On compte 21 distances du Port-aux-Perches à La Villette. — MM. les négociants qui préféreraient l'application de l'ancien tarif sur la rivière d'Ourcq, pourront toujours la réclamer.

(¹) Le droit de 0,50 centimes, perçu par tonne pour tout le parcours, pour les moellons embarqués entre les bornes 96 et 84, est abaissé de 0,15 centimes; il ne sera donc plus perçu que 0,35 centimes par tonne et pour tout le parcours en descente.

3° — *Tarif actuel pour les marchandises circulant sur le Canal de l'Ourcq, à l'exception des bois.*

NOTA — *On compte 21 distances du Port-aux-Perches à La Villette. (Chaque distance égale 5 kilomètres.)*

(1er janvier 1879.)

MARCHANDISES EN DESCENTE.

Combustibles divers.

Charbon de bois, par tonne et par distance....................	0f10
Charbon de terre et coke	0 02
Tourbe carbonisée	0 04
Tourbe en nature, poussier de charbon de bois et poussier de tourbe..	0 03
Sciure de bois	0 05

Matériaux.

Pavés de toute nature	0f03
Pierres de taille.......................................	0 04
Pierres de taille amenées au canal par le chemin de Villers-Cotterets au Port-aux-Perches, à forfait pour tout le parcours, par tonne.	0 55
Moellons par tonne, embarqués à la borne 97 et au-dessus, à forfait pour tout le parcours	0 33
Moellons embarqués entre les bornes 97 et 81, à forfait pour tout le parcours..	0 35
Moellons par tonne, embarqués à la borne 81 et au-dessous, à forfait pour tout le parcours...................................	0 50
Tuiles, briques, carreaux, poterie, embarqués au-dessus de Lizy (borne 77), à forfait pour tout le parcours	0 33
Tuiles, briques, carreaux, poterie, embarqués à la borne 77 et au-dessous, à forfait pour tout le parcours....................	0 30
Chaux vive et pierres à chaux, embarquées au-dessus de la borne 24, par tonne et par distance............................	0 03
Chaux vive et pierres à chaux, embarquées à la borne 24 et au-dessous, par tonne et par distance...........................	0 05
Plâtre cuit et pierres à plâtre, de la borne 24 et au-dessous, par tonne et par distance.....................................	0 10
Plâtre cuit et pierres à plâtre, de la borne 24 jusqu'à la borne 48, par tonne et par distance..................................	0 02
Plâtre cuit et pierres à plâtre, au-dessus de la borne 48, par tonne et par distance.....................................	0 04
Ciment, par tonne et par distance.........................	0 06
Sable, cailloux, ballast, par tonne et à forfait pour tout le parcours	0 15
Terre à four, terre glaise. .... .id .... id.	0 25

Fourrages.

Pailles, foin, luzerne, par tonne et par distance........... .	0f03

MARCHANDISES EN REMONTE

Engrais divers.

Les engrais divers, poudrette, urines, fumiers, payent :

1º Ceux qui ne dépassent pas la borne 30, par tonne et par distance. 0ᶠ04
2º Ceux débarqués entre les bornes 30 et 55.........id.......... 0 02
3º Et ceux débarqués au-dessus de la borne 55. ....id.......... 0 01
Charbon de terre et coke......................id.......... 0 02
Toutes les autres marchandises..............id!......... 0 04
Poudrettes..................par tonne et par distance........ 0 10
Eaux vannes, fumier, gadoue ....id.......... 0 06
Engrais des sucreries, à destination de La Villette seulement, par tonne et par distance de 5 kilom......................... 0 04

Marchandises diverses.

Grains, farines, sons, issues, par tonne et par distance........ 0ᶠ06
Sucres, mélasses ....id................... 0 03
Sucres, mélasses provenant de l'usine de Villenoy, à destination des gares de Flandre et d'Aubervilliers, par tonne et à forfait pour tout le parcours 0 50
Sel................par tonne et par distance.......... 0 03
Betteraves et pulpes ... .id............. 0 04
Liquides, légumes et généralement toutes marchandises non portées aux articles précédents, par tonne et par distance........ 0 06

NOTA. — En outre des droits ci-dessus, il est perçu un droit supplémentaire de navigation de 0 fr. 02 c. par tonne pour la dernière distance sur toutes les marchandises arrivant à La Villette (celles au maximum exceptées).

STATIONNEMENT DES FLUTES DE L'OURCQ SUR LE BASSIN DE LA VILLETTE.

Les flûtes du canal de l'Ourcq, chargées de bois provenant de la forêt de Villers-Cotterets, peuvent stationner en franchise au bassin de La Villette pendant les quinze jours qui suivent leur arrivée;
Passé ce délai, elles payent par jour..................... 1ᶠ50
Les flûtes chargées de moellons peuvent stationner en franchise pendant un mois ;
Passé ce délai, elles payent par jour 1 50
Toutes les autres flûtes ne peuvent stationner que huit jours en franchise ;
Passé ce délai, elles payent par jour 1 50

NOTA. — Les flûtes stationnant à vide n'ont droit à aucune franchise.

MAXIMUM DU TARIF DES DROITS DE NAVIGATION ÉTABLIS SUR LE CANAL DE L'OURCQ ET DONT LA PERCEPTION EST AUTORISÉE PAR LA LOI DU 20 MAI 1818.

Par tonne et par distance de 5 kilomètres.

Savoir :

1º Les pailles, fourrages, engrais, sable, moellons, plâtre cuit, pierres à plâtre, pierres à chaux, seront assujettis à un droit qui ne pourra dépasser dix centimes................................... 0ᶠ10
2º Les bois à brûler, pierres de taille, grès ou pavés, vingt cent..... 0 20

3º Les charbons de terre, charbons de bois, lattes, échalas, bois ouvrés, chaux vive, tuiles, briques, poterie, vingt-cinq centimes. 0ᶠ25

4º La farine, le blé, le vin, les fruits, les légumes secs ou verts, le sel, les épiceries et généralement les marchandises non portées aux articles précédents, cinquante centimes............. 0ᶠ50

4º — *Tarif actuel pour les bois.*

(1ᵉʳ janvier 1879.)

Arrêté du 28 juin 1877.

I
Bois déposés aux gares de Vaumoise et de Longpont, amenés au Port-aux-Perches par le chemin de fer et transportés par le canal.

1ʳᵉ CATÉGORIE.
Bardeaux, bois de chauffage, bois en grume, brigots et cotrets, charpente, échalas, étaux, jantes, lattes, moyeux, perches, sciages durs et blancs et marchandises assimilables :
Par tonne et par distance......0ᶠ045

2ᵉ CATÉGORIE.
Bois cassés, bois courts, bourrées, débris, écorces, fagots, harts, margotins, racines, souches et marchandises assimilables :
Par tonne et par distance....... 0ᶠ03

II.
Bois provenant de Villers-Cotterets, Pavé-Neuf et autres ports sur le petit chemin de fer, transportés par le canal.

1ʳᵉ CATÉGORIE.
Bardeaux, bois de chauffage, bois en grume, brigots et cotrets, charpente, échalas, étaux, jantes, lattes, moyeux, perches, sciages durs et blancs et marchandises assimilables :
Par tonne et par distance...... 0ᶠ065

Bois déposés sur les ports de Port-aux-Perches à Queue-d'Ham inclus, transportés par le canal.

2ᵉ CATÉGORIE.
Bois cassés, bois courts, bourrées, débris, écorces, fagots, harts, margotins, racines, souches et marchandises assimilables :
Par tonne et par distance...... 0ᶠ05

Arrêté du 12 décembre 1877.

III
Bois déposés sur les ports entre Queue-d'Ham et la borne 59, transportés par le canal.

1ʳᵉ CATÉGORIE.
Bardeaux, bois de chauffage, bois en grume, brigots et cotrets, charpente, échalas, étaux, jantes, lattes, moyeux, perches, sciages durs et blancs et marchandises assimilables :
Par tonne et par distance....... 0ᶠ10

		III	2ᵉ Catégorie.	

Arrêté du
12 décemb.
1877.

III

Bois déposés sur les ports entre Queue-d'Ham et la borne 59, transportés par le canal.

IV.

Bois déposés sur les ports entre la borne 59 et le bassin de La Villette, transportés par le canal.

2ᵉ Catégorie.

Bois cassés, bois courts, bourrées, débris, écorces, fagots, harts, margotins, racines, souches et marchandises assimilables.

Par tonne et par distance...... 0ᶠ06

Catégorie unique............. 0ᶠ05

Arrêté du
28 juin
1877.

Nota. — Les distances continueront à être décomptées d'après le bornage actuel.

Chaque distance égale 5 kilomètres.

Arrêté du
12 décembre
1877.

Si la distance parcourue est inférieure à huit distances, on percevra la taxe d'après les anciens tarifs.

II. — CANAL SAINT-DENIS.

1° — Maximum du tarif des droits de navigation et de stationnement à établir sur le canal de Saint-Denis, d'après le traité de concession [1].

(Le tonnage est adopté pour la fixation du droit).

Par tonneau et par écluse, savoir :

1° Les pailles et autres fourrages, les engrais, le sable, les moellons, le plâtre, la pierre à chaux, seront assujettis à un droit qui ne pourra excéder (cinq centimes), ci. 0ᶠ05

2° Le bois à brûler, la pierre de taille, le grès au pavé (sept centimes et demi), ci. 0 07 1/2

3° Le charbon de terre, le charbon de bois, le bois de charpente, les lattes, les échalas, et généralement tous les bois ouvrés, la chaux vive, la tuile, la brique (dix centimes), ci. . . 0 10

4° Le sel, la farine, le blé et autres grains et toute espèce de fruit, ardoises, fonte de fer (quinze centimes), ci 0 15

5° Le vin, l'eau-de-vie, le vinaigre, les épiceries et généralement toutes les marchandises non portées dans les articles précédents (vingt centimes), ci. 0 20

6° Le maximum du droit de stationnement est fixé à quatre centimes par mètre superficiel et par jour (quatre centimes), ci 0 04

[1] Voir Annexe n° 2, page 21.

2° — Tarif des droits de navigation, de stationnement et de garage
appliqué par la Compagnie des Canaux pour l'année 1866.

DROITS DE NAVIGATION.

Paille, fourrages, tourbe brute..... par tonne et par écluse.	0 fr. 04
Moellons, meulières, sable, pavés, cailloux, plâtre.............................idem........	0 05
Pierres de taille...............................idem........	0 05
Pierres à chaux, terre à faïence, tourbe carbonisée..........................idem........	0 05
Poudrette...........................idem........	0 05
Charbon de terre et coke...................idem........	0 05
Tuile, briques, chaux, charbon de bois..........idem........	0 06
Bois à brûler................................idem........	0 05
Sciage, charpente, grumes, lattes, bois ouvrés...............................idem........	0 07
Farine, blé et autres grains, fruits, fonte, fer, cuivre, plomb, épicerie, marbre, faïence, et les marchandises non tarifées.............................idem........	0 07

Marchandises venant de Rouen.	Les marchandises venant de Rouen payeront à forfait :	
	1° Les liquides............................	1 »
	2° Les marchandises sèches	0 50
	NOTA. — Les marchandises provenant de l'Oise et de ses affluents sont assimilées à celles venant de Rouen (excepté les pierres de taille, les matériaux, les charbons de terre, les cokes, les bois et la tourbe carbonisée).	
	Lorsqu'un chargement dépassera 300 tonnes, il ne sera point perçu de droits pour l'excédent, et, dans ce cas, la franchise accordée à l'excédent portera sur la marchandise la moins taxée.	
Bateaux passant de la basse à la haute Seine.	Les bateaux passant de la basse à la haute Seine, avec tout leur chargement, payeront, par tonne, à forfait........................	0 30
	Les mêmes bateaux allant en haute Seine avec une partie seulement de leur chargement, payeront, pour cette partie, par tonne et à forfait..................................	0 40
	(L'autre partie payera suivant le tarif ci-dessus.)	
	Les bateaux vidant à la gare de l'arsenal du canal Saint-Martin, payeront, par tonne et à forfait..................................	0 40

	Les bateaux passant de la haute à la basse Seine, quels que soient la nature et le poids de leur chargement, payeront à forfait, savoir :	
Bateaux passant de la haute à la basse Seine et à la gare St-Denis.	Par bateau de 200 tonnes et au-dessus.......	45ᶠ »
	Id.　de 150　id.　à 199 tonnes......	36 »
	Id.　de 100　id.　à 149　id........	27 »
	Id.　au-dessous de　100　id........	18 »
	Tout bateau chargé de n'importe quelle marchandise, passant de la haute Seine à la gare Saint-Denis, payera un tiers en sus des droits ci-dessus.	

	Tout bateau vide, n'ayant pas traversé ou ne devant pas traverser le canal à charge, payera à forfait, savoir :	
Bateaux vides.	Par bateau de 200 tonnes et au-dessus.......	45ᶠ »
	Id.　de 150　id.　à 199 tonnes......	36 »
	Id.　de 100　id　à 149　id.......	27 »
	Id.　au-dessous de　100　id......	18 »
	Tout bateau dont le chargement, d'après l'application du tarif, ne produira pas les prix ci-dessus, payera comme bateau vide.	

	Les trains montants payeront, à forfait, par écluse et par éclusée :	
Trains.	1° Ceux de bois à brûler....................	4ᶠ »
	2° Ceux de sciage ou de charpente............	5 »

Les bateaux venant de la basse Seine et destinés soit pour le bassin de La Villette, soit pour le canal Saint-Martin, auront franchise de droits pour leur chargement en retour.

Ceux allant en haute Seine auront la même franchise, en tant qu'ils effectueront leur retour dans le délai d'un mois.

La poudrette est exceptée de cette disposition.

AVIS MODIFICATIF.

A partir du 1ᵉʳ janvier 1867, les bateaux passant directement de la basse à la haute Seine, par les canaux de Saint-Denis et Saint-Martin, ne payeront plus qu'un droit de navigation de 20 centimes par tonne et par canal, au lieu de 30 centimes.

Ces mêmes bateaux revenant à charge, dans le délai d'un mois, à dater de leur sortie du canal, payeront par tonne et par canal un prix à forfait de 10 centimes, quelle que soit la quantité de marchandises prises soit en haute Seine, soit au canal Saint-Martin, soit au bassin de La Villette.

Les bateaux revenant à vide, dans le même délai d'un mois, auront leur retour en franchise.

Le droit supplémentaire de 2 centimes par tonne, pour le passage de la première écluse du canal Saint-Denis, est maintenu.

DROITS DE STATIONNEMENT

Bateaux venant de la basse Seine.

Les bateaux venant de la basse Seine, excepté ceux chargés de charbon de terre, bouteilles et verres, auront dix jours pour effectuer leur déchargement.

Ceux chargés de charbon de terre, bouteilles et verres, auront vingt jours.

Après ce délai, ils payeront par jour, quelles que soient leurs dimensions 1ᶠ 50

Bateaux venant de la haute Seine ou du canal Saint-Martin.

Les bateaux chargés de charbon de terre payeront, par jour, quelles que soient leurs dimensions........ .... 2ᶠ 50

Ceux de charbon de bois... 1 50

Les bateaux chargés de briques, tuiles, ardoises, payeront, pendant les huit premiers jours, savoir :

Les bateaux au-dessus de 200 mètres superficiels......... 26 66

Id. de 150 mètres à 199 idem............... 20 »

Id. de 100 id. à 149 idem............... 13 33

Id. au-dessous de 100 idem............... 6 66

Après ces huit jours, ils payeront par mètre superficiel et par jour.. 0 04

Les bateaux de carreaux, de meules, payeront, pour les huit premiers jours.. 10 »

Après ces huit jours, ils payeront, par mètre superficiel et par jour.. 0 04

Tous les autres bateaux payeront, conformément au tarif légal, par mètre superficiel et par jour.................... 0 04

Les éclusées payeront un prix à forfait pour les quatre premiers jours, savoir :

Celles de bois à brûler.................................... 13 »

Celles de sciage, charpente et autres bois................ 19 »

Après ces quatre jours elles payeront, par mètre superficiel et par jour... 0 04

Les éclusées allant à la gare de Flandre ou d'Aubervilliers payeront, savoir :

Celles de bois à brûler.................................... 14 »

Celles de sciage, charpente, etc.......................... 20 »

Les coupons d'éclusée, soit pour La Villette, la gare de Flandres ou la gare d'Aubervilliers, payeront un droit proportionnel sur le pied de 11 coupons pour une éclusée, en ajoutant un quart en sus aux droits ci-dessus.

Cette disposition n'est applicable qu'aux bois à brûler ; les parts de sciage ou charpente payeront toujours comme éclusée entière.

DROITS DE GARAGE

Bateaux venant du canal Saint-Martin.

Les bateaux ayant moins de 130 mètres superficiels, payeront, par jour.. 1 f »

Les bateaux de 130 mètres superficiels et au-dessus, paye-ront, par jour....... .... 2 »

Nota. Les bateaux ne sont admis en garage que du jour où les mariniers se sont fait inscrire, pour être placés dans cette situation, par les agents de la Compagnie.

En plus des droits ci-dessus, il sera perçu un droit de naviga-tion supplémentaire, par tonne, de 0 01¹/₂

1º Pour toutes les marchandises passant à la première écluse du canal Saint-Denis, tant en remonte qu'en descente.

(Excepté les marchandises venant par bateau à vapeur, les meulières, moellons, cailloux, sables, pierres à chaux et plâtre.)

2º Pour toutes les marchandises venant du canal Saint-Martin, et passant le pont tournant du bassin de La Villette.

3º — *Tarif actuel.*

CANAL SAINT-DENIS

Tarif des droits de navigation, de stationnement et de garage, pour l'année 1879.

DROITS DE NAVIGATION.	Par tonne et par écluse.
Pailles, fourrages, tourbe brute, gadoue, terre.	0ᶠ 05
Moellons, meulières, sable, pavés, cailloux, plâtre, craie. . . .	0 05
Pierres de taille	0 05
Pierre à chaux, terre à faïence, tourbe carbonisée	0 05
Poudrette	0 05
Charbon de terre et coke	0 05
Tuiles, briques, chaux, charbon de bois	0 06
Bois à brûler.	0 05
Sciage, charpente, grumes, lattes, bois ouvrés	0 07
Pyrites de fer, suivant décision de la Compagnie du 9 septembre 1873	0 05
Farine, blé et autres grains, fruits, fonte, fer, sucre, mélasse, cuivre, plomb, épicerie, marbre, faïence, et les marchandises non tarifées.	0 07
Eaux-vannes.	0 02

Marchandises venant de Rouen.
Les sucres, les mélasses venant de Villenoy (Ourcq) en destination des gares de Flandre et d'Aubervilliers, à forfait par tonne 0 20

(Délibération de la Compagnie du 9 septembre 1873.)

Les marchandises venant de Rouen payeront à forfait, par tonne :
1º Les liquides 0 50
2º Les marchandises sèches 0 50

NOTA. — Les marchandises provenant de l'Oise et de ses affluents sont assimilées à celles venant de Rouen, (excepté les pierres de taille, les matériaux, les charbons de terre, les cokes, les bois et la tourbe carbonisée).

Lorsqu'un chargement dépassera 300 tonnes, il ne sera point perçu de droits pour l'excédent, et, dans ce cas, la franchise accordée à l'excédent portera sur la marchandise la moins taxée.

Bateaux passant de la basse à la haute Seine.	Les bateaux passant de la basse à la haute Seine, avec tout leur chargement, payeront par tonne, à forfait	0ʳ20
	Les mêmes bateaux allant en haute Seine avec une partie seulement de leur chargement, payeront, pour cette partie, par tonne et à forfait.	0 40
	(L'autre partie payera suivant le tarif ci-dessus.)	
	Les bateaux vidant à la gare de l'arsenal ou bas-port du canal Saint-Martin, payeront par tonne et à forfait, quand ils déchargeront entièrement	0 25
	S'ils déchargent seulement en partie, ils payeront à forfait, par tonne	0 40

Bateaux passant de la haute à la basse Seine et à la gare St-Denis.	Les bateaux passant de la haute à la basse Seine, quels que soit la nature et le poids de leur chargement, payeront à forfait, savoir :	
	Par bateau de 200 tonnes et au-dessus.	45 »
	Id. de 150 id. à 199 tonnes.	36 »
	Id. de 100 id. à 149 id.	27 »
	Id. au-dessous de 100 id.	18 »
	Bateaux-chalands Duchemin traversant le canal Saint-Denis, suivant délibération du 9 novembre 1869, payeront :	
	Par bateau n'excédant pas 100 tonnes. .	50 »
	Id. de 101 à 120 tonnes	60 »
	Id. au-dessus de 120 tonnes. . .	72 »
	Tout bateau chargé de n'importe quelle marchandise, passant de la haute Seine à la gare Saint-Denis, payera un tiers en sus des droits ci-dessus.	

Bateaux vides et bateaux faiblement chargés, dont les marchandises aux prix ordinaires ne produiraient pas les prix à payer pour bateaux vides.	Tout bateau vide n'ayant pas traversé ou ne devant pas traverser le canal à charge, payera, à forfait, savoir :	
	Par bateau de 200 tonnes et au-dessus. .	45 »
	Id. de 150 id. à 199 tonnes. .	36 »
	Id. de 100 id. à 149 id. . .	27 ›
	Id. au-dessous de 100 id. . .	18
	Tout bateau dont le chargement, d'après l'application du tarif, ne produira pas les prix ci-dessus, payera comme bateau vide.	

Trains.

> Les trains montants payeront à forfait,
> par écluse et par éclusée :
> 1° Ceux de bois à brûler. . . . .
> 2° Ceux de sciage ou de charpente. . . . 4ᶠ »

Les bateaux venant de la basse Seine et destinés soit pour le bassin de La Villette, soit pour le canal Saint-Martin, auront franchise de droits pour leur chargement en retour, à l'exception toutefois que le chargement en retour aura à payer 0 fr. 02 pour les droits supplémentaires.

Ceux allant en haute Seine avec tout leur chargement auront à payer au retour, par tonne. 0 10

La poudrette est exceptée de cette disposition.

Le droit de passage de nuit aux écluses a été fixé par chaque écluse à. 0 50

par délibération de la Compagnie des canaux.

DROITS DE STATIONNEMENT.

Bateaux venant de la basse Seine.

Les bateaux venant de la basse Seine, excepté ceux chargés de charbon de terre, bouteilles et verres, auront 10 jours pour effectuer leur déchargement.

Les sucres, les mélasses, 15 jours.

Ceux chargés de charbon de terre, bouteilles et verre, auront 20 jours.

Après ce délai, ils payeront par jour, quelles que soient leurs dimensions. 1ᶠ50

Les pierres de taille ne payent pas de stationnement.

Bateaux venant de la haute Seine ou du canal Saint-Martin.

Les bateaux chargés de charbon de terre, payeront par jour, quelles que soient leurs dimensions. 2ᶠ50

Ceux de charbon de bois. 1 50

Les bateaux chargés de briques, tuiles, ardoises, payeront, pendant les huit premiers jours, savoir :

Les bateaux de 200 mètres superficiels et au dessus. 26 66
Id. de 150 mètres à 199 id. id. . . . . 20 »
Id. de 100 id. à 149 id. id. 13 33
Id. au-dessous de 100 id. id. 6 66

Après ces huit jours ils payeront, par mètre superficiel et par jour. 0 04

Les bateaux de carreaux, de meules, payeront, pour les huit premiers jours. . . . . 10 »

Après ces huit jours ils payeront, par mètre superficiel et par jour 0 04

Tous les autres bateaux payeront, conformément au tarif légal, par mètre superficiel et par jour. 0 04

Les éclusées payeront un prix à forfait pour les quatre premiers jours, savoir :

Celles de bois à brûler . . . . 13ᶠ »

Celles de sciage, charpente et autre bois . . . . 19 »

Après ces quatre jours elles payeront, par mètre superficiel et par jour. 0 04

Les éclusées allant à la gare de Flandre ou d'Aubervilliers payeront, savoir :

Celles de bois à brûler. . . . . 14 »

Celles de sciage, charpente, etc. . . . . 20 »

Les coupons d'éclusée, soit pour La Villette, la gare de Flandre ou la gare d'Aubervilliers, payeront un droit proportionnel sur le pied de 11 coupons pour une éclusée, en ajoutant 1/4 en sus aux droits ci-dessus.

Cette disposition n'est applicable qu'aux bois à brûler ; les parts de sciage ou charpente payeront toujours comme éclusée entière.

Les droits de décrochage des gouvernails ont été fixés à. . . 3 50 par délibération de la Compagnie des Canaux.

DROITS DE GARAGE.

Bateaux venant du canal Saint-Martin :

Les bateaux ayant moins de 130 mètres superficiels payeront, par jour. . . . . 1ᶠ »

Les bateaux de 130 mètres superficiels et au-dessus payeront, par jour. . . . . 2 »

NOTA. — Les bateaux ne sont admis en garage que du jour où les mariniers se sont fait inscrire, pour être placés dans cette situation, par les agents de la Compagnie.

En plus des droits ci-dessus, il sera perçu un droit de navigation supplémentaire, par tonne, de. 0 02

1° Pour toutes les marchandises passant à la première écluse du canal Saint-Denis, tant en remonte qu'à la descente.

(Excepté les marchandises venant par bateaux à vapeur, les meulières, moellons, cailloux, sable, pierres à chaux et plâtre.)

2° Pour toutes les marchandises venant du canal Saint-Martin et passant le pont tournant du bassin de La Villette.

III. — *Renseignements sur les poids et volumes des marchandises diverses transportées sur les canaux de l'Ourcq et de Saint-Denis.*

NATURE DES MARCHANDISES	VOLUMES	POIDS
	ÉQUIVALENTS	
Bois à brûler dur.............................	1 décastère	5 tonnes
Bois à brûler blanc..........................	1 id.	4,00
Fagots..	100 fagots.	1,75
Fagots blancs, bâtards.......................	100 fagots.	1,25
Bourrées..	100 bourrées.	1 »
Margotins.......................................	1,000 margot.	1 »
Sciage dur......................................	1,000 m	11 »
Sciage blanc....................................	1,000 m	5 »
Etaux..	100 m	12 »
Grumes..	100 décistères.	25 »
Charpentes et traverses......................	100 id.	10 »
Lattes...	100 bottes.	1 »
Bardeaux..	1,000 bard.	1 »
Échalas...	100 bottes.	3,30
Charbon de bois..............................	100 sacs.	5 »
Charbon de terre..............................	100 hectolit.	8 »
Tourbe carbonisée.............................	100 sacs.	5 »
Tourbe en nature..............................	100 sacs.	7 »
Pavés d'échantillon............................	1,000	30 »
Pavés bâtards...................................	1,000	20 »
Pavés petits....................................	1,000	10 »
Pierres dures...................................	1 m	3 »
Pierres tendres.................................	1 m	2 »
Moellons { au-dessus de Mareuil...............		1 »
{ au-dessous de Mareuil..............		1 »
Tuiles { au-dessus de Lizy....................	1,000	2 »
{ au-dessous de Lizy..................	1,000	2 »
Briques { au-dessus de Mareuil...............	1,000	2,10
{ au-dessous de Mareuil..............	1,000	2,10
Chaux...		
Plâtre...		1 »
Sable et terre..................................		
Blé..	12 sacs.	1,50
Farines..	6 sacs.	1,30
Issues...	12 sacs.	1 »
Avoines...	8 setiers.	1 »
Paille et fourrage..............................	200 bottes.	1 »

NOTA. Les poids ci-dessus ne sont qu'approximatifs et à titre de renseignements, attendu que le poids réel ne peut résulter que du jaugeage régulier des bateaux ; on n'ignore pas les variations notables de pesanteur des bois, matériaux et toutes espèces de marchandises selon qu'elles sont plus ou moins sèches.

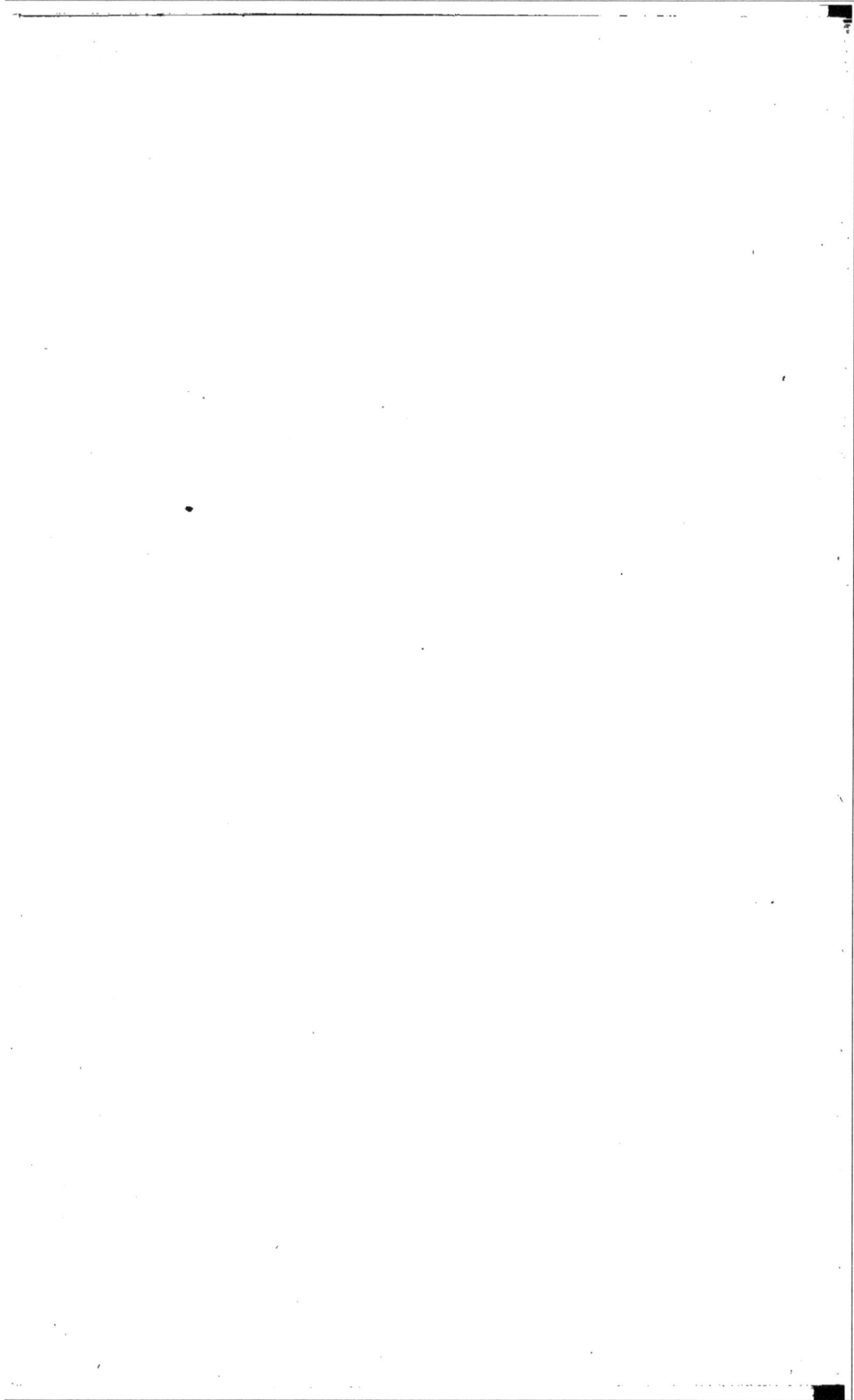

TABLE DES MATIÈRES

CANAUX DE L'OURCQ ET SAINT-DENIS.

INTRODUCTION

PREMIÈRE PARTIE

ACTES ET TRAITÉS CONSTITUTIFS.

CHAPITRE PREMIER. -- *Création des Canaux.*

CHAPITRE II. — *Concession des Canaux.*

CHAPITRE III. — *Acquisition par la ville de Paris des droits du duc d'Orléans sur la rivière d'Ourcq.*

DEUXIÈME PARTIE.

RÈGLEMENTS DE NAVIGATION ET AUTRES.

TROISIÈME PARTIE.

ARRÊTÉS ET DÉCRETS RELATIFS A L'ALIMENTATION ET A L'EXPLOITATION.

QUATRIÈME PARTIE.

DÉCISIONS DE PRINCIPE RENDUES AU CONTENTIEUX.

CINQUIÈME PARTIE.

TARIFS DE NAVIGATION, STATIONNEMENT ET GARAGE.

IMPRIMERIE CENTRALE DES CHEMINS DE FER. — A. CHAIX ET Cie, RUE BERGÈRE, 20, A PARIS. — 4799-9.

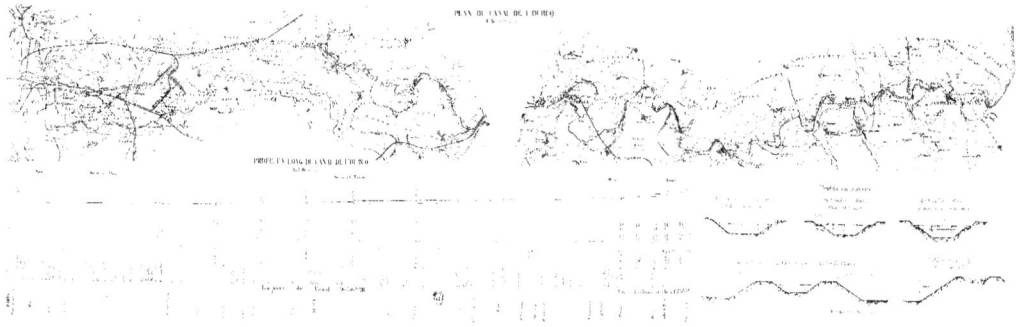

PLAN DU CANAL DE L'OURCQ

PROFIL EN LONG DU CANAL DE L'OURCQ

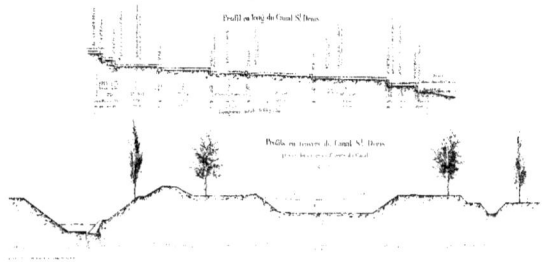

www.ingramcontent.com/pod-product-compliance
Lightning Source LLC
Chambersburg PA
CBHW071631200326
41519CB00012BA/2254